KB177407

페니스, 그 진화와 신화

Phallacy: Life Lessons from the Animal Penis
by Emily Willingham

페니스, 그 진화와 신화

뒤집어지고 자지러지는 동물계 음경 이야기

에밀리 윌링엄 지음 | 이한음 옮김

뿌리와
이파리

예전과 지금, 여기저기에서,
친지와 친척 등
나를 만든 여성들에게

차례

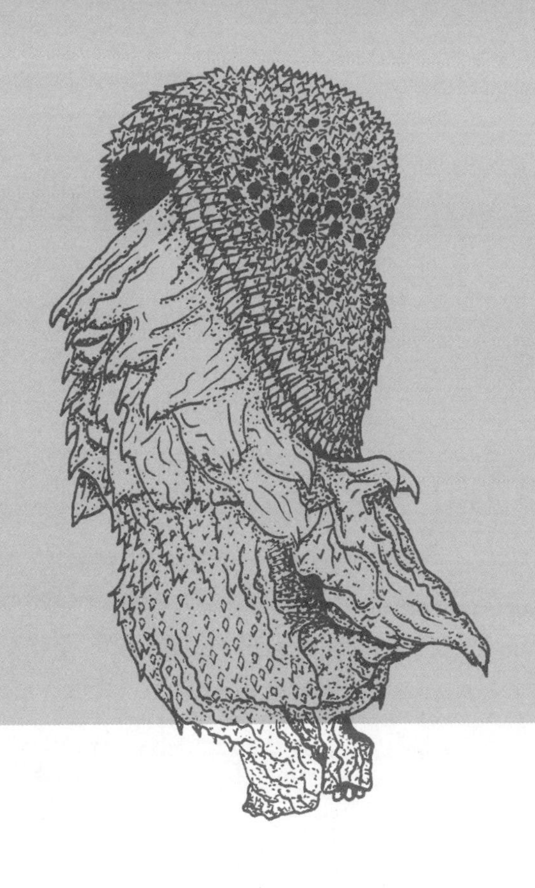

일러두기

1. 본문에 나오는 용어는 대한해부학회 『해부학용어』(제6판), KMLE 의학검색엔진, 한국응용곤충학회 『곤충학용어집』(2013), 국가 생물다양성 정보공유체계, 「단어 하나가 생각을 바꾼다, 서울시 성평등 언어 사전」을 참고했다.
2. 본문에서는 "정자나 난자를 전달하기 위해 삽입되는 기관"을 가리키는 중성 명사로 '도입체intromittum'라는 용어를 사용하고, 그러한 삽입과 전달 행위를 '도입intromission'이라 한다(18쪽 참조). 보통 '물자 따위를 끌어들인다'는 뜻으로 쓰이는 한자어 '도입導入'과는 뜻이 다름을 참고하기 바란다.
3. 저자가 인용한 외국 도서 중 우리나라에 번역·출판된 것이 있을 경우 그 번역서의 정보도 본문과 참고문헌에 적었다.
4. 단행본, 장편소설, 정기간행물, 사전 등에는 겹낫표(『 』), 편명, 단편소설, 논문 등에는 홑낫표(「 」), 그 외 예술 작품, TV 프로그램 등에는 홑화살괄호(〈 〉)를 사용했다.

서문

#미투_MeToo

1980년, 아직 사춘기에 들어서지 않은 중학생이었을 때 나는 실제 어른의 음경penis과 처음으로 맞닥뜨렸다. 한여름의 텍사스에서, 수영장으로 향하지 않고서는 도저히 견딜 수 없을 만치 뜨거운 계절을 보내고 있을 때였다. 훨씬 더 어린 여동생과 나는 할머니 집에 있는 작지만 꽤 마음에 드는 수영장을 이용했다. 그날은 정원사가 일하고 있었다. 그는 작고 하얀 꽃가루를 날리는 꽃과 이파리를 떨구어서 맑고 파란 수영장을 망쳐놓으려 하는 쥐똥나무류 관목들을 베고 있었다.

할머니는 동생과 내가 헤엄치는 동안 수영장 가장자리에 계셨다. 하반신이 마비되어 휠체어에 타고 있었다—그래서 점점 수영장 가까이 다가오는 쥐똥나무를 베어낼 사람을 불렀다. 응급 상황에 대비하여 휠체어 주머니에는 무선 전화도 꽂혀 있었다(당시에는 꽤 첨단 기기였다). 수영장에서 3미터쯤 떨어진 곳에는 공기를 불어 넣어서 갖고 노는 튜브나 장난감 같은 것들이 보관된 창고가 있었다. 동생과 나는 튜브를 타고 놀기를 좋아했기에, 나는 두 개를 가져오려 창고로 향했다.

밤색 원피스 수영복에서 물이 똑똑 떨어지는 가운데, 창고 안에 널려 있는 바람이 조금 빠진 고무튜브들 중에서 적당한 걸 고르고 있는데, 바로 오른쪽에서 "흐으으" 하는 소리가 들려 고개를 돌렸다. 그러자 방충망 없는 창 너머로 웃자란 쥐똥나무의 그늘 아래 남들의 눈에는 안 보이는 구석에 그 정원사가 서 있는 것이 보였다.

그를 에디라고 하자. 에디는 바지 앞섶을 열고 음경을 꺼낸 채였고, 내가 현재 자위행위였다고 판단하는 짓을 하고 있었다. 커져 있었기 때문이다. 그는 나를 째려보면서 위협하는 자세로 가까이 오라고 손짓했다. 나는 외면하고 수영장으로 곧장 가서 물에 들어갔다. 물속에 머리를 푹 담근 채 가만히 떠 있으면서 방금 있었던 일을 다른 각도에서 보려고, 이해하려고 시도했다.

그 일이 비현실적으로 느껴졌다. 그날까지 12년쯤 살아오면서 나는 그런 상태의 음경, 더욱이 그런 식으로 손에 쥐고서 내게 가까이 오라고 요구하는 사람의 음경은커녕 어른의 음경조차도 본 적이 없었다.

하지만 그 음경은 진짜였다. 내가 물 위로 떠올랐을 때 에디는 할머니 뒤쪽으로 옮겨가 있었고, 여전히 위협하는 행동을 취하고 있었다. 그는 음경을 꺼낸 채 손으로 만지면서 할머니의 머리 너머로 비웃듯이 나를 쳐다보았다. 그의 몸짓 언어는 명확했다. 그는 자신이 나쁜 짓을 하고 있음을 알았고 그 행동에 내가 겁을 먹으리라 예상하고 있었다.

그 행동과 음경은 별개였다. 두 아이와 장애가 있는 노인을 향해 위협하는 행동과 음경 자체는 다른 문제였다. 나는 내가 그 짓을 멈추기 위해 무언가를 한다면 에디가 할머니나 동생에게 뭔가 끔찍한 짓을 저지를 것이라고 확신했는데, 그가 음경을 써서 그런 피해를 입힐 거라는 생각은 전혀 하지 않았다. 그저 자신이 음경으로 하는 짓이 잘못된 행동임을 그가 알고 있으며 그 지식이 그의 위협 수단 중 하나라고 생각했을 뿐이다.

아빠가 와서 우리를 집으로 데려갔을 때, 나는 곧바로 엄마에게 어떤 일이 있었는지 말했다. 그런데 놀랍게도, 나는 에디가 할머니나 동생 혹은 나에게 신체적인 해를 끼치지 않을까 무서워했는데, 어른들은 모두 그가 음경을 보인 위반 행위에 초점을 맞추었다.

그가 음경을 가지고 했던 짓이 나 개인에게도 침해일 뿐만 아니라 법적으로도 위반 행위라는 점은 맞았다. 내가 어른의 음경을 그런 식으로 접하는 일은 분명 일어나서는 안 되었다. 그러나 그 당시에 나를 수영장에서 못 나오게 만든 것, 전화기에 손을 뻗지 못하게 막은 것은 그가 뻔뻔스러운 몸짓과 태도로 가하던 위협의 지속성이었다. 그가 나를 겁먹게 한 것이었지, 그의 음경이 한 짓이 아니었다.

결국 에디는 자백했고 부모님은 그가 교도소에 갔다고 알려주었다. 그 뒤에 그가 어떻게 되었는지를, 그것도 몹시 불안한 마음으로 알아보려고 시도한 것은 약 40년이 흐른 뒤였다. 그는 교도소에서 나온 뒤에도 다른 곳에서 다시금 범법 행위를 저지른 듯하다.

그 뒤로 나는 단 한 주도 그 일화를 떠올리지 않고 지나간 적이 없다. 크리스틴 블레이시 포드가 브렛 캐버노의 청문회에서 증언할 때 말했듯이(미국 연방대법관 후보자인 캐버노가 어릴 적 자신을 성폭행했다고 증언했다—옮긴이) "해마에 지워지지 않게" 새겨져 있기 때문이다. 나는 쥐똥나무를 보거나 그 꽃 냄새를 맡기만 하면 저절로 그 일이 떠오른다. 그러나 그의 음경에 대해서, 그리고 내가 이 기관을 어떻게 처음으로 접하게 되었는지를 진정으로 생각하기 시작한 것은 최근 들어서였다. 그리고 에디가 생식기보다 행동이 훨씬 더 위협적이고 공포를 일으켰던 덩치 크고 힘센 남자였음에도, 왜 사람들이 그의 음경에만 주의를 기울였는지도 궁금해졌다. 사람들이 이야기하고자 한 것은 오로지 그것뿐인 듯했다. 에디의 나머지 부위들과 에디가 무엇을 할 수 있었는지는 상관없다는 양 말이다. 그 음경은 중요했다. 그러나 그것이 전부는 아니었다.

나쁜 남자의 과시용으로 쓰이는 과학

21세기에 들어서서 미국인들은 스마트폰과 딕픽dick pic(남성 성기 사진)을 접했다. 자신의 호텔방 문을 열고 들어오는 모든 여성에게 자위하는 모습을 보여준 듯한 루이 C.K.와 하비 와인스틴, 소녀들에게 자기 자식의 "씨"를 뿌려대던 제프리 엡스타인과 그의 계획, 그리고 탁 까놓고 말하겠는데 남성이 여성의 "음부pussy"를 움켜쥐고서 밀어붙일 수 있다는 생각을 갖고서 2017년 백악관에 입성한 인물도 접했다. 음경 찬미는 이동통신 중계국을 통해 우리 눈동자로 직접 전송되고, 포르노와 일부 달아오른 이들의 마음속에서 불끈거리는 남성성의 상징으로 제시되고, 우리에게 그저 보기만 하지 말고 그 매력에 굴복하거나 그에 따른 육체적 영향을 겪을 것을 요구함에 따라서 더 폭넓게 침투하는 양상을 띤다.

사실 많은 이들이 받아들이지 않았다면, 음경(남근phallus)이 남성다움의 필수 요소이자 동의 여부와 상관없이 마음대로 여성을 복종시키는 주인의 자리로 승격되는 일은 일어날 수 없었을 것이다. 본인들이 원하는 숭배를 받지 못하는 젊은 남성들은 분노하면서 복수심에 불타는 느슨한 집단을 이루며, 때로 그 분노를 폭발시킬 때면 폭탄을 터뜨릴 때의 살상 효과에 맞먹는 피해를 입히기도 한다. 그리고 남근에 충분할 만큼 경의를 표하기를 거부한 이들은 개인적·집단적으로 테러 공격의 표적이 된다.

2006년 타라나 버크가 일으킨 미투 운동이 2017년 전국적인 현상에 이어서 세계적인 현상으로 확대될 때에도, 논의의 초점은 음경을 이렇게 무기이자 위협 수단으로 남용하는 쪽에 맞추어졌다. 그러나 이번에도 음경에 초점이 맞추어지다 보니, 정작 습격과 모욕의 표적이 되었고 그 사실을 폭로한 (주로) 여성들은 논의에서 배제되고 말았다. 연방대법관이 상스러운 행위를 저질렀다고 고발한 여성에게 한 미국 상원의원이 실제 음경과 비교할 수 있을 만치 그 법관의 음경을 정확히 묘사할 수 없다면 그 이야기를 믿지 않겠다고 했을 때, 우리는 이러한 문화 속에서 절망에 빠진 바 있다(실낱같은 희망을 품은 채).

엡스타인은 특별한 사례였다. 그는 과학의 엄호 사격을 받았다. 아주 많은 이들이 하듯이, 사회적으로 받아들일 수 있는 과학의 언어와 장막 뒤에 숨어서 나쁜 짓을 저질렀다. 그는 과학자들을 끌어들였고, 그들 중 일부를 자신의 유명한 저녁 파티에 초대하고 일부는 악명 높은 "롤리타 특급" 비행기에 태워서 왕복 여행을 시켜주었다.

엡스타인이 과학에 매료된 것은 자기 행동을 합리화하는 데에 과학의 언어와 겉치레를 쓸 수 있었기 때문이다. 한 예로 그는 애리조나에 저택을 세우고 싶어했는데 그곳에서 소녀들과 젊은 여성들에게 자신의 미래 자식의 "씨"를 뿌리기 위해서였다. 그는 그 행위를 우리가 이 책에서 살펴볼 번식 긴장이라는 개념으로 쉽게 설명할 수 있었다. 그리고 엡스타인이 과학자들에게 매력적으로 보인 이유는 돈 때문이었다. 과학자들은 더 큰 선善을 위해서 더러운 돈을 받았을 뿐이라고 으레 말하곤 했으며, 지금도 그렇게 떠벌이고 있다. 그러나 정말로 그것뿐이었던가? 남자들로 가득한 방에서 누구든 간에 주위를 둘러보면서 궁금해하지 않았을까? "여자들은 어디 있지?" 그들은 엡스타인이 자기에게 관심 없는 주제로 이어지는 과학적 토론을 중단하기 위해 자주 쓰던 말—"보지pussy랑 뭔 상관이야?"—을 듣고 멈칫거리지 않았을까?

이 책은

이 책에서 내내 접할 테지만, 과학의 이런저런 분야에서 여성이 없음을 주지시키고 의문을 제기하지 않는 태도야말로 젠더, 성, 음핵, 음문, 질, 심지어 음경 자체에 관해 우리가 이해하는 지식에 엄청난 차이를 낳는다. 또 읽다 보면, 과학의 학술 용어로 나쁜 행동을 합리화하거나 환상을 사실이라고 주장하는 이 책략은 엡스타인이 창안한 게 아니라는 점도 알아차릴 것이다. 비록 그가 여러 해 동안 그것을 몹시 사악한 방식으로 써먹긴 했지만.

1장에서는 자신이 원하는 것을 지지하는 방향으로 연구를 비틀기 위해 과학을 들먹거리면서 남용하는 과학자들을 만나볼 것이다. 엡스타인과 주로 남자들로 이루어진 그의 무리처럼, 그들도 여성을 그저 자신의 필요를 충족시켜줄 소품용으로 초대하는 과학자 남성 동호회를 만든다. 심지어 여성 연구자들이 참여한 한 연구에서는 여성들의 옆모습 위로 실제 음경 소품을 전면에 배치한다.

2장에서는 번식을 위해 짝짓기 상대에게 배우자gamete를 전달하는 수단으로서의 음경과 삽입이 동물들에게서 어떻게 출현했는지 살펴본다. 여기서 진화가 어떻게 질을 빚어냈는지는 다루지 않는다. 그 점은 여전히 과학에서 큰 의문으로 남아 있기 때문이다. 가정으로 가득하고 증거는 거의 없는 분야다.

3장에서는 음경을 이루는 조직 집합을 살펴보고 그것들이 음경의 기능과 어떤 관계가 있는지 알아본다. 이 탐사 단계를 거치는 동안 독자는 음경이 자기가 생각했던 그것이 아닐 수도 있음을 깨닫게 될 것이다.

그 뒤에는 음경이 정자를 전달하는 것 외에 다른 일들도 한다는 점을 알아본다. 인간이 음경을 모든 남성성의 기원이라고 보는 견해를 고수하는 한 가지 이유는 생식력과 인간성이 둘 다 그것에서 나온다는 인식 때문이다. 그러나 4장에서 보겠지만 이 기관은 단순히 정액을 분출하는 것 말고도 훨씬 많은 일을 할 수 있으며, 음경 중에는 정액을 분출하는 일조차 하지 않는 것도 있다.

거의 오로지 음경만 다룬 4장까지 읽은 뒤에는, 과학 덕분에 그리고 아주 최근까지 음경 연구를 주도한 이들 덕분에 우리가 이 부위에 관해서는 많이 알지만 질에 관한 내용은 상대적으로 거의 모른다는 사실을 깨닫게 될 것이다. 5장에서는 엡스타인의 상스러운 질문을 진지하게 다룬다. 그것이 음부와 무슨 관계가 있을까? 이 장은 독자에게 질을 생각해보라고 요청한다. 질은 음경을 빚어내는 역할—여기서 다시 음경은 중심에 선다—을 할 뿐 아니라 종과 그 짝짓기 행동과 체형을 빚어내는 데에도 중요하다.

6장에서는 생식기 크기를 살펴본다. 우리는 질에 관한 정보는 제한되어 있는 반면 온갖 동물의 음경에 관한 자료는 풍부하다는 사실을 다시금 알아차리게 될 것이다. 이런 일이 벌어진 이유는 몇몇 용감한 예외 사례를 빼고 연구자들이 그저 질을 충분히 살펴보지 않았기 때문이다. 대개 과학자들은 질을 살펴볼 때에도 **과연** 음경이 들어맞는지, **어떻게** 들어맞는지만 확인하고는 끝낸다.

7장에서는 가장 작은 동물들의 놀라울 만치 다양한 생식기를 살펴본다. 그러다 보면 패턴 하나가 드러난다. 이 동물들이 교미를 이루기 위해 매우 복잡한 안무와 감각적으로 풍성한 접근법을 취할수록 무기화한 음경을 지닐 가능성이 더 적다는 것이다. 또 이 장에서는 그저 정자를 좀 전달하기 위해서 신체 일부를—그리고 때로는 목숨을—포기하는 동물들도 나온다. 8장에서는 음경의 존재 이유에 관한 설명으로 시작한 2장에서부터의 여정을 마감하면서 음경이 아예 없는 종을 살펴본다.

마지막 장에서는 사람에게로 돌아간다. 음경이 남성성을 연상시키긴 할지라도 모든 남성다움을 대변하는 불끈거리는 오벨리스크가 되지는 못한다는 사실을 다시금 상기하기 위해서다. 책에서 줄곧 음경에 집중하여 이에 관한 온갖 사실들을 배우다 보면 길을 잃을 수도 있으니까. 이 마지막 장에서는 사람이 곧 음경이고 음경이 곧 사람이라는 개념을 피할 수 없는 지경에 이를 만치 사람들이 음경을 남성성과 동일시하게 된 과정을 추적한다. 사람 전체가 이렇게 하나의 신체 부위와 융합된 상태에서는 우리 자신을 음경과 따로 떼어내어 생각할 수가 없기에, 우리는 음경을 중심에 놓았고 뇌를 비롯한 다른 신체 기관들이 더 중요하다는 생각 자체를 하지 않아왔다.

그리하여 우리는, 어느 날 오후에 한 남성이 12세 소녀를 성폭행하려 시도하면서 심리적으로 공포에 떨게 만들었는데 그 이야기를 알게 된 모든 이가 그의 음경에만 신경을 썼던 상황으로 다시 돌아간다. 하지만 그 음경은 아무 짓도 하지 않았다. 그 남자가 했다. 이제 그 기관을 중심에서 밀어내고 사람과 그 행동에 초점을 맞추어야 할 때다. 그 사람이 소아성애를 시도하는지, 원치 않는 이에게 딕픽을 보내는지, 여성의 "음부"를 움켜쥐는지에 말이다.

자연주의적 남근오류

오류fallacy는 잘못된 믿음, 특히 건전하지 못한 논증에 토대를 둔 믿음을 말한다. 이 책에서는 음경에 관한 몇 가지 남근오류phallacy와 바닷가재 함정Lobster Trap이라는 별칭을 지닌 자연주의적 오류의 함정을 비롯하여 자연의 패턴이 우리에게 어떤 의미를 지니는지를 해석할 때 생기는 오류를 바로잡을 것이다.

캐나다 심리학자이자 서구 '남성성'을 추구하는 이들에게 동기를 부여하는 일에 열심인 조던 피터슨은 젊은 남성들에게 그들이 동경하는 우월적인 남성다움을 영구히 불어넣을 쉬운 인생 법칙이 있다고 말하며 그들을 꾀어들인다. 자신의 주장을 펼치기 위해 그는 저서 『12가지 인생의 법칙』(2018; 강주헌 옮김, 메이븐, 2018)의 첫 장에서 바닷가재 수컷의 떡 벌어진 어깨를 예로 든다. 그 이야기에 따르면, 지배 수컷은 침입한 더 작은 수컷들을 어깨로 툭툭 쳐서 밀어내면서 자기 영토를 활보한다. 맞다. 학술적으로 말하자면 바닷가재는 어깨가 없지만, 몸을 한껏 뒤로 젖히면서 수컷다움을 과시한다. 그는 젊은 남성들이 이 행동을 모방하는 것이 좋다고 말한다(그런데 말이 나온 김에 덧붙이자면, 사실 이 행동은 바닷가재 암컷도 한다).

인간을 어느 한 동물과 비교하는 많은 사례들이 그렇듯이, 이렇게 선별된 사례도 성공이란 무엇인지를 자연의 관점에서 보여주기에는 그다지 적절하지 않다. 피터슨이 그 비유를 들면서 슬쩍 빼놓은 것이 하나 있는데, 바로 바닷가재가 떡 벌어진 어깨로 활보하고 다니면서 서로의 머리에 오줌을 찍찍 뿌린다는 것이다. 즉 바닷가재의 사회적 책략과 짝짓기는 서로의 머리에 오줌을 싸는 행동에 크게 의존할 수도 있다. 독자가 바닷가재라면, 오줌 냄새를 맡아서 누가 누군지 알아볼 것이다.

어느 한 동물 종의 사례를 우리가 하는 어떤 행동의 본보기로 삼거나 더 나아가 어떤 행동을 정당화하는 구실로 삼아서는 안 된다. 바닷가재 함정을 피하라. 자연에서 협소하면서 그다지 적절하지도 않은 사례를 갖다가 자신의 어떤 성향이나 편향을 합리화하려는 욕구에 사로잡히지 말라. 그런 취사선택한 사례들에 기대다가는 더욱더 입맛에 맞는 사례들만 고르게 되고, 이윽고 자연주의적 오류에 빠진다. 이런 얄팍한 접근법은 조금만 자세히 조사해도 뽀록나고 만다. 아무튼 바닷가재가 오줌을 뿌려대는 성향이 있음을 생략하려면 좀 적극적인 노력이 필요하다. 피터슨은 이 배설물을 "액체 스프레이"라고 부르려고 애썼으니까.

이 책에서 독자는 인간의 음경에서 한 발짝 물러나서 동물계의 다른 음경들을 죽 살펴볼 것이다. **오이보다 덜 섬뜩한 것**(인간)부터 **짝의 가슴팍을 찌르는 것**(빈대)에 이르기까지 무시무시함이라는 측면에서 넓은 스펙트럼을 이루고 온갖 장식이 달려 있는 음경들을 알게 될 것이다. 우리는 바닷가재, 더 나아가 침팬지와도 비슷한 점들이 있긴 하지만, 인간 이외의 어느 한 동물을 고른 뒤 이렇게 말할 수 없다. "바로 이거야! 이 종이 바로 자연이 우리를 어떻게 빚어냈는지를 보여주는 모델이야!" 그러나 우리는 동물계의 많은 동물들과 공통으로 지닌 어느 신체 부위의 형태와 기능을 자연이 어떻게 빚어냈는지를 더 폭넓게 살펴볼 수는 있다.

독자는 이 책에서 음경들이 이룬 경이로운 수준의 성취들과 이런저런 사실들을 알게 될 것이다—그리고 미리 경고하겠는데 당연히 음경(주로 다른 동물들의) 그림도 많다. 이 다양한 음경들을 접하면서 독자는 우리 자신의 음경을 새로운 맥락에 놓고 음경을 중심으로 형성된 헛된 기대들을 날려버리는 데 도움을 줄 어떤 패턴이 있음을 알아차리게 될 것이다. 이 폭넓은 관점을 취하면 우리는 인간의 음경이 웃긴 음경에서 치명적인 음경까지 펼쳐진 스펙트럼 중 어디에 끼워지는지 알 수 있고, 인간이 지닌 음경이 왜 전쟁이 아닌 사랑을 위한 것인지, 왜 위협용이 아니라 친밀감을 쌓기 위한 것인지 깨닫게 된다.

용어 설명

이 책을 쓸 때 나는 배우자(정자나 난자)를 전달하는 기관의 기능에 초점을 맞추고자 애썼다. 그런 기관이 모두 학술적으로 음경인 것도 아니고(비록 많은 연구자들은 그냥 음경이라고 부르고 또 다른 이들은 그렇게 부르기를 싫어하지만) 모두 남근(발기한 음경이나 그것의 상징)인 것도 아니지만. 즉 이 책은 정자나 난자를 전달하기 위해 삽입되는 기관에 초점을 맞추며, 우리는 동물계의 모든 성별에서 그런 기관의 사례들을 찾을 수 있다. 그래서 나는 삽입과 전달이라는 이 폭넓은 기능을 주거나 받는다는 관점에서 포착하는 일반 용어를 찾아내는 것이 중요하다고 판단했다. 여기서 나는 **도입체**(intromittum, 복수는 intromitta)라는 용어를 쓰기로 했다. 모든 성에 적용 가능한 라틴어 명사의 중성 형태다. 읽으면서 알게 되겠지만 이 일반 용어는 매우 유용하다.

또 동물의 행동을 '인간의 시선'으로 보는 태도를 피하고자 애썼다. 비록 인간이기에 나(우리)는 그 관점을 취할 수밖에 없지만 말이다. 그래도 사례를 제시할 때마다 내 자신을 그 동물의 입장에 놓고자 애썼다. 이를테면 귀뚜라미의 관점을 이해하기 위해서 귀뚜라미처럼 생각하려고 애썼다. 우리가 조사하고 해부하고, 교미하는 모습을 동영상으로 찍으며 깊이 파헤치는 다른 동물들은 감각계도, 종으로서의 한살이도, 생존과 번식 전술도 우리와 다르다. 그것이 바로 그들을 우리 자신의 행동을 설명할 근거로 삼을 수 없는 이유 중 하나다. 그러나 인간으로서,그리고 우리 우주의 중심인 입장에서 그들에 관한 글을 쓸 때—또한 아마도 그들에 관한 글을 읽을 때—에는 인간의 감정으로 반응하지 않는 것이 중요하다. 뭐, 그렇게 반응해도 괜찮다. "하지만 내가 그 동물이라면, 인간인 나와는 다르게 반응하겠지"라는 생각이 두 번째나 세 번째로 든다면 그런 반응도 유용하니까.

이 책을 쓰기 위해 자료 조사를 할 때, 몇몇 과학자는 내게 이 책에서 다룰 인간 이외의 다른 동물들의 행동을 제발 의인화하지 말아달라고 요청했다. 나는 너무 심하게 의인화하지 않으려고 애썼지만, 우리는 인간이며 우리의 가장 인간적인 특징 하나는 어떤 식으로든 간에 의인화할 수 있는 대상에 관심을 갖고 감정이입을 한다는 것이다. 따라서 내가 이 책에 나오는 모든 동물에게 인간의 옷을 입히지 않으려고 애쓰긴 했지만, 아마 슬그머니 옷 속으로 들어간 동물도 있을 것이다.

나는 이 책에서(또는 현실에서) 음경을 지닌 사람이 모두 남성이고, 모든 남성이 음경을 지니고, 젠더와 생식기가 두 가지뿐이라고 가정하지 않는다. 실제로 그렇지 않기 때문이다. 과학적으로도 그렇고 사회문화적으로도 그렇다. 우리 각자의 젠더—예를 들어 여성이거나 남성도 여성도 아니거나 성전환한 남성으로서의 존재 상태—는 사회와 문화가 정의하는 바에 따라서 달라지는 '남성성'과 '여성성'의 유동적인 모자이크다. '성sex'은 아마 가장 오용되는 용어일 것이다. 오로지 남성과 여성이라는 두 가지 선택지를 놓고 명확하게 이루어지는 생물학적인 선택을 콕 찍어서 말하는 것이라고 인식하기 때문이다. 또 사람들은 '성'과 '젠더gender'를 섞어 쓰며 둘이 일치한다고(남성과 남성성, 여성과 여성성) 예상하는 한편으로, 한쪽(성)이 '자연적' 또는 '생물학적'이고 다른 한쪽(젠더)이 전적으로 사회문화적인 것이라고 여긴다. 이 책에서 보여주겠지만 사실 생물학자들은 자신의 연구, 자신이 창안하는 범주, 그 범주에 넣는 생물과 특징에 사회문화적 의미를 끌어들인다. 비록 이런 용어들과 그것들이 의미하는 이분법이 간편하게 쓸 수 있는 것이긴 하지만, 문화적으로 오염되지 않은 채 순수하게 자연의 경계를 표현한 것은 아니다.

그렇게 말하는 이유는 내가 이 책에서 논의하는 내용 중 상당수가 번식 및 유전자 전달과 상관이 있고, 성을 중심으로 한 어휘의 대부분이 번식 결과와 관련이 있기 때문이다. 성별이 다른 두 개체 사이의 교미가 한 예다. 이 용어들의 한계를 인정하여 나는 여기서 '수컷(남성male)'과 '암컷(여성female)'과 '성'을 간편하게 부정확한 넓은 의미로 쓴다. 특히 인간 이외의 동물들을 가리킬 때 그렇다. 이 책에서 '수컷'은 정자를 생산하는 동물, '암컷'은 난자를 만드는 동물을 가리킨다.

마지막으로 이 책은 인간이 매일 서로에게 가하는 계획적이고 가학적이고 동의 없는 야만 행위의 해결책이나 고의적인 악행, 폭력, 잔인함에 맞서는 수단을 제시하려는 목적을 지니고 있지 않다. 이 책은 어느 만연한 사회 문제의 한 측면을 다루며, 나는 이 책이 새로운 이해를 토대로 우리의 태도, 행동, 가정을 다른 눈으로 바라보도록 관점을 바꿀 방법을 제공하기를 바란다. 그 희망이 이루어지려면, 독자도 기꺼이 자리를 옮길 준비를 해야 한다.

1

음경을 중심에 놓기: 나쁜 남자들과 진화심리학의 나쁜 연구

인간의 성을 다루는 과학 분야에서는 남성이 규명하고 싶어하는 질문들 쪽으로 심하게 치우쳐 연구가 시작되고, 남성이 듣고 싶어하는 답을 얻는 쪽으로 연구가 진행될 수도 있다. 이는 진화심리학이라는 분야에서 성에 관한 질문의 답이 그 분야에서 압도적으로 많은 성(남성)이 원하는 쪽으로 나올 때가 종종 있다는 의미다. 그 결과 생기는 많은 문제점 중 하나는 사람들이 야만적이거나 화풀이하거나 공격하거나 멸시하는 행동을 정당화한다는 것이다. 그런 행동을 진화가 빚어냈다는 '확실한 근거'가 있다는 투로 남성중심적 헛소리를 들먹거리면서 말이다. 이 장에서 보게 되겠지만 진화심리학 분야에서 인간의 성을 진화 대 문화라는 대립 구조와 연관짓는 연구들은 이 패턴을 따른다. 다음 장들에서도 보여주겠지만 사실 이 경향은 성별을 토대로 인간의 특징들을 평가하겠다는 모든 분야에 만연해 있다. 인간 이외의 동물들을 논의할 때에도 수컷중심적 편향—그중에서도 음경중심적 편향—이 늘 다른 모든 것을 압도하는 듯하다.

적자생존survival of the fittest. 이니고 몬토야*의 말을 살짝 빌리자면, 사람들은 이 문구의 본래 의미가 자신들이 생각하는 그런 뜻이 아님에도 계속

* 영화 〈프린세스 브라이드〉에 등장하는 인물. "안녕, 나는 이니고 몬토야다. 넌 내 부친을 죽였어. 죽을 준비해."

사용한다.[*] 이 후렴구는 가장 강한 자만이 자연 속 죽음의 덫에서 살아남는다는 것을 의미하는 듯하다. 그러나 '적자the fittest'는 강함이나 더 나아가 죽음의 회피와도 아무 관련이 없다. '적응도fitness'는 번식 성공과 관련이 있으며, 번식 성공이라는 목표를 이루도록 돕는—생명을 유지하고 DNA의 전달을 촉진하는—특징들을 말한다. 우리는 독재자의 자아만큼 허약하면서도 자신을 지탱하고, 지금의 환경에서 살아가게 하고, 번식에 성공하도록 하는 속성들을 지닐 수 있다. 그 어구는 '가장 잘 적응한 자의 생존'이나 '가장 적합한 자의 생존'이라고 표현할 때 그 개념을 더 잘 전달할 듯하다.

이런 적응적 특징들은 집단마다, 지역마다, 환경이 얼마나 불안정한지에 따라서 시기마다 크게 다를 수 있다. 이런 유리한 특징들은 행동적(아마도 바닷가재와 그 어깨)이거나 화학적(바닷가재와 그 오줌?), 감각적(앞과 동일), 신체적(더 큰 바닷가재가 되는 것)일 수 있고, 그런 특징들이 종합된 장점과 단점에 따라 '성공'이냐 '실패'냐가 정해질 것이다.

적응적 특징이 전반적으로 해당 동물의 생존과 번식에 기여하는 한, 그 특징을 낳는 DNA는 후대로 점점 더 많이 전달되면서 그 특징을 지닌 개체들이 집단에서 더 늘어날 것이다. 그 특징과 관련된 DNA가 집단에서 더 흔해진다면 그 집단은 진화한 것이다. 집단에서 그 유전자 변이체의 빈도가 시간이 흐르면서 변했으니까. 그것이 바로 진화의 현학적이고 의미론적이고 결코 낭만적이지 않은 정의다.

적자생존과 사람들이 그 말을 심하게 오해하고 있다는 이야기를 왜 하고 있냐고? '적자'를 '가장 힘이 있다' 또는 '가장 강하다'로 이해하는 이 견해가 '적합'보다 '승리'를 훨씬 더 강조하는 일부 진화 분야의 연구를 통해서 잡초처럼 뿌리를 뻗어왔기 때문이다. 진화심리학이라는 연구 분야는 인간 뇌의 독특하면서 아주 다양한 표현 형태들을 진화의 교리와 섞어서 우리 사회

---

* 독자는 그런 사람이 아닐 거라고 확신한다.

에 비싼 대가를 치르게 하는 유독한 술을 빚어내곤 한다.

『뉴요커The New Yorker』 기고가이자 교수인 루이스 메넌드가 2002년에 말했듯이(Menand 2002), 진화 적응도를 해석할 때 이렇게 "승리"에 초점을 맞춘 결과 진화심리학 자체는 "승자의 철학"이 된다. "모든 결과를 정당화하는 데 쓰일 수 있다." 어떤 식으로든 간에 모든 결과는 "승자"가 원하거나 믿는 것을 정당화한다.

승자가 믿고 싶은 "그것"은 "인종적" 우월성부터 한쪽 성의 지적 우위에 이르기까지 모든 것이 될 수 있다. 진화가 "승리"에 관한 것이라는 잘못된 교리를 취할 때, 진화심리학은 이런 열망자들에게 완벽한 위장 덮개와 "승자"로서의 지위를 영속시킬 완벽한 도구를 제공한다. 성, 젠더, 생식기의 진화 연구라면, "승자"가 누구겠는가?*

내 배란은 어디로 사라졌을까?

많은 영장류 암컷은 시각적·후각적 단서cue를 통해 자신이 임신할 수 있음을 알린다. 생식기 팽창과 색깔 변화 같은 것들이 이런 단서가 될 수 있으며(Tinklepaugh 1933), 한 영장류학자의 무미건조한 표현을 빌리자면 그런 단서들은 "암컷의 고조된 성적 욕구"(Nadler 2008)를 알린다. 고릴라는 이 기간이 짧아서 이틀에 불과하고 침팬지는 2주까지 이어진다. 생식기가 팽창하여 교미할 때가 되었음을 알리지 않는다면 교미는 불가하다. 이런 식으로 배란 신호는 음경 이용이 '가능함'을 알린다.

반면에 인간은 이런 뚜렷한 시각 신호를 지니지 않는다.† 그래서 과학은 말한다. 배란하는 사람은 무언가를 숨기고 있음이 분명하다고. 배란 신호를

---

* 남성이다. 남자들이다.

† 만약 우리가 침팬지처럼 그곳이 부푼다면, 아주 특별한 속옷이 필요할 것이다.

보내는 과정이 대개 암컷과 관련이 있으므로, 배란은 사악한 이유로 숨겨지는 것이 된다. 다른 영장류 수십 종이 그렇게 하고 있고 비영장류 종들 중에서도 그렇게 하는—여기서 우리는 체내수정을 이야기하는 중이다—종이 많을 텐데도, 인간에게서는 난자가 포궁관으로 튀어나가는 행위가 '은밀하게' 일어난다. 즉, 숨겨져 있다. '숙녀'의 일이기 때문이다.*

이 비밀주의 때문에, 난소에서 내보낸 난자를 절실하게 정자와 융합하려는 사람은 상황을 잘 모르고 혼란에 빠진 채 잠재적인 짝의 상태를 추측만 하게 된다. 따라서 이 개념을 이어가면 이런 짝 후보들은 번식 주기 내내 스스로 주변에 머무르게 된다. 이 멋쟁이 무리는 문 앞이든 동굴 입구든 어디든 줄을 서서 기다리기에, 배란자 앞에 수많은 '혼외extra-pair' 상대가 대기하고 있는 셈이다. 마치 오쟁이 진 남자들을 내보내는 컨베이어벨트를 보는 것 같다. 여기서 배란이 일종의 성적 함정이라는 결론이 필연적으로 따라 나온다. 난자는 슈뢰딩거의 배우자처럼 늘 방출되는 동시에 방출되지 않는 상태에 있으므로 잠재적인 짝들은 계속 추측하면서 알짱거리게 된다.

그러나 '은폐'는 배란자가 짝을 속인다고 의심할 확실한 전제가 아니며 남들이 언제 어디에서든 섹스를 기대할 근거도 되지 못한다. 사실 '혼외' 통정으로 태어나는 아이의 비율은 약 1퍼센트인데 이 비율이 (유전자가 아니라) 사회적 요인들과 관련이 있음을 시사하는 연구가 있다(Lamuseau et al. 2019).† 도시 지역에 살거나 사회경제적 지위가 낮을수록 '혼외' 부계의 비율이 더 높게 나온다는 것은 일부일처제가 인간의 규범이라는 가정을 비롯하여 '진화적'이라고 간주되는 행동들이 사실은 사회문화적 힘의 영향을 받고 있음을 역설한다.

* 한편 나는 생식샘 연구 자료를 많이 접했지만, 정소로부터 정관의 저장소로 정자가 옮겨지는 것, 즉 남성의 몸속 어느 누구도 볼 수 없는 곳에서 일어나는 배란에 상응하는 과정을 '은밀하다'고 묘사한 사람은 아직까지 한 명도 못 봤다.

† 이 연구에서는 500년에 걸친 유럽인 유전자 혈통들을 분석했다.

스트리퍼 연구

현실 세계에서 이루어진 이런 발견에도 개의치 않고, 뒤에서 더 다룰 한 연구진은 "숨겨진 배란"이라는 문제를 끌어다가 "스트리퍼 연구Stripper Study"라고 알려지게 될 연구 결과를 내놓았다(G. Miller et al. 2007). 그들은 이 연구를 위해 한 스트립 클럽에서 일하는 여성들을 끌어들였다. 임신을 가장 떠올리지 않을 곳을 고르는 것이 배란을 평가하기에 가장 좋은 방법이 아니겠는가? 연구진은 여성의 배란 상태가 그들이 버는 팁에 어떤 영향을 미치는지를 추적 조사하려 애썼다.

저자들은 여성이 랩 댄스를 추면서 버는 돈이 생리 주기에 따라 달라진다고 결론지었다. 이 연구는 겨우 여성 18명이 익명으로 자신의 소득, 시간, 기분 등의 요인을 온라인으로 자기 보고하는 방식으로 이루어졌다. 연구진은 이 연구 결과를 바탕으로, 여성이 배란기에 가까워질 때가 언제인지를 경제적인 이유 때문에 모두가 알 필요가 있다고 주장했다. 왜? 여성이 배란 중일 때에도 랩 댄스를 추면 돈을 더 벌 수 있기 때문이다. '예심 판사로 일하면서 배란을 하'거나 '저녁을 요리하면서 배란을 하는' 것이 어떻게 경제적 이익을 늘리는지는 한 마디도 없다.

이 결론의 근거는 언뜻 스쳐 지나간 흥미로울 수 있는 한 관찰에 토대를 두었다. 스트립 클럽의 여성들은 팁을 합산하는 남성으로부터 탐폰을 받고 있었는데, 그 남성(다른 두 남성과 함께 이 연구를 수행한 저자)은 탐폰을 받는 여성의 평균 팁이 더 적다는 사실을 알아차렸다(따라서 배란을 겪지 않는 사람이라 할지라도 간접적인 단서들로부터 이런 리듬을 간파할 수 있다).

연구진은 배란 때 아랫배 통증이나 팽만감 같은 것을 느끼는지, 탐폰 끈이 밖으로 보일까 걱정하는지 같은 그 여성들이 분명히 겪을 만한 일들에 관해서는 질문하지 않았다. 대신에 연구진은 여성들이 생리 주기의 다른 시기에 비해 번식력을 지닌다고 추론되는 시기(배란기)에 팁을 더 많이 받는지 여부만 알고자 했다. 그러나 그것이 랩 댄스를 추는 여성들에게 어떤 의미가 있는지를 알고 싶은 생각은 없었다.

연구 결과는 이랬다. 호르몬 피임약을 쓰지 않는 여성 11명은 생리하는 기간에 팁이 가장 적었고,* 배란을 촉진하는 에스트로겐 농도가 정점으로 치닫던 시기에 가장 많았으며, 배란 이후, 즉 정자가 상황을 바꿀 가능성이 더이상 없어진 다음 며칠에 걸쳐 다시 줄어들었다. 모든 연구가 온라인 설문조사를 통해 이루어졌으므로 우리는 그 여성들이 실제로 이런 호르몬 정점과 저점을 겪었는지 알 방법이 없다. 응답자의 호르몬 농도가 실제 얼마였는지를 추적한 사람은 아무도 없었다.

호르몬 피임약을 쓴 7명(무려 7명!)도 수입이 가장 많은 시기가 있었다. 가장 적은 시기는 따로 없었다. 그들도 저자들이 "월경기menstrual period"라고 잘못 부른 시기에 수입이 적었다.† 호르몬 피임약은 호르몬 농도가 정점으로 치닫지 못하게 일정한 수준으로 유지시켜서 난모세포의 성숙과 배란을 막는다(주기를 차단한다). 그러니 연구진의 가정대로 만약 수입이 호르몬 변동과 그에 따른 생리적이거나 행동적인 변화와 관련이 있었다면, 이런 리듬을 없앴을 땐 수입의 고점과 저점도 없어져야 마땅했다.

호르몬 주기라는 관점에서만 생각한다면 이 연구 결과는 전혀 납득이 가지 않는다. 설령 이것이 겨우 18명의 응답자가 자기 보고를 한 자료를 토대로 한 결과가 아니라고 해도 마찬가지다. 그중 7명의 자료는 각기 다른 양으로 호르몬 피임약을 먹어서 나온 결과일 가능성이 높다.

물론 연구진은 팁의 변동이 춤 공연에 영향을 미치는 마음속 상태와 어

* 나는 이런 조건에서 탐폰을 필요로 하고 탐폰을 넣는 과정과 관련된 잦은 불편함 및 자의식이 이 적은 수입과 관련이 없을 리가 없다고 확신한다. 내 말은, 골반 부위의 팽만감과 쥐어짜는 느낌 때문에 불편하다면 당신은 피를 흘리고 있으며, 누군가의 얼굴 가까이에 골반을 치켜드는 동안 질 밖으로 끈이 튀어나와 있다면 아마도 당신의 움직임이 최고 수준에 이르지 못할 것이라는 의미다. 뒤에서 드러나겠지만, 저자들은 분석할 때 익명의 응답자들이 제공한 자신의 기분에 관한 정보를 뺐다.

† 호르몬 피임약을 먹는 사람들에게서는 생리혈이 호르몬 중단에 따른 출혈이다.

떤 관련이 있다는 결론을 내리지 않았다. 비록 여성들이 생리 주기에 따라서 춤 공연을 바꾸지 않는다고 주장하는 연구를 두 건 인용하긴 하지만, 연구진은 여성들에게 그들의 감정과 생각에 관해서는 질문하지 않은 듯하다. 대신에 이들은 팁을 주는 남성들이 "발정", 즉 받아들일 상태의 미묘한 징후들을 어떤 식으로든 포착했다고 판단했다. 몸의 윤곽이 부드러워진 것(연구진은 여성들을 직접 본 적이 없다)이나 "나는 잉태할 수 있어"라는 어떤 추정되는 신호를 감지함으로써 말이다. 그런 미묘한 신호들을 검출함으로써 남성들은 무의식적으로 팁을 더 주려는 동기를 갖게 되었다는 것이다.

인지 부조화다. 그 남성들은 담배 연기, 알코올 증기, 스트립 클럽의 온갖 광경과 소리와 냄새로 가득한 어두컴컴한 방에서 술에 취해 감각이 온전치 못함에도 어떤 식으로든 간에 그런 신호를 검출하는 초능력을 발휘했단다. 그리고 연구진은 여성들이 그런 단서들을 아주 효과적으로 숨긴다고 주장하면서도, 섹시한 팬티 같은 단서를 남성에게 "누설한다"고 말한다. 여성들이 자신의 은밀한 배란 행위를 숨기려고 애쓴다고 추정해놓고 무슨 엉뚱한 소린가.

연구진은 이런 누설이 있음에도 여성들이 난교를 하기 위해 자신들의 배란을 숨기는 데서 이 모든 일이 비롯된다고 하면서 이렇게 결론을 내렸다. "여성들의 발정 신호는 배란 직전에 우수한 혼외 상대들을 끌어들이는 여성의 능력을 최대화하면서도 주된 배우자의 짝 지키기와 성적 질투를 최소화하기 위해서, 비범한 수준의 설득력 있는 사실 부인과 전술적 융통성을 갖추는 쪽으로 진화했을 수도 있다." 덜 어지러운 말로 표현하자면, 그들은 여성들이 이런 단서들을 미묘하게 "누설하는" 한편으로 자신이 이용 가능하다고 다른 남성들에게 신호하는 것을 평소 짝이 알아차리지 못하게 한다고 말하고 있다. 숙녀들은 그 부분에서 매우 조심하므로 자신의 평소 짝이 추궁하면 설득력 있게 부인할 것이다. 독자의 생각은 어떨지 모르겠지만, 나는 내 번식 과정과 젠더가 마치 비뚤어진 정치인과 마피아 두목 양쪽과 바람을 피우는 데에 쓰인다는 듯이 떠들어대는 헛소리를 듣고 싶지 않다.

연구진이 내세운 목적은 인간을 일종의 발정을 지닌 존재라는 틀에 끼워 맞추려는 것인 듯하다(나는 거기에 아무 의견이 없다). 그러나 사람들은 양쪽을 다 할 수 없다. 배란은 일급비밀로 숨기면서, 발정은 침팬지 암컷의 부푼 생식기조차도 알아보기 쉽지 않을 스트립 클럽의 감각 불협화음속에서도 상대가 검출할 수 있도록 누설한다는 것 말이다.

"혼외 상대extra-pair partner"라는 말은 인간의 음경이 "혼외 상대"에 대처하는 독특한 형질들을 지닌다는 주장을 펼치고 싶어하는 연구자들이 흔히 들먹거리는 상투어다. 인간 음경이 경쟁자가 집어넣은 정액을 퍼내는 구조를 하고 있다는 주장도 그중 하나다. 그들은 음경이 플런저plunger 모양을 하고 있다고 주장한다.* 누설과 돌진plunging 이야기만 떠들어대면서, 우리는 여성을 변기로 환원시키는 쪽으로 위험할 만치 가까이 다가가는 중이다.

이런 연구를 비판하는 사람이 나만은 아니다(Reviewed in Gonzales and Ferrer 2016).

영장류의 성과 번식에 관련된 모든 것에 깊고도 폭넓은 전문 지식을 갖춘 사람이라고 널리 인정받는 앨런 딕슨은 오리 조상들† 도 아마 배란이 잘 드러나지 않았을 것이며, 보노보와 침팬지에게 보이는 배란 때의 피부 팽창이 수백만 년 전 우리와 그들이 할머니 유인원 조상Grandma Apelike Ancestor으로부터 갈라진 이후에 출현했을 수도 있다고 지적한다(Dixson 2013).‡ 따라서 배란하는 다른 아주 많은 동물들처럼, 영장류 사촌들이 잠재적인 상대들에게 접근해도 괜찮다고 알리는 데 쓰는 시각 단서를 우리 인

---

* 그렇지 않으며, 독자는 그들이 플런저를 과연 본 적이나 있는지 의아해질 것이다.

† 그리고 체내수정을 하는 아주아주 많은 다른 척추동물들.

‡ 일부 연구자들은 "은폐된 배란"이 영장류에게서 적어도 8번, 아마도 다양한 종류의 진화 압력을 받아서 출현했을 것이라고 본다. 이 특징에 관한 한 '그 모두를 규정하고 엮는 하나의 설명'은 없을지도 모른다.

간은 결코 지닌 적이 없었을지도 모른다. 그러나 다시 말하지만 우리는 어쨌든 간에 침팬지가 아니며, 누군가가 섹스를 원하는지 알고 싶다면 그저 말을 활용하고, 적절한 사회적 관계를 발전시키고, 때가 된 듯하면 요청할 수 있다.*

우뚝 선 남성, 굽펴는 여성

이 절의 제목은 같은 제목의 책에서 땄다(Erect Men, Undulating Women; Wiber 1997). 저자 멜라니 위버는 '수렵채집인' 사회에 사는 사람들을 보여주는 이미지나 아주 많은 진화 이미지에서 남성은 늘 똑바로 서 있고 대개 어떤 종류의 세워진 무기를 든 무시무시한 모습으로 묘사된 반면, 여성은 그의 주위에서 거의 바닥에 웅크린 채 식물이나 아이와 함께 여성다운 일을 하는 모습으로 나온다고 지적했다. 이런 이미지들은 현대 서양의 인간 지각과 편향의 여러 특징들을 반영한다. 남성은 기술과 권력을 움켜쥔 반면, 여성은 땅에 있는 것들을 간수한다.† 이 이미지는 우연히 나온 것이 아니다. 무기와 사냥과 '타고난 창의성'을 지닌 남성이 인류가 누리는 모든 발전을 책임지는 반면, 여성은 몸을 굽혔다 폈다 하면서 이따금 배란 단서를 누설하고, (바람피운) 사실을 설득력 있게 부인하느라 바쁘지 않을 때엔 가정과 화로를 간수하는 지원자 역할을 한다는 사고 틀에서 곧바로 나온다.

기존 남성들의 관점이 진화의 해석을 지배하는 것은 지극히 당연한 일이다. 역사는 권력을 지닌 이들의 관점에서 서술되며, 전형적인 '남성다운' 인간 체격이 평균적으로 더 우월하다는 데에는 의문의 여지가 없다(Gif-

* 그 시점에서도 우리는 "'싫어'는 싫다는 뜻이다"이고 "'글쎄'는 '좋아'라는 뜻이 아니다"임을 늘 명심해야 한다.

† 여기서 역설은 기술이 기존에 육체적 힘을 선호하는 쪽으로 기울어져 있던 운동장을 수평으로 만듦으로써 여성을 이 강요된 역할에서 벗어날 수 있게 했다는 것이다.

ford-Gonzalez 1993). 위버는 특히 셔우드 워시번의 견해를 자세히 다룬다. 워시번은 인류가 남성의 특정한 (비육체적인) 강점에 힘입어서 자연 세계를 점점 지배하게 됐다고 보았다.* 과학계의 기존 목소리들이 오랫동안 이 지배를 진보라고 보아왔다는 것이 흥미롭다. 그러나 인간 이외의 동물을 부도덕한 행동을 합리화할 진화 모델로 삼을 때면 이런 관점을 쏙 집어넣지만 말이다.

워시번은 양쪽을 다 했다. 그는 인간 이외의 영장류를 사회적 및 경제적 교환에서 필요로 하는 힘을 남성이 지니고 여성이 그 힘에 의존함을 보여주는 사례로 제시했다. 자신과 같은 부류의 많은 이들처럼, 그도 개코원숭이를 이야기하면서도 수컷의 특징을 군사 용어로 설명했고 암컷을 수동적인 존재로 치부했다. 피터슨과 그의 바닷가재처럼, 워시번도 개코원숭이의 개체간 및 성별간 동역학의 이 (부정확한) 해석이 영장류에게서 수컷이 발전을 이끌고 암컷은 선사시대판 랩 댄스를 추며 주기적으로 몸을 웅크렸다 폈다 하면서 그저 뒤에서 끌려간다는 것을 명확히 시사한다고 주장했다. 따라서 인간도 비슷한 양상을 따랐음이 틀림없다는 것이다. 가장 음험한 종류의 바닷가재 함정이다.

나는 여기서 그저 과학에 가부장적 분위기가 팽배하다고 투덜거리기 위해 워시번의 태도를 물고 늘어지는 것이 아니다. '남성=진보를 이끄는 발명가', '여성=의존적이고 약한 굽펴는 자'라는 이 기본 틀은 낡고 어리석지만, 이걸 설명하는 언어와 이 틀이 올바를 것이라는 기대는 생식기 연구와 우리가 생식기에 관해 묻는 질문들로 배어들었다. 질문하는 방향을 설정한다. 그래서 윌리엄 에버하드라는 곤충학자가 1985년에 생식기의 진화에서 암컷이 강력한 영향을 미친다는 내용으로 책을 한 권† 썼음에도, 우리는 암컷

* 이 해석은 '진보'를 남성과 관련된 활동과 발명에서 기원을 찾을 수 있는 모든 것이라고 보는 사고 틀에 의존한다—여성들이 창안하여 진보에 기여한 모든 것을 배제하는 생각이다.

† 『성선택과 동물의 생식기Sexual Selection and Animal Genitalia』로서 본문에 자주 언급

생식기의 구조·기능·공진화에 관해 지금까지도 거의 아무런 증거도 모으지 않은 상태다. 아마 나도 이 책에서 피하려 애를 쓰겠지만 무의식적으로 편향된 언어를 사용할 것이다. 게다가 사실 이 책은 오로지 음경만을 다룬다고 내세우고 있지 않은가(이따금 곁길로 새곤 한다는 점을 눈치채겠지만).*

이런 개념들은 여성에게 초점을 맞춘다고 하는 연구들에도 더 구체적이면서 의식적으로 배어든다. 스트리퍼와 배란 연구는 남성들이 이런 문제를 어떤 식으로 보는 경향이 있는지, 또 그들의 전제가 많은 여성들이 그런 문제에 접근하는 방식과 얼마나 다른지를 명확히 보여준다. 남성이 이끄는 연구진이 여성의 선택과 음경을 연구할 때 어떤 질문들을 했으며 어떻게 답했는지를 살펴보기로 하자.

워시번 효과

배란이 절망적일 만치 알아차리기가 어렵다고 한다면, 여성의 오르가슴은 수수께끼로 남는다. 여성이 연이어서 섹스를 할 '혼외' 상대 혹은 쾌감을 안겨줄 음경을 얻는 방법으로 오르가슴을 사용한다는 개념 틀로만 설명할 수 있게 된다. 이 틀에서는 첫째, 여성의 오르가슴은 그것을 이루기 위해 음경을 쓴다는 관점에서만 조사할 수밖에 없다. 여성이 하는 모든 행동이 어떤 식으로든 전적으로 남성에 관한 것이며(그리고 남성은 모든 인류의 이익을 위해 나설 것이다) 여성의 오르가슴도 예외가 아니라는 개념은 워시번 효과의 한 확장판이다. 여성은 질을 갖추고 랩 댄스를 추며 곧추선 음경 앞에서 굽혀야 하며, 음경은 여성의 오르가슴을 이끌어냄으로써 자신의 훌륭함을 보여주어야 한다.

될 것이다.

* 트로이 목마임을 미리 경고해둔다.

당신이 질을 지닌다면 '질 오르가슴'을 경험했는지 여부를 말할 수 있다. 그리고 우리는 그 오르가슴이 '음핵' 오르가슴과 구별된다는 말을 듣는다. 인간 음핵의 해부구조를 완전히 이해하게 된 것이 아주 최근의 일이기에, 나는 오르가슴을 이렇게 나누는 데 신중해야 한다고 지적하련다.* 이런 서로 다른 유형의 성적 만족이 동일한 기관에서 나오더라도 사람에 따라 느끼는 부위가 다를 가능성이 있다.

이른바 질 오르가슴에 관해 우리가 아는 것은 설령 그 오르가슴이 별개의 범주로 존재한다고 쳐도 그것을 느끼는 사람이 비교적 드물다는 것이다. 그것을 경험한다고 말하는 여성의 비율은 퍼센트로 한 자릿수에 불과하다. 또 우리는 일반적으로 질 삽입이 여성이 섹스를 얼마나 즐기는가와 거의 관계가 없다는 사실도 안다. 실은 남성과 섹스를 하는 여성이 오르가슴을 느끼는 비율(65퍼센트)은 남성이나 여성과 섹스를 하는 남성(각각 88~95퍼센트), 레즈비언(86퍼센트), 양성애 여성(66퍼센트)보다 낮다. 이 연구 결과를 내놓은 프레더릭 연구진은 여성이 음경을 수반하는 삽입 섹스에다가 오럴 섹스나 손을 이용한 생식기 자극이 곁들여질 때 더 오르가슴을 느끼는 경향이 있다고도 발표했다(Frederick et al. 2018).†

이 중 어느 것도 질과 음핵을 지닌 사람들, 특히 성 경험이 있는 이들에게는 새로운 소식일 가능성이 적으며, 성적 만족을 위해 자신이 원하고 필요로 하는 것을 요청하거나 주장할 방법을 알아낸 이들에게는 더욱더 그렇다. 따라서 이 확인된 상식에 비추어볼 때, 질을 지닌 사람인 당신이 마찬가지로 질을 지닌 사람들에게서 오르가슴에 관한 사항들을 조사하고 싶다면, 가장 먼저 어떤 질문을 할까? 당신이 코스타 연구진(costa et al. 2012)의 일원이라면 더 깊은 음경-질 자극을 선호하는 여성들이 (a) 질 오르가슴을 느

* 음핵의 범위와 해부구조를 고려하면, 아마 오르가슴은 모두 음핵에서 일어날 것이다.

† 이 연구진은 여성 2명과 남성 2명으로 이루어져 있다. 주저자인 여성은 이 분야의 손꼽히는 연구자에 속한다.

낄 가능성이 높은지, (b) 더 긴 음경을 선호하는지를 물었을 것이다. 그리고 둘 다 '오르가슴을 느끼는 여성들에게 중요한 것들'의 목록에서 상위에 놓이지 않는다는 사실을 알게 될 것이다.

어처구니없게도 이런 동어반복적인 질문을 한 뒤("팬케이크를 좋아하는 사람들은 팬케이크를 즐겨 먹을까?"와 같은 범주의 질문이다), 연구진은 (a)와 (b) 양쪽에 '그래! 맞아! 진짜야!'라는 답을 얻었다. 아마 연구진이 내놓은 조사 결과 중에서 질을 지닌 이들에게는 더 흥미롭고 지니지 않은 이들에게는 충격적일 내용은 음경 크기가 다른 유형의 성적 상호작용보다는 음경-질 성교와 더 관련이 있다고 "주장할 수 있다"는 대목이 아닐까? 인간의 성 행동을 "음경이 질에 들어가는 것"에 국한한다면 지나친 축소이며, 나는 성 행동을 연구하는 모든 사람이 제발 그런 짓을 그만두기를 바란다. 과학이 여성과 성을 특징짓는 방식의 상당 부분이 그렇듯이, 그것은 만족스러운 경험을 하는 이들의 실제 행위와 아무 관계가 없다.

이 연구에 참여한 여성들(모두 자신의 정체성이 여성이라고 했다) 중 17퍼센트만 음경이 1달러 지폐(15.6센티미터로서 연구진이 쓴 척도 중 하나다. 음경 평균 길이보다 약 2.5센티미터 더 길다)보다 길면 음경-질 성교만으로 오르가슴을 느낄 가능성이 더 높다고 말했다. 30퍼센트는 길이가 중요하지 않다고 말했고, 29퍼센트는 그런 식으로는 오르가슴을 느끼지 않는다고 대답했으며, 5분의 1은 비교할 수 있을 만큼 음경-질 성교 상대를 여럿 만난 적이 없다고 말했다. 종합하자면 음경-질 섹스로 오르가슴을 느낄 수 있다고 답한 여성들 중에서도 3분의 2는 음경 길이를 중요하게 생각하지 않았다.

연구진은 이 방향으로 조사를 한 근거가 여성에게 남성 생식기(음경)의 어떤 특징을 선택하도록 만드는 요인이 무엇인지를 조사하기 위해서라고 했다. 다른 사람들을 연구하는 남성 3명으로 이루어진 이 연구진은 남성 생식기가 "정자 저장, 반복되는 성교, 배란, 수정의 가능성을 최대화하는 방식으로 여성의 신경계를 자극하는 능력"을 토대로 선택될 수 있다고 썼다. 그들은 두 가지 사실을 빼먹었다. 첫째, 여성은 음경을 "선택하는" 데 쓰이는 질에만 국부적으로 신경계를 지닌 마비된 고깃덩어리가 아니다. 둘째, 인체에는 음경을 질로 삽입하는 일을 수반하지 않으면서 특히 "반복되는 성교"에 적절한 방식으로 신경계를 자극할 부위가 **많다.**

그리고 연구진은 **그 실수**를 저지른다. 그런 연구가 늘 저지르는 듯한 가장 큰 오류다. 그들은 여성의 오르가슴과 번식 성공을 결부시킨다. 성적 만족 연구들과 지구의 70억 명이 넘는 이들이 증언하듯이, 여성에게서 이 둘은 서로 딱 들어맞지 않는다. 많은 여성들은 잉태하지 않으면서 오르가슴을 느끼고, 또 오르가슴을 느끼지 않으면서 잉태한다. 번식(즉 음경의 사정만을 필요로 하는 잉태)과 사건(오르가슴)의 연결고리가 없는 상태에서는 그 사건을 일으키는 특징들은 진화적 선택 여부와 무관해질 것이다. 여성 오르가슴은 적응적인 이유로 지속될 수도 있지만, 음경이 오르가슴을 일으키는 능력은 그렇지 않다.

이 오류를 더 밀어붙이면서, 연구진은 "자연임신을 장려하는 사회"에서 청소년기 여성들이 어떤 식으로든 간에 크기라는 척도로 음경을 평가할 수 있고 그것을 토대로 "성교 능력"*을 추론할 수 있다고 주장하려 한다. 그러나 이런 성적으로 소박한naive† 소녀들은 "성교 능력"이 무엇인지 또는 무엇을 의미하는지 단서조차 지니지 않은 채 본능적으로 그 능력을 추론해야 할 것이고, 그런 뒤에 잉태로 이어져서 자신이 선택한 형질의 토대가 되는 유전자 변이체—있다고 한다면—를 다음 세대로 전달할 선택을 해야 할 것이다. 성적 경험이 없는 십대 소녀의 한 선택에 많은 것을 요구하는 셈이다. 내가 그 나이였을 때의 경험을 토대로 증언하자면, 우리는 자신이 보는 것이 무엇이든 간에 정확히 뭘 보고 있으며 그게 어떤 의미를 지니는지를 당

* 아마도 질 오르가슴을 유도하는 능력 같은 것이 아닐까?

† 여기서는 성 경험이 없다는 의미로 쓴다.

연한 양 알아보진 못한다.

여기서 나는 이 기이한 연구의 출처를 언급하는 것이 중요하다고 생각한다. 이 연구진은 모두 남성이다. 그중 한 명인 '책임 저자' 또는 '주된 연구자'라고 볼 사람은 뉴멕시코 대학교의 제프리 밀러다. 그는 "스트리퍼 연구" 논문의 책임 저자이기도 하다. 밀러는 2013년 6월에 자기 대학교의 대학원생 한 명을 뽑으면서 지원자들을 품평한 듯이 보이는 트윗을 날림으로써 대중의 분노를 샀다. "안녕, 뚱뚱한 박사학위 지원자들. 탄수화물 섭취를 끊을 의지력이 없다면, 학위 논문을 쓸 의지력도 없겠지. **#진짜**"

그 일로 엄청난 비판이 쏟아지자, 대학교는 그에게 주의를 주었다. 그러나 밀러와 그 연구진에게 지적할 사항은 그것만이 아니다. 그들은 자기진단 성향이 부족한 차원을 넘어서 노골적인 뻔뻔함을 드러내기 때문이다. 밀러는 죽이 잘 맞는 터커 맥스와 함께 책을 썼다. 맥스는 친구들이 몰래 찍고 있는 와중에 여자와 섹스를 하거나, "술에 떡이 되어서 뚱녀랑 떡쳤다"거나 "보통주 돼지"* 따위의 여성을 동물적인 용어로 분류하는 글을 공개적으로 쓰는 등 온갖 물의를 일으키는 인물이다. 터커 맥스와 제프리 밀러는 『짝: 여자가 원하는 남자가 되는 법Mate: Become the Man Women Want』을 썼다. 내가 아는 한 둘 다 여성이 아니며, 나는 그들이 누군가가 원하는 남자인 양 보이지 않기를 바란다.

---

* 맥스의 책 『나는 그들이 지옥에서 맥주를 내오기를 바라I Hope They Serve Beer in Hell』(그가 맥주를 좋아한다면, 나는 그들이 맥주를 내오지 않기를 바란다)에 실린 이야기 하나를 뽑아보자. 그는 만남 사이트에서 어느 관심 있는 여성으로부터 사진을 받는다. 그는 자신이 "돼지고기 다이빙pork diving"이라고 부른 그녀와의 섹스 계획을 품고서 "뚱녀FatGirl"라고 별명 붙인 그 여성을 동네 술집에서 만난다. 그들은 그의 숙소로 가서 섹스를 한다. 그때 친구들이 와서 뚱녀에게 나오라고 한다. 그녀는 무슨 일이 벌어지는지 알지 못한 채, 옷을 입고서 친구들을 만나려 한다. 그는 이렇게 썼다. "뚱녀가 하자는 대로 하는 날이 내가 은퇴하는 날이다." 그래서 그는 그녀의 옷을 모아서 창밖으로 내던진다. 그녀가 옷을 가지러 벌거벗고 문 밖으로 나갈 수밖에 없도록. 그는 자신의 신나는 이야기를 이렇게 마감한다. "정말로 웃기는 일은 여자들이 이런 짓을 또 할 거냐고 내게 묻는다는 것이다. 물론 또 하지는 않을 것이다. 뚱녀와 한판 했으면 되었지, 뭐 하러 또 하겠는가?" 바로 이 인간이 제프리 밀러와 함께 '여자가 원하는 것'에 관한 책을 쓴 남자다.

이 '분야'의 질문들을 추구하는 이들은 나름 애쓰면서 과학적인 양 비치는 용어들을 위장막으로 펼치고 있음에도, 자신들의 진정한 목적을 숨기는 데 실패한다. 예를 들어 이 책에서 내내 다루겠지만 생물학에서는 여성의 짝 선택을 연구할 때, 여성이 번식이라는 최종 목표를 지니고서 특정한 상대와 짝을 맺기로 동의할 때 고려할 수 있는 요인들을 폭넓게 참조한다. 맥스와 밀러는 『짝』의 서문에서 여성 짝 선택의 복잡성을 다루는 것이 목적이라고 표방한다. 서문에서 이렇게 시사하고(그리고 잘못 표현하고) 있기 때문이다. "여성의 선택은 너무 높아서 넘을 수 없고, 너무 깊어서 그 밑으로 파고들 수 없고, 너무 넓어서 돌아갈 수도 없다."

그들은 성적 제안이 거부될 때 씁쓸함을 느끼고 생물학의 언어로 그것을 치장하려고 시도했다. 그러나 그들은 여전히 여성을, 수수께끼 같으면서 뚫을 수 없는 장벽을 변덕스럽게 세워 자신들의 성공을 가로막는 존재라고 설정하지 않고는 못 배긴다. 그들은 그 책을 "더 나은 남자"가 될 지침서라고 하면서도 "당신의 짝짓기 생활mating life을 바로잡"고 "짝짓기 생활에 이르는" 5단계를 제시한다. 친애하는 독자가 어떤 사람인지는 모르겠지만, 나는 좋은 남자와 친밀한 성적 관계를 맺을 가능성을 "짝짓기 생활"이라고 생각한 적은 결코, 절대로 없다.

그들은 자신들이 원하는 모든 것에 "여성의 선택"과 "짝짓기 생활"을 갖다 붙이지만, 그들이 정말로 기술하고 있는 것은 픽업 아티스트pickup artist가 되고 싶은 남성들을 위한 안내서다. 기가 막힌 문장을 하나 골라보자. "여성은 당신이 이해할 수 있는 것보다 더 복잡해지도록 진화했기에, 유혹당하고 조작당하고 착취당하는 것으로부터 자신을 보호할 수 있다." 진화심리학에서 내놓은 '그저 그런 이야기just-so story'가 하나 더 있다. 남성 대부분을 조작당하고 이용당하는 존재이자 아마도 "복잡한" 여성들을 이해할 수 없는 무력할 만치 단순한 존재로 특징지음으로써 까는 이야기다. 그리고 으레 그렇듯이 이때 여성은 남성을 좌절시키고 멀리하기 위해서 "너무나 수수께끼 같고 신비하고 숨기는" 행동을 하는 존재라고 본다.*

그렇다면 이상하다. 왜 "짝짓기 생활"에 분노하고 삐딱하게 보는 거지? 분명히 한 남자는 "술에 떡이 되어 뚱녀와 떡칠" 수 있고, 그것이 그의 방식이며 그가 하는 행동이 폭행이 아니라면, 그 여성이 선택을 (불행히도 잘못 알고서) 한 것일 텐데? "여성의 선택"이 무엇이고 어떤 의미를 갖는지를 이렇게 왜곡하고, 여성을 쓰레기 취급하는 짓을 합리화하는 수단으로 이를 이용하는 것은 이런 '사상가들'이 뛰어드는 이 유독한 우물에서 퍼낸 독물 한 양동이에 불과할 뿐이다. **#진짜**다.

파란 딜도 연구

제프리 밀러는 다른 연구(Prause et al. 2015)도 이끌었는데, 마찬가지로 음경에 초점을 맞춘 연구였다. 연구진은 여성 3명†과 밀러로 이루어졌고 겉보기에는 여성 중심의 문제를 다룬 듯했다. "여성들은 음경 크기에서 무엇을 선호할까?" 그들은 스스로는 "촉감물haptics"이라고 부르지만 남들은 모두 "딜도"라고 부르는 것을 써서 음경 길이와 굵기에 관한 "여성의 선택"을 조사했다. 실험 참가자 75명을 조사한 결과를 토대로 그들은 여성들이 하룻밤 상대로는 더 길고 더 굵은 음경을 선호했지만 장기적인 관계에서는 그

* 이것도 진화가 작동하는 방식은 아니다. 동물은 의도나 목적을 갖고 "무언가가 되도록 진화"하지 않는다. 유리함을 제공하는 유전 가능한 특징이 생존과 번식의 성공으로 이어진다면 그 특징은 선택될 수 있다. 따라서 만일 여성이 진정으로 남성이 이해할 수 있는 차원보다 "더 복잡해지도록 진화했다"면(헛소리다), "더 복잡한" 사람들에게 유리함을 제공하는 어떤 선택적 번식 및 생존 이점이 있었기 때문일 것이다.

† 여성 중 2명은 당시 UCLA의 대학생 연구 보조였고, 연구를 마친 뒤에 떠났다. 사실 내가 대학생이라면 이런 연구 과제를 거부하기가 곤란했을 것이다. 그들은 제1저자인 니콜 프라우스Nicole Prause 밑에서 일했고, 프라우스는 밀러와 터커 '뚱녀와 떡치기' 맥스의 팟캐스트에 출연하는 등 밀러와 계속 협력하고 있다. 이 연구를 할 당시 UCLA의 연구원이었던 프라우스는 이 연구 결과를 내놓은 지 얼마 뒤에 떠나서 자신의 연구 기업인 리베로스Liberos LLC를 차렸다. 그 대학교의 윤리위원회가 사람의 오르가슴 연구를 못 하게 한다는 이유를 들면서다.

척도들이 덜 중요하다고 결론지었다.

이런! 이 연구의 문제점을 살펴보자. 우선 참여한 여성들의 성적 지향과 경험을 세부 분석하면 이렇다. 36명은 이성애자, 10명은 양성애자, 8명은 레즈비언, 6명은 무성애자, 3명은 퀴어, 11명은 이 범주들에 속하지 않거나 정체성을 밝히지 않았다. 맞다, 나도 다 더해봤자 74명밖에 안 된다는 것을 안다. 논문에 75번째 참가자의 성향이 어떠한지는 전혀 나와 있지 않다.

독자는 이들 중에 음경을 수반하는 하룻밤 정사나 장기적인 관계에 별 관심을 가질 것 같지 않은 사람도 포함된 듯하다는 점을 알아차릴 것이다. 물론 그 점은 중요하지 않다. 그 연구는 여성의 선호에 초점을 맞춘다고 표방하고 있음에도 전적으로 음경에 관한 것이었기 때문이다. 연구진은 "남성에게 끌린다고 대답한 것을 조건으로" 참가자를 뽑았다는 말로 그 문제를 회피하려 시도했다. 물론 모든 남성이 음경을 지닌 것은 아니고, 남성에게 끌리는 모든 사람이 음경에 신경을 쓰는 것도 아니고, 이런, 그러고 보니 참가자들은 20달러를 사례금으로 받았다. 내가 대학생이었을 때 누가 30분 시간을 내면 20달러를 주겠다고 했다면, 나는 가지를 좋아한다고 기꺼이 말했을 것이다. 참고로 난 가지를 아주 싫어한다. 또 참가자들 중 15명(20퍼센트)은 성교 경험이 전혀 없었고 34명(45퍼센트)은 하룻밤 정사를 나눈 적이 없었다.

앞서 말했듯이 연구진은 "촉감물"(즉 딜도. 음경보다는 하늘색 곡물 저장탑을 닮은 웃긴 모습의 물건)을 발기한 형태로 만들었다. 음경 크기 선호를 조사하는 연구들이 대부분 축 늘어진 음경을 써서 측정을 하기 때문이라고 했다. 그런데 다른 연구들이 그런 음경을 택한 이유는 사람들이 대개 강렬한 파란 음경을 발기한 채로 마을이나 도시를 돌아다니지 않으며, 따라서 연구의 목표가 음경을 고를 여성들이 음경을 어떻게 보는지를 자연스럽게 평가하는 것이라면 늘어진(그리고 파랗지 않은) 쪽이 더 낫기 때문이라서 그런 것이 아닐까?* 또 남성 1661명을 대상으로 그들이 사용하는 콘돔의 크기를 측정하여 발기한 음경을 측정한 연구 논문(Herbenick et al. 2014)이 이 논문보다 한 해 앞서 나온 적이 있다.

그러나 사실 연구진의 진짜 목표는 '자연적' 조건을 재현하는 것이 아니었다. '자연적'인 것에 관심이 있는 이들은 파란색 발기한 '음경'†의 3차원 플라스틱 모형 33개를 만들어서 음경을 수반한 성 경험이 전혀 없는 이들까지 포함된 사람들에게 그 모형들과 상호작용하며 선호도를 표현하라고 요구하지 않는다. 이 연구의 진정한 목표는 논문의 마지막 문단에서 아주 명확히 드러난다.

> 이 자료는 장기적인 여성 상대를 갖는 데 관심이 있는 남성들에게 몇 가지 의미를 함축한다. 더 큰 음경을 지닌 남성은 단기적인 여성 상대를 찾을 때 유리할 수도 있다. 또 이 연구는 여성들의 음경 크기 판단의 정확성을 말해주는 최초의 자료를 제공한다. 게다가 여성들은 나중에 회상할 때 음경 모형의 길이를 좀 과소평가하는 경향을 보였다. 즉 여성은 특정한 상대의 음경 속성들을 실제보다 더 작다고 잘못 기억할 수도 있다. 이는 음경 크기에 관한 남성들의 불안을 악화시킬 수도 있다. 자신의 음경 크기가 불만인 남성들은 역사적으로 보면 수술로 음경을 키우기보다는 심리 상담을 통해서 더 도움을 받았다. 이는 자신의 음경이 작다고 인식하여 수술로 키울 방법을 모색하는 이들의 대다수가 실제로는 정상 범위에 속한 음경을 지니는 이유를 설명하는 데 도움을 줄 수도 있다.

이런 끔찍한 연구가 남성들이 음경 크기를 더 걱정하도록 만들 수도 있다는 생각은 안 드는 것일까? 또는 여성들이 음경을 과소평가하는 경향이

* 모츠 연구진(Mautz et al. 2013)은 늘어진 음경을 썼는데, 음경의 크기와 키 같은 형질들보다 어깨와 엉덩이의 비가 여성에게 더 매력적임을 밝혀냈다.

† 운 좋게도 이 모형들은 온라인에 설계도가 나와 있기에 직접 만들 수 있다! 수제 딜도 최고!

있다고 시사함으로써, 그 문제에 여성들을 연루시킴으로써 성별간 적대감에 불을 붙인다는 생각은? 여성들이 비열하게도 나쁘게 추정하는 것이 아닐까? 여성들이 제대로 할 수 있는 것이 있기는 할까?

왓 위민 원트: 여성이 진정으로 원하는 것은?

그렇다면 음경중심적이지 않게 선호를 평가하는 사려 깊은 연구는 어떤 모습일까? 음경이 있거나 음경과 상호작용하는 사람을 위한 현실적이고 유용한 정보를 제공하는 그런 연구가 하나 있는데, 언론의 주목을 전혀 받지 못한 듯하다. 음경과 음경 크기에 관한 연구 결과가 아무리 헛소리든 간에 대개 대대적으로 다루어지는 것을 생각할 때 특이한 일이었다. 예를 들어 스트립 댄서와 "촉감물"을 다룬 연구들은 언론 매체 수십 군데의 주목을 받았다. 랩 댄스의 과학이나 "하룻밤 정사에 여성이 음경으로부터 무엇을 원할까?"를 광고하는 기사를 누르지 않을 사람이 누가 있겠는가?

더 나은 방식의 연구는 캘리포니아의 여자 대학생들이 아니라 중동에 사는 여성들을 대상으로 했다(Shaeer et al. 2012)—아마 이 점도 언론의 주목을 받지 못한 이유일 것이다. 연구진은 자신의 정체성이 여성이라고 말한 참가자 344명을 대상으로 온라인 설문조사를 했다. 이 연구에는 「세계 온라인 성 조사—아랍 여성Global Online Sexuality Survey—Arabic Females」이라는 쉬운 이름이 붙었다. 연구진의 목표는 여성의 성기능장애와 관련된 요인들을 평가하는 것이었다. 그래서 음경 관련 질문들이 음경을 지닌 상대에 초점을 맞추는 쪽에서 벗어나 있다.

연구진은 조사 지역의 주류 문화 때문에, 즉 "민감한 특성과 보수적인 분위기 때문에 이런 요인들을 측정하기가 유달리 어려웠"다고 적었다. 온라인 설문조사를 택한 이유가 그 때문이다. 연구진은 좀 솔직한 응답을 얻은 듯하며, 직접 면담을 했다면 그렇지 못했을 것이 거의 확실하다.

여성들이 상대가 발기장애가 있거나 전희를 "불충분하게" 한다면 성적으로 문제를 겪는다고 응답한 것은 그리 놀랍지 않다. 연구진은 음경 변수에 관한 선호도 물었다. 40퍼센트는 굵기가 가장 중요하다고 답했고, 40퍼센트는 굵기와 길이가 똑같이 중요하다고 답했으며, 20퍼센트는 길이가 가장 중요하다고 보았다.* 이는 다른 연구 결과들과도 들어맞으므로, 길이 못지않게 굵기도 중요함을 시사한다.

그러나 그 두 가지보다 더 중요한 것은 응답자의 37.4퍼센트가 원하는 만큼 자주 성관계를 갖지 않으며 54.9퍼센트는 상대가 "어느 정도" 조기 사정을 보이지만 그럭저럭 맞추고 있다고 응답했다는 사실이다. 이는 여성 자신의 욕구와 쾌감의 만족도가 낮음을 시사한다. 총 84.5퍼센트는 상대의 음경 크기가 괜찮다고 답했으므로, 크기 만족도가 성교 시간의 길이와 친밀감에 대한 만족도보다 더 높았다.

연구진은 여성에게 계속 초점을 맞춤으로써,† 상대에게 발기장애가 있을 때 여성 자신도 성기능장애를 지닐 확률이 높다는 것도 알아냈다. 남성들을 대상으로도 별도의 설문조사를 했는데, 그들이 발기장애와 조기 사정을 몹시 걱정한다는 것이 드러났다. 그리고 아마 놀랍지 않겠지만, 여성은 15퍼센트만 상대의 음경 크기가 문제라고 언급한 반면 남성은 30퍼센트나 자신의 크기가 문제라고 생각했다. 평균 크기였음에도 그랬다.

남녀는 양과 질의 중요성을 보는 관점이 달랐다. 남성은 상대의 만족에 질보다 양이 더 중요하다고 생각하는 경향이 있었다. 모두가 질적으로도 양적으로도 함께 이룰 수 있는 완전한 친밀감, 소통의 질, 전희의 골디락스 지대가 있을지도 모른다.

---

* 이 결과는 크로아티아에서 나온 설문조사 결과와 비슷하다. 굵기와 길이가 동일한 수준으로 중시된다는 결과였다.

† 주의: 이 연구에 참가한 여성의 36.8퍼센트는 할례를 받았다고 답했지만, 연구진은 할례와 성기능장애 사이에 아무런 연관성도 찾아내지 못했다.

이 연구는 여성들을 조사해 알아낸 사항들을 말하고 있지만 남성에 관해서도 언급한다. 그러나 여성을 도저히 만족시킬 수 없는 음경 심판자로 변신시킴으로써 친밀감의 우물에 독을 푸는 방식이 아니다. 대신에 연구진은 설문조사로 파악한 문제 중 상당수가 조기 사정, 발기장애, 전희라는 문제에 대처함으로써 해소가 가능하다고 말했다. 여성의 "성적 만족이 대체로" 상대 남성이 그 분야들에서 "기여하는 정도에 달려 있"기 때문이라는 것이다. 핵심은 음경 자체가 아니다. 양쪽 육체뿐 아니라 남성의 심리와 두 마음을 잇는 친밀감도 중요한 요소다.

이 연구 결과를 재확인하는 연구도 있다.* 미국 대학에 다니는 여학생 1만 3484명을 조사한 연구다(Armstrong et al. 2012).† 논문의 저자들은 섹스를 즐기고 오르가슴에 다다르는 데 중요한 요소가 4가지라고 파악했다. 젠더 평등, 상대의 특징 학습, 헌신, 그리고 (내 마음에 드는 것인데) "솜씨 좋은 성기 자극"이다. 또 연구진은 남녀 양쪽이 가벼운 섹스와 연인간의 섹스에 기대하는 것이 다른 일종의 "이중 잣대"를 갖고 있음을 알아냈다. 남성은 양쪽 다 즐길 수 있다고 보는 반면, 여성은 가벼운 섹스는 아니라고 보았다. 여성은 그런 일시적인 성경험을 남성 상대가 여성의 즐거움을 "완전히 무시"하는 형태라고 특징짓는다.‡

---

* 세 여성이 한 연구다.

† 연구진은 남녀 사이의 섹스에 초점을 맞추었기에, 스스로를 레즈비언 혹은 양성애자라고 말하거나, 남자와 "가벼운 관계"를 가진 적 있는지 아니면 적어도 한 남자와 6개월 이상 지속적인 관계를 맺었는지 여부가 불확실한 사람은 제외했다.

‡ 이유는 즐기려는 욕망 및 안전 욕구 두 가지 때문이다. "그냥 사교 파티에서 좀 멍청한 남자를 만나 그의 방으로 가서 오럴섹스를 해주었다. 그리고 기다리는데 남자가 그냥 잠들었다. '제기랄.' 나는 그냥 나왔다. 기분 나빴다." 또 한 여성은 남자친구를 이렇게 말했다. "그와 있으면 마음이 편했다. 뭘 하고 하면 안 되는지, 언제 멈추어야 할지를 그냥 다 말했다."

성적일까, 감정적일까?

때로는 욕망과 무관하게 발기가 일어날 수 있다. 십대 청소년이 지루한 교실에 앉아 있다가 갑자기 음경이 커지는 바람에 바인더로 가려야 하는 일을 겪는 것은 목소리가 갈라지거나 여드름이 나는 것과 마찬가지로 사춘기와 관련이 있다. 젊은이들은 그 시기에 섹스를 생각조차 하지 않는데도 그냥 발기가 되었다고 말할 것이다. 그리고 그런 일은 전적으로 가능하다.

성적 충동은 강렬한 감정이자 감각이며, 양쪽을 촉발하는 다른 맥락들에서도 분명히 혈액 흐름 경로가 달라지면서 달아오르는 느낌을 받을 수 있다. 아마 우리 뇌는 발기의 진정한 원인—사회적 흥분—을 과대 해석하면서 성과 관련된 것이라는 잘못된 가정을 하는지도 모른다. 발기는 성과 거의 관련이 없으면서 감정의 세기에 반응하여 혈액을 특정한 부위로 돌리는 일과 많은 관계가 있는, 강렬한 감정의 정직한 신호이자 내면 상태를 드러내는 것일 수도 있다.*

태아가 섹스를 생각할 리 없겠지만 초음파 영상에는 발기한 모습이 포착되곤 한다. 사실 그 능력이야말로 임신 2분기에 들어설 때까지 태아의 생식기 성별을 확실히 확정지을 수 없는 이유 중 하나다. 한 연구에서는 임신 약 11~12주에 찍은 초음파 영상을 토대로 태아 11명 모두를 남아라고 판단했는데, 태어날 때 보니 5명이 여아였다(Pedreira et al. 2001).

연구진은 더 이전의 발달 단계에서는 모든 태아에게서 갓 생겨난 생식기의 "발기"가 일어날 수 있다고 결론지었다. 아마 그 부위로 흐르는 혈류량의 변화로 생기는 듯하다. 이 발달 단계에서는 혈액 흐름이 의식적인 감정 상태를 시사할 리가 없으며, 이 생리적 반응이 성적 동기와 무관하게 일어날 수 있음을 보여준다.

---

* 한 예로 영장류는 성적 표현을 슬픔을 나타내는 데에도 쓴다는 사실이 알려져 있다.

짝짓기와 혼인

성선택과 영장류 음경을 상세히 비교하는 내용의 교과서(Dixson 2013)를 쓴 앨런 딕슨은 인간에 관한 몇 가지 구체적인 숫자들을 제시한다. 영장류들 사이에서 인간은 음경 길이를 꼼꼼하게 비교할 때 최고 점수를 받지만, 17가지 척도에서는 다른 영장류들과 동점이다. 사람속*Homo*이라는 별도의 속을 이루면서 그 속의 유일한 대표자인 인간은 복잡성 항목에서는 가장 아래쪽인 21번째에 놓인다.* 이 책에서 보여주겠지만 음경의 모양이 복잡하지 않은 종은 대체로 양쪽 상대방의 명확한 승인이 따르는, 공격적이지 않은 유형의 섹스를 한다.

사실 딕슨은 더 단순한 형태가 "다처제multifemale"나 일부일처제의 짝짓기 구조와 관련이 있다고 주장한다. 즉 정자 경쟁이 없다는 의미다. 정자 경쟁은 여러 상대에게서 받은 정자들이 받은 쪽의 생식기관 안에서 벌이는 미시 세계의 전투다. 또 그 말은 음경이 경쟁 무기로 쓰이지 않는다는 뜻이다. 사실 그는 인간 음경의 윤곽이 정자 경쟁으로 설명될 "가능성이 매우 낮다"고 결론짓는다.

우리의 이해에 혼란을 가져오는 또 한 가지 요인은 혼인이라는 문화적 행위와 짝짓기라는 생물학적 행위의 융합이다. 사람은 하객들을 초청한 가운데 예식을 거쳐서 혼인을 하는 경향이 있으며, 그럴 때 혼인은 사회문화적 행동이다. 이런 사회적 행위는 어떤 유형—2명, 3명, 한쪽 성은 1명이고 다른 성은 여러 명—이든 간에 짝짓기 체계와는 다른 것이다.

---

* 우리 종의 고환 크기를 토대로 인간의 짝짓기 행위를 설명하는 주장들도 있다. 우리는 고환이 비교적 크다. 비록 제프리 밀러 같은 연구자들은 여성이 여러 상대와 연이어 짝짓기를 하기 때문에 남성의 고환이 이 크기로 진화한 것이라고 해석하지만, 우리를 "숨겨진 배란" 시나리오로 곧바로 되돌아가게 하는 또다른 가능한 설명이 있다. 그저 인간이 두 명 이상의 상대와 성관계를 맺는 일이 평균적인 영장류보다 많은 것일 수도 있다. 앞서 말했다시피 우리는 이론상 원할 때마다 그렇게 할 수 있으니까.

내가 볼 때 인간이 평균적으로 하는 행동—개인별 행동은 인간 행동의 가능한 스펙트럼 전체에 걸쳐 있긴 하지만—을 가장 잘 묘사한 말은 인간이 여러 성별로 이루어진 집단이라는 맥락에서 지속적인 짝 결속pair bonding을 맺는다는 것이다(Varki and Gagneux 2017). 다시 말해 우리는 (유전자, 혼인, 제휴를 통한) 친족들의 망이 갖추어진 마을 안에서 짝짓기 유대를 이룬다. 이 유대를 공식적으로 인정하거나 문화적으로 정당화하는 것은 짝짓기가 아니라 혼인이다.

고독한 영장류

'인간'에는 몇 종이 포함되며, 그중 한 종(우리)만 제외하고 다 멸종했다. 우리에게는 침팬지와 보노보라는 꽤 거리가 있는 영장류 사촌들도 있다. 비록 그들은 시간적으로도 진화적으로도 우리와 멀리 떨어져 있지만, 그들의 현재 행동은 우리가 그들과의 공통조상으로부터 현재의 우리로 진화하는 과정에서 어떤 변화를 거쳤을지 단서를 제공한다. 성적인 것이든 다른 것이든 간에 우리 행동과 그 토대를 이루는 생리, 행동에 쓰이는 신체 구조는 분명히 변해왔다. 우리는 유사점과 차이점을 통해서 우리에게 정보를 제공할 더 가까운 친척이 전혀 없는 고독한 종이다.

유전적 친척이 없는 상태에서 우리의 성적 행동과 갈망을 진화적으로 설명하려다 보니, 우리는 탄탄한 증거보다는 개인의 편견을 더 반영하는 방식으로 그 틈새를 메운다. 그것이 바로 인간의 남근오류이며 우리가 피하려고 노력해야 하는 것이기도 하다. 우리에게는 가까운 사촌, 즉 비교하기 위해 돌아볼 수 있는 호모속의 다른 종이 없다. 다른 영장류 종들과 우리의 유사점과 공통점을 고려할 때, 우리는 자신이 적어도 600만 년 전에 가장 가까운 현생 친척들과 진화적·유전적·행동적으로 분리되었다는 점을 염두에 둘 필요가 있다. 그 기간에 우리의 더 가까운 친척들은 진화했다가—적어도 그중 한 종(호모 에렉투스)은 200만 년 동안 존속했다—사라졌다. 현재 사례를 참고할 가까운 친척 종은 전혀 없으며, 훨씬 더 먼 친척들로부터 확대 추정한들 사라진 친척들의 모습을 제대로 그리지 못할 것이다. 말 그대로 우리는 영장류 중에서 독특하다.

우리 규칙에 따라 행동하는 종은 우리뿐이며, 우리는 다른 영장류에게 없는 특징을 하나 지닌다. 우리가 세상을 헤쳐 나가면서 온갖 새로운 규칙들을 만들 수 있게 해주는 커다랗고 복잡한 대뇌겉질이다. 농경과 다른 문화가 등장하면서 우리는 음경을 본래의 모습인 친밀감의 기관이라고 보는 대신에 위엄과 두려운 힘을 지닌 특대형 물건으로 떠받드는 규칙들을 만들기 시작했다. 이 기관을 대하는 맥락을 바로잡지 않는다면, 우리 중 일부는 편향이 뚜렷하고 동기가 과학적이기보다는 이기적인 사람들이 내세우는 관점에 계속 의존하게 될 것이다.

탈중심화를 도모하는 이 여행을 시작하는 김에, 한 걸음 더 물러나 진화사를 돌아보면서 애초에 이런 기관이 왜 생겨났는지도 살펴보기로 하자. 뒤에서 알게 되겠지만, 이런 기관은 본래 육지에서 살아남기 위한 실용적인 적응형질로서 출발했으나 시간이 흐르면서 점점 용도가 추가되었다. 짝짓기 연장통 속의 여러 도구 중 하나가 된 것도 거기에 포함된다.

2

왜 존재할까?

음경—또는 음경을 많이 닮은 것—은 아주아주 오래전, 수억 년 전부터 있었다. 그러나 음경이 진정으로 유행하기 시작한 것은 동물이 육지로 침입하기 시작하여 터를 잡고 머물기로 결정하면서부터였다. 정자를 짝의 몸속에 집어넣는 관은 이런 육상생활 동물들의 주된 수정 방법이 되었다. 훨씬, 훨씬 더 뒤에 현생인류가 등장하여, 이 관을 거의 신화적인 것으로 떠받들면서 중심에 갖다놓았다.

저게 어디에서 왔지?

아마 독자는 인간 음경을 보면서 이런 궁금증을 떠올린 적이 한 번도 없을 것이다. "저게 어디에서 왔지?" (만일 떠올렸다면, 스마트폰을 쥐고 있는 많은 소녀와 여성의 운명에서 벗어난 것을 축하한다.) 그러나 많은 생물학자들은 그 질문을 하고 또 해왔다. 인간과 대다수 포유류에게는 그 답이 꽤 명확하며, 솔직히 별로 혹할 만한 것도 아니다. 그러나 동물계 전체로 보면? 맙소사. 나는 독자가 이 책을 덮을 때쯤이면, 자신이 지니거나 나누거나 즐기는 음경에 만족할 것이라고 장담한다. 머리에 오줌을 갈기는 바닷가재 못지않게 (자연주의적 남근오류가 아닌) 진정으로 별난 음경들이 있기 때문이다.

스파이더맨

매우 중요한 날로 기억될 2005년의 어느 날, 65세인 외르크 분더리히는 독일 히르슈베르크에 있는 그의 연구실에 앉아서 언제나처럼 하던 일을 하고 있었다. 미얀마, 러시아, 요르단, 도미니카공화국의 퇴적층에서 캐낸 바위처럼 단단한 호박 표본에 구멍을 뚫는 일이다. 연구실 벽마다 논문들이 가득한 상자, 거미 화석이 가득한 표본함, 거미류의 온갖 세세한 내용을 다룬 책들이 가득 쌓여 있었다. 해부현미경으로 들여다보면서 표본들을 죽 훑는 분더리히의 눈에 뭔가가 들어왔다. "아주 커다란 눈"이 그를 노려보고 있었다. 죽은 지 오래된 커다란 눈으로 그를 응시하던 것은 거미류였다. 생전에 수액에 갇힌 이 동물은 현재 세계에서 가장 오래된 것으로 밝혀진 발기 상태에서 갇혔다.

9900만 년 전, 이 거미처럼 생긴 동물—통거미(장님거미)라는 집단에 속하며 이 집단은 '아빠긴다리daddy longleg'라는 이름도 있다*—은 현재 미얀마의 후캉계곡†에 있던 열대림을 총총거리며 돌아다니고 있었다(Ross 2018). 그러다가 짝이 될 만한 매혹적인 상대와 마주친 듯하다. 다른 대다수의 비슷한 동물들과 달리 통거미 수컷male harvestmen‡은 삽입기관을

---

* 일부 정의에 따르면 통거미류는 사실 거미가 아니라 진드기와 유연관계가 더 가까울 수도 있다. 그러나 모습은 지극히 거미처럼 보인다. 게다가 서양에서 사람들이 무심코 '아빠긴다리'라고 부르는 거미처럼 생긴 동물들이 사실은 두 집단이라는 점도 상황을 더 복잡하게 만든다. 한쪽은 거미가 아닌 통거미류이고, 다른 한쪽은 지하실 같은 컴컴한 곳에 사는 거미다운 거미인 유령거미류다.

† 과학저술가 캐서린 개먼Katharine Gammon은 2019년 8월 『애틀랜틱The Atlantic』에 쓴 「호박의 인건비The Human Cost of Amber」에서 이런 지역들에서 수집가·애호가·연구자가 주민들에게 많은 돈을 주고서 채굴된 호박을 구입한다고 썼다. 이런 문제점을 인식한 일부 연구자는 자신이 조사하기 위해 캐낸 것만을 연구하겠다고 맹세했다. 분더리히는 많은 표본을 직접 수집했지만 거래상을 통해 입수한 것도 있다고 말한다.

‡ 'male'과 'men'이 잇달아 나오므로, 이런 중복을 피하고자 통거미류를 'harvestpersons'나 'harvesters'로 부르자는 움직임도 있다.

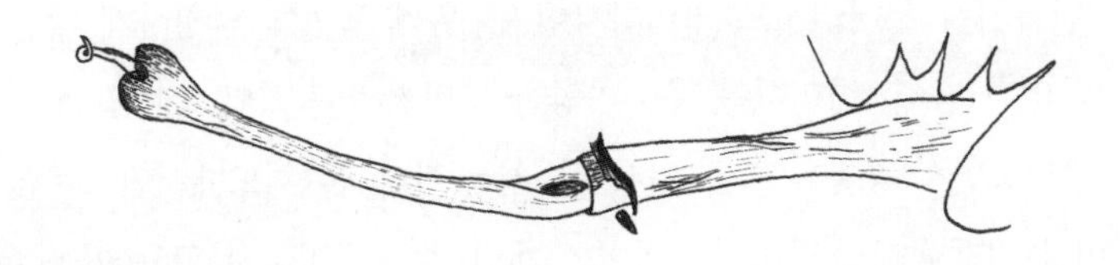

그림 2.1 고대의 발기. 길이 약 1.5밀리미터. 던롭 연구진의 2016년 논문을 토대로 W. G. 쿤제Kunze가 그린 것.

지닌다. 대다수의 사람이 음경이라고 부를 만한 것이다. 이 동물의 음경이 체액의 쇄도로 수력학적으로 발기한 바로 그 순간에 수액이 덮쳤고, 동물은 발기한 모습 그대로 영구히 갇히게 되었다. 이 호박 표본은 거미류의 이 커다란 눈에 비친 상대가 누구였는지는 전혀 알려주지 않는다.

이 음경은 과학 문헌에 꼼꼼하게 기재되었는데, 이 발기된 상태는 "바늘형styliform"이라고 적혔다(Dunlop et al. 2016). 가늘고 길며(이 동물의 몸집에 비해) 약간 굽어 있고 끝이 삽처럼 좀 납작하면서 심장 모양이다. 전체 길이는 1.5밀리미터에 불과하다. 그러나 분더리히에게는 호박 속에서 빛나는 작은 광선검처럼 보였다. 그는 베를린 자연사박물관의 제이슨 던롭에게 표본을 보냈고, 던롭 연구진은 첨단 장비를 써서 이 동물을 철저히 조사한 끝에 할리테르세스 그리말디이*Halitherses grimaldii*라는 학명을 붙였다.

나는 박물관을 찾아가 던롭의 연구실에 앉아서 이 표본에 관해 이야기를 나누고, 작은 발기를 크게 확대하여 세심하게 그린 그림들이 펼쳐져 있는 방을 둘러봤다. 거미에 관한 책들이 가득한 책장을 비롯하여 분더리히의 작업실과 비슷한 점이 많다. (책들 중 한 권을 고르니 『꽃 위의 포식자Predator upon a Flower』다. 나중에 찾아보니, 게거미의 한살이와 적응도를 다룬 392쪽짜리 책이다. 거미 연구자들spider men은 노닥거리면서 싸돌아다니지 않는다.) 독일어판 스파이더맨 만화도 있다. 표지에 버락 오바마가 보인다("스파이디 버락 오바마를 만나다!"라고 독일어로 적혀 있다. 애호가를 위해 말하자면, 제583호다).

던롭처럼 분더리히도 거미학자이며, 우리 행성에 엄청나게 많은 거미 종의 엉킨 다리, 머리가슴, 눈, 다양한 도입기관(즉 무언가에 집어넣는 기관)을 살펴보면서 평생을 보냈다. 분더리히는 카나리아제도에서만 "수백 종"의 거미를 기재했다고 말하며, "거미학 개인 연구소"라고 부르는 곳을 운영하면서 아직 박물관에 넘기지 않은 표본 수천 점을 보관하여 연구한다. 거미류의 온갖 세세한 사항을 연구하면서 기쁨을 느끼다보니, 그가 발표한 종속지와 기재 논문은 수백 쪽에 달하며 그중에는 호박에 갇힌 거미류를 연구한 것이 많다.

그러나 이 고대의 통거미 발기 표본만큼 주목을 받은 것은 없었다. 말이 나온 김에 덧붙이자면 이 동물이 발견되면서 통거미류의 멸종한 과도 하나 새롭게 생겨났다.* 사실 던롭 연구진이 이 표본에 관해 쓴 논문은 음경에만 초점을 맞추지 않으며, 진정한 거미 애호가에게는 이 거미류의 장식이 달린 커다란 눈이 더 관심거리가 될 듯하다.† 그러니 여기서도 음경—아무리 작든 간에—이 생물 전체나 다른 중요한 기관보다 더 주목을 받았다. 음경에 관한 이야기만큼 클릭을 유도하는 것은 없다. 설령 그 음경이 길이가 1.5밀리미터에 불과하고 수백 만 년 전의 것이라고 해도 말이다.

그러나 이 동물은 음경을 지니는 이유에 관한 유용한 진화 이야기를 들려줄 다른 특징들도 몇 가지 지닌다. 대부분의 거미류는 음경을 지니지 않는다. 대신에 한 쌍의 변형된 부속지를 써서 정자를 전달한다. 아예 정자를 직접 전달하지도 않고 그냥 정자 덩어리를 바닥에 떨군 다음 암컷이 자신의 질로 집도록 하는 종도 있다. 예를 들어 거미 수컷은 머리 가까이에 난 팔처럼 생긴 한 쌍의 부속지인 더듬이다리pedipalp의 끝에 달린 특수한 구조를

* 던롭과 분더리히 같은 분류학자는 자신들이 이 새로운 과를 발견했다는 쪽으로 더 인정을 받아야 한다고 여길 가능성이 높다.

† 이 동물들은 대개 눈이 나쁘다.

이용한다. 이 구조를 '교접기관palpal organ' 또는 '생식망울genital bulb' 이라고 한다. 거미강 중에서 거미류를 제외한 다른 모든 집단처럼, 통거미류도 이런 권투장갑 같은 구조를 갖지 않는다. 거미는 때로 이 구조를 예상 외의 방식으로 사용하곤 한다. 정자를 암컷에게 전달하는 교미기관으로 쓰는 것도 한 예다.

독자는 이 책에서 음경이나 음경 유사 기관의 어휘들이 헷갈리고 복잡하고 아주 많다는 사실을 알게 될 것이다. 서문에서 말했듯이 나는 이런 도입기관들을 '도입체'라는 일반 용어로 씀으로써 단순화하고자 한다. 더듬이 다리든 음경이든 간에 이 최초의 도입체를 염두에 두면서 거기에서부터 '과학'을 위해 파란 딜도를 만드는 데까지 어떻게 나아갈지를 살펴보는 건 꽤 괜찮은 여행이 될 것이다.

가장 오래된 구성원

거미류 사이에서는 음경이 비교적 드물지 모르지만, 음경—그리고 그와 유사한 다양한 도입체들—은 동물계에서 놀라울 만치 흔하다. '과학의 이름하에' 그리고 좀 풋내 나는 익살을 부리기 위해서 이런 기관을 기꺼이 중심에 놓으려는 연구자들도 꽤 흔하게 있는 듯하다. 내가 재미없거나 너무 진지한 사람으로 비칠까봐 미리 말해두는데, 나도 생식기와 방귀 관련 농담이 유쾌할 수 있다고 생각한다. 여러 가지 이유로 이 두 가지는 가장 순수한 희극의 주제로 남아 있으며, 내 안에는 열두 살짜리 익살꾼이 들어 있다. 그러나 과학 연구의 세계에서 그 유머를 부추기고 과학적 과정을 문화적으로 활용할 수 있게 해주는 요인들은 정작 활용했을 때 모든 재미를 앗아갈 수 있다. 콜림보사톤 에크플렉티코스*Colymbosathon ecplecticos*를 예로 들어보자.

음경—또는 음경과 비슷한 것들—의 역사는 (적어도 화석으로 따졌을 때) 약 4억 2500만 년 전 고생대에 콜림보사톤 에크플렉티코스라는 작은 생물과 함께 시작된다(Siveter et al. 2003). 이 발음하기 어려운 이름은 그리스어로 '커다란 음경을 지닌 놀라운 수영선수'라는 뜻이다. 이 생물의 이름을 뭐라고 붙일지 논의하는 장면을 상상할 때, 나는 "누군들 그렇게 불리고 싶지 않겠어?"의 어떤 판본임이 틀림없었을 것이라는 생각밖에 들지 않는다. 가장 오래된 것이라고 알려진 이 음경의 소유자는 길이가 5밀리미터인 갑각류, 즉 게처럼 생긴 동물이다. 딱딱한 껍데기, 먹이를 움켜쥐는 수단, 겹눈, 그리고 연구자들이 "크고 튼튼한 교미기관"라고 묘사한 것을 지녔다. 이 묘사와 그들이 붙인 이름을 생각할 때, 논문을 쓴 네 명은 그 기관의 그러한 특성에 깊은 인상을 받았던 것이 분명하다.

이 작은 동물과 그 아주 작지만 "크고 튼튼한" 음경은 오래전 오늘날의 영국 헤리퍼드셔에 살았다. 현재 소(당연히 헤리퍼드 품종)와 사과술로 잘 알려진 헤리퍼드셔는 당시에 일부가 물속에 잠겨 있었다. 이 작은 녀석은 당시 해저를 쪼르르 돌아다니면서 먹이를 찾아 먹고 먹이가 되는 것을 피하면서, 아마 교미도 하면서 시간을 보냈을 가능성이 높다. 적어도 화산 분출로 화산재에 묻히기 전까지는 말이다. 묻힌 뒤 몸이 아주 빠르게 광물화되면서 부드러운 "크고 튼튼한" 부위까지 보존되었다(Matzke-Karasz et al. 2014).*

이 발견은 진정으로 과학적 경이라고 할 수 있는데, 이 동물의 모습이 현대의 사촌들과 매우 흡사해 보이기 때문이다. 이는 4억 2500만 년 동안 그 계통에 거의 변화가 없었음을 시사한다. 그 말은 환경과 이 생물들이 양쪽 다 유달리 안정적이었음을 의미하므로 놀랍다. 뼈 없는 동물이 수억 년이 흐른 뒤에 인간에게 발견될 만치 잘 보존되었다는 사실과 긴 세월 동안 변화가 없었다는 점이야말로 이 발견이 과학적으로 얼마나 가치가 있는지를 잘 요약하고 있다. 그러나 저자들은 종명에 '음경'이라는 말을 넣을 정도

* 이 동물 집단 전체는 화석계의 금메달감이다. 심지어 1600만 년 전의 거대한 정자도 보존되어 있다—정자를 측정하는 이들 사이에 유명하다. 이 정자는 "기록상 가장 오래된 석화한 배우자"라는 영예를 얻었다.

로 이 "크고 튼튼한" 교미기관을 중심에 놓는다. 이런 흐름에 발맞춘다면 대왕고래 종의 학명 발라이노프테라 무스쿨루스Balaenoptera musculus는 '유례없을 만치 가장 큰 음경을 지닌 놀라운 수영선수'를 뜻해야 하겠지만,* 그렇지 않다. 대신에 '작은 날개 달린 쥐 고래'†라는 뜻이다. 맞다, 앞뒤가 안 맞는다.

콜림보사톤 에크플렉티코스는 커다란 음경을 지닌 놀라운 수영선수라는 이름을 지녔지만, 아마 하염없이 헤엄을 치기보다는 해저에서 먹이를 뒤적거리면서 생애의 많은 시간을 보냈을 것이다. 단단한 표면 위에서 돌아다니는 상황은 한 동물로부터 다른 동물에게로 배우자를 전달하는 특수한 장치가 선택되는 진화 압력 중 하나일지 모른다. 해저는 도입체형 교미를 떠받치는 바닥판을 제공하며, 생애의 대부분을 해저를 쪼르르 돌아다니면서 보내는 많은 생물들은 도입체형 기관을 이 목적에 쓴다(맞다, 바닷가재도 그렇다). 그러나 단단한 표면이 메마른 환경—정자와 난자를 (그리고 그것들을 만드는 동물들을) 만나게 할 물이 전혀 없는 환경—과 결합한다면 어떻게 될까? 이동 능력을 지닌 섹스 상대, 체내수정, 난자의 몇몇 적응형질이 필요할 것이며, 실제로 전부 출현했다.

육상 생활

첫째, 일부 동물이 육상에서 생활하기 시작했다는 것은 알을 다루는 방식에 변화가 일어났음을 의미했다. 아마 독자는 태평양연어의 생태를 알고 있을 것이다. 이 어류는 알을 낳으라고 속삭이는 치명적인 유혹 소리에 이끌려,

* 음, 진짜로 가장 크냐고? 6장에서 살펴보겠지만, 어떻게 측정하느냐에 달려 있다.

† 또는 '날개 달린 근육 고래'일 수도 있다. 어느 쪽이든 간에 별로 와닿지 않는다. 대왕고래의 학명은 이명법 체계를 창안한 칼 린네(1707~1778)가 붙였는데, 아마 자기 딴에는 농담을 좀 부린 것일 수도 있다.

새의 갈고리발톱과 곰의 이빨과 그물 같은 온갖 위험을 감수하면서 바다에서부터 물살을 거슬러 강으로 고군분투하며 올라온다. 번식을 하기 위해서다. 힘겨운 여행 끝에 자신이 태어난 산란지까지 오면 수컷은 얼굴 특징이 바뀐다. 암컷을 놓고 서로 싸울 때 도움이 될 갈고리가 자라난다. 이긴 수컷은 구애를 해서 암컷의 사랑을 얻고 암컷은 강바닥에 작은 구멍을 판다. 그런 뒤 암수는 배우자를 그곳에 함께 쏟아낸다. 먹지도 않고 힘겹게 거슬러 올라와서 알을 낳거나 짝을 얻기 위해 싸우고 했으니, 그들은 기력이 다해서 죽는다. 그럴 수밖에 없을 것 같다는 생각이 든다.

수생 환경에서 만들어지는 대다수의 알처럼 연어 알도 단단한 껍데기가 없다. 연어 알을 먹어본 사람이라면 다 알겠지만, 누르면 조금 저항하는 듯하다가 탁 터지면서 짭짤하면서도 달콤한 맛이 느껴진다. 이 알에는 석회질 껍데기가 전혀 없으며 미수정란일 때 가장 부드럽다(Suga 1963).* 독자의 치아와 터질 때의 짭짤한 맛 사이에는 난막chorion이라는 얇은 막이 있을 뿐이다.

약 3억 4000만 년 전(유명한 통거미 발기보다 2억 4000만 년 전) 어딘가에서 조금은 양서류이기도 하고 조금은 파충류이기도 한 등뼈를 지닌 동물이, 동물을 위해 활짝 열린 서식지를 탐사하기 시작했다. 그들은 오늘날의 양서류가 숲과 습지에서 하는 일을 모험 삼아 하기 시작했다. 여전히 그대로 드러나 있는 알을 기체 교환이 이루어질 수 있도록, 대기에서 멀리 떨어지지 않으며 얕은 물이 있는 축축한 곳에 잘 끼워 넣으면서다.

시간이 흐르면서 알에 변화가 일어났다. 다양한 두께로 칼슘이 쌓이면서 보호 덮개를 형성했다. 몇몇 파충류의 알은 비교적 부드럽고, 여전히 습한 환경이 필요하다. 반면에 조류의 알은 아주 건조한 조건에서도 견딜 수 있는 두껍고 딱딱한 껍데기를 지닌다. 진화를 통해 척추동물(등뼈를 지닌 동

* 그렇다, 사람들은 어류 알이 얼마나 부드러운지 측정해왔다. 몸속에서는 품을 수 있도록 더 부드러운 상태로 있다가 나와서 수정된 뒤에는 조금 더 단단해진다.

물)은 육상 생활에 걸맞게 알을 칼슘 여행가방 안에 잘 싸 넣었을 뿐 아니라, 다른 두 가지 일반적인 특징도 갖추는 양상을 보였다. 하나는 요막allantois이라는 구조다. 요막은 좀 바람 빠진 길쭉한 풍선처럼 생겼으며, 배아를 위해 기체와 노폐물을 운반하는 일을 한다. 포유동물에게서는 탯줄과 이어지는 통로가 된다. 또 하나는 양막amnion이라는 주머니다. 어류와 파충류를 제외한 모든 척추동물은 이 양막을 지니고 있어서 양막류Amniotes라고 한다. 친애하는 독자도 양막류이고 나도 양막류다.

잘 보호되어 있고 기체 공급이 잘 되는 알 덕분에 동물은 그 안에서 더 오래 머물면서 비교적 더 안전해질 때까지 발달한 뒤에 넓고 무시무시한 바깥 세계로 나갈 수 있었다. 알 속에서는 노른자에서 영양소를 얻고, 노폐물을 내보내고 기체를 교환하며, 대체로 잘 틀어박혀서 아늑하게 지낼 수 있었다. 무언가가 껍데기를 깨고 침입하여 먹어치우지 않는 한 그랬다. 껍데기가 깨지면 진정으로 위험에 처했다. 알은 아주 클 수도 있었다. 축구공만 한 공룡 알 화석이 잘 보여준다. 알이 크면 동물도 더 커진 뒤에 알에서 나올 수 있다는 의미다.

이 모든 알 적응형질 덕분에 새끼는 더 크고 더 잘 발달한 상태로 나올 수 있게 되었지만, 뒤집어 보면 새끼가 알 속에서 삶을 시작해야 한다는 의미이기도 했다. 이 문제의 해결책으로 나온 것이 바로 체내수정이다.* 체내수정이 등장하면서 동물은 "숨겨진 배란hidden ovulation"이라고 불리는 특징도 지닐 수 있었지만 그 일이 아주 오래전에 일어났기에, 암컷이 배란에 관한 신호를 짝 후보들에게 누설했는지 아니면 몸을 굽펴면서 지냈는지는 전혀 기록이 없다.

* 수정은 정자와 난자 같은 두 배우자가 융합되는 과정이다.

혼란스러운 진화

'커다란 음경을 지닌 놀라운 수영선수' 갑각류가 등장한 이래로 음경 및 그와 관련된 별난 기관들은 교미의 요구 조건, 경쟁자들 사이의 경쟁, 교미 상대의 질 같은 생식기관에 따라서 변모하면서 기나긴 세월에 걸쳐 나타났다가 사라지거나 때로 다시 나타나곤 했다. 같은 종 내에서 그리고 서로 유연관계가 깊은 종 집단 내에서도 이런 구조는 나타났다가 사라지거나 심지어 다른 유형의 도입체에 밀려나기도 했다. 도입체 진화의 2보 전진, 1보 옆걸음 양상은 거의 무작위적인 양 보이기도 한다. 그러나 메뚜기 생식기를 주제로 박사 논문을 쓴 텍사스 A&M 대학교의 곤충학자 송호준은 그 상황을 가장 잘 표현했다. 겉으로 보이는 것과 달리 그들의 "생식기는 혼란스럽게 진화하지 않았다"(Song 2006).

생식기가 어떻게 진화했든 간에 아마 아주 여러 차례 진화했을 것이다. 그 주제에 관한 세계에서 손꼽히는 전문가 중 한 명인 윌리엄 에버하드의 견해다. 에버하드는 하버드대 출신의 곤충학자로서 스미스소니언 열대 연구소에서 수십 년 동안 곤충과 거미류의 번식과 관련된 모든 자료를 집대성하는 일을 했다. 그는 1985년에 동물 암컷이 생식기를 빚어내는 진화적 힘과 관련됐을 가능성(헉!)을 제시한 전환점이 된 책을 펴냈다. 그렇다, 당시에 그 주장은 예민하게 받아들여졌다. 원래 한 세기도 더 이전에 찰스 다윈이 제시했던 개념임에도 그러했다.*

내가 여기서 에버하드를 소개하는 이유는 그의 1985년 걸작에 기대지 않고서는 도입체를 다룬 책을 쓸 수가 없기 때문이다. 그의 책은 『성선택과 동물 생식기』라는 쉬운 제목이 붙어 있으며 그 뒤로 수백 권의 출판물이 쏟아졌다. 사실 지금도 여전히 의미가 있는 그 책이 나온 뒤로 수십 년에 걸쳐

* 다윈은 암컷의 선호가 수컷들이 짝을 얻기 위해 경쟁할 때 쓰는 몇몇 구조의 형태에 기여할 수도 있다고 주장했다.

서 우리가 알아낸 바에 따르면, 도입체와 그것이 체내수정에서 맡은 역할은 여러 차례에 걸쳐 진화했을 가능성이 높을 뿐 아니라, 그 진화의 출발점이 된 원료 자체도 아주 다양했으며 반드시 수컷에게서만 진화한 것도 아니었다. 그 이야기는 3장에서 다시 하기로 하자.

키스는 그냥 키스다

도입체의 진화라는 혼란스러워 보이는 문제에 뛰어들기 전에, 도입체가 없는 육상 생활은 어떠할지를 잠깐 살펴보기로 하자(8장에서 더 깊이 다룰 것이다). 체내수정에 의지하는 동물에서는 정자와 난자가 어떻게든 서로 만나야 한다. 도입체가 없는 육상동물은 이 문제를 해결할 영리한 방법들을 많이 갖추고 있다. 그중 하나는 너무나 뻔하고 섬세함도 없는 것인데, 용어 자체에 그 충돌적인 특성이 드러나 있다. 바로 총배설강 키스cloacal kiss다. 들리는 그대로다. 교미하는 쌍은 그냥 총배설강*을 맞대고 한쪽이 정자를 다른 쪽으로 전달한다. 이 정자는 꼬리를 흔들면서 몸속으로 들어가 난자가 기다리는 곳으로 알아서 찾아간 뒤, 융합이라는 마법을 부린다.

많은, 아주 많은 육상동물이 총배설강 키스를 한다. 조류는 이 방법에 기대는 종의 비율이 매우 높으며, 선충, 지렁이, 대부분의 양서류, 일부 연체동물도 이 방법을 쓴다. 파충류 중에는 투아타라(이 동물도 뒤에서 더 살펴볼 것이다)라는 아주 특이하면서 유일한 부류에 속한 동물이 그렇게 한다. 총배설강 키스는 그저 짝짓기를 하는 쌍이 배설강을 '키스'가 일어날 만큼 충분히 서로 가까이 대고서 정자를 전달하기만 하면 된다. 당연하지만 이 방법에는 나름의 결함이 있다. 정자가 전달된다고 해도 실제로 상대의 생식

* 영단어 '총배설강cloaca'은 '하수도'를 뜻하는 라틴어에서 유래했으며 많은 동물에게서 실제로 그 용도로 쓰인다. 모든 배설물이 배출되는 곳이다. 그리고 종에 따라서 정자, 도입체, 알, 새끼가 들어오거나 나가는 곳으로도 쓰인다.

기관으로 들어갈 것이라고 보장할 수는 없기 때문이다.

비록 도입체가 그 문제를 해결하는 한 가지 방법이긴 하지만, 음경을 이용하는 것만이 반드시 진리에 이르는 길은 아니다. 일부 동물은 부속지나 다리를 써서 정자를 주입하며, 연구자들이 "피부밑주사hypodermic injection"라고 부르는 방법을 쓰는 동물들도 있다. 말 그대로다. 뾰족한 것으로 상대의 피부를 찔러서 정자를 주입한다. 막대기에 정자를 한 꾸러미로 붙여서 전달하는 방법도 흔히 쓰인다. 이 막대사탕 구조물을 정포spermatophore라고 하며, 수컷이 바닥에 떨구거나 세워놓은 채 떠나면 암컷이 돌아다니다가 보고서 배설강에 집어넣는다. 그다지 외설적으로 보이지 않지만, 일부 거미류를 비롯한 많은 종들에게서는 충분히 제 역할을 한다.

체내수정이라는 라이트모티프 안에서도 구애와 짝 사이의 긴장, 긴밀한 유대 관계, 짝 섭식 등이 수반되면서 무수한 변주가 이루어진다. 어떤 특징이 우세하냐에 따라 가장 가까운 종 사이에서도 체내수정을 하는 방식은 놀라울 만치 다를 수 있어서, 그것은 종의 고유한 특성이 된다.

음경이 존속하는 이유

음경의 존속을 진화적으로 설명하려는 가설은 많다. 어느 수준까지 서로 들어맞는 생식기를 지니는 편이 다른 종의 상대와 헛된 짝짓기를 하느라 시간을 낭비하는 일을 피할 수 있다는 설명도 그중 하나다. 이 '열쇠와 자물쇠' 가설은 많은 종들이 자기 종이 아닌 다른 종의 개체와 아무 문제 없이 짝짓기를 한다는 사실을 보여주는 연구들이 나오면서 점점 불신을 받아왔지만, 아직 완전히 사라진 것은 아니다.

한편 도입 후 일어나는 일에 짝짓기 상대가 미치는 영향까지 포함하는 설명들도 있다. 이런 영향은 긴장을 일으키는 것이거나 지원하는 것일 수도 있고, 정자 전달 체계와 그 부수적인 것들에 이르기까지 다양한 특징들을 빚어낼 수 있다. 그런 영향들, 즉 성선택이라는 과정에 관여하는 요인들은 동물들이 보여주는 도입체의 경이로울 만치 다양한 양상, 사용 방식, 구성 재료 중 상당 부분을 설명해줄 수 있다.

도입체의 한 가지 흥미로운 점은 그것을 만드는 데 쓰인 재료가 동물에 따라서 매우 다르다는 것이다. 3장(사실상 이 책 전체에서)에서 그 재료 중 일부와 그것들이 어떻게 쓰이는지를 상세히 다루겠지만, 여기서 한 가지 명확히 짚고 넘어가는 편이 좋겠다. 도마뱀과 뱀처럼 진화의 장엄한 틀에서 보면 서로 아주 가까운 동물들은 음경의 기원도 동일한 경향이 있다. 박쥐의 날개, 돌고래의 지느러미발, 곰의 앞다리, 사람의 팔이 모두 겉모습은 전혀 다르지만 뼈의 기본 구조는 동일한 것과 마찬가지로, 이 유연관계가 가까운 종들은 겉모습은 전혀 다르지만 동일한 재료에서 출발하여 만들어진 음경을 지니곤 한다.

거꾸로 비록 박쥐의 날개와 나비의 날개는 윤곽도 비슷하고 비행이라는 동일한 기능을 수행하지만 기본 바탕이 전혀 다르며, 이들은 유연관계가 가깝지도 않다. 양쪽이 기능 면에서 비슷해 보이는 이유는 둘 다 그들이 종종 지내곤 하는 장소에서 동일한 환경 압력을 받았기 때문이다. 바로 하늘이다. 이런 압력은 이 생태적 지위에 있는 동물들에게 집중되면서 우리가 "날개"라고 뭉뚱그려서 부르는 구조들을 빚어냈다. 이와 마찬가지로 자연은 우리가 "음경"이라고 부르는, 형태와 기능이 비슷하지만 재료는 아주 다양할 수 있는 일련의 구조들을 빚어내왔다.

따라서 동물 도입체의 세계를 여행할 때 염두에 두어야 할 한 가지는 종들이 비슷해 보이는 기관을 지닐 때 겉모습만 그럴 수 있다는 것이다. 즉 전혀 가깝지 않음에도 가까운 관계에 있다고 우리를 속일 수 있다. 거꾸로 서로 아주 가까운 종들이 전혀 다른 도입체를 지니는 것도 얼마든지 가능하다. 그렇지 않음에도 그렇다고 가정하는 건 바닷가재 함정에 빠지는 것과 같다.

음경의 제왕: 모두를 지배할 단 하나의 음경

음경의 기원을 설명하는 이야기는 때로 새로운 지식이 나옴에 따라서 바뀌곤 했다. 새 정보가 그렇게 하라고 알려줄 때 결론을 바꾸는 이 과정을 우리는 "과학"이라고 부른다. 음경 진화의 세계에서 독특한 존재인 투아타라tuatara는 연구자들에게 기존의 음경 관점을 수정할 그런 기회를 제공했다.

도마뱀과 뱀은 '뱀목squamata'에 속한다. 이 영단어는 라틴어로 '비늘'이라는 뜻이며, 물론 딱 맞는 용어다. 투아타라*Sphenodon punctatus**는 도마뱀과 뱀의 자매종으로서 약 2억 년 전에 번성했던 아주 오래된 계통에 속한다. 사실 그 계통에서 유일하게 살아남은 종이다. 그 점에서는 우리와 같다. 우리도 사람속에서 유일하게 살아남은 종이니까. 또 다른 대다수 파충류와 달리 투아타라는 성적으로 성숙하는 데 20년까지 걸리며, 그 뒤로 약 3년마다 한 차례씩 번식을 한다는 점에서도 우리와 비슷하다.

그런데 사람과 다르게 투아타라는 뉴질랜드에서만 살며 암수 모두 도입체가 없다. 총배설강 키스를 통해서 정자를 전달하지만, 그에 앞서 수컷은 암컷에게 좋은 인상을 주기 위해 주변을 짐짓 점잔 빼면서 돌아다닌다. 암컷은 별로 마음에 안 들면 땅속으로 쏙 들어가버린다. 수컷이 마음에 들면 정자를 전달하도록 총배설강을 맞댄다.

일부 척추동물의 음경이 어디에서 기원했는지를 설명하겠다고 하면서 음경이 없는 동물을 예로 드는 이유가 무엇이냐고? 오랫동안 사람들은 투아타라를 오해해왔다. 그들은 투아타라를 도마뱀의 일종으 분류했지만, 실제로는 그렇지 않다. 또 일종의 공룡이라고도 불러 왔지만, 그렇지 않다. 또 그들은 투아타라가 유양막류의 '기저basal종', 즉 조상의 특징을 보여준다고 생각했다. 다시 말해 수억 년 전의 동물이 어떠했는지를 지금 우리에게

* 학명을 짓는 데 도입체는 전혀 고려하지 않았다. 속명*Sphenodon*은 '쐐기 이빨'이라는 뜻이고 종명*punctatus*은 '반점이 난'이라는 뜻으로, 피부를 묘사한 것이다.

보여주는 사례라고 여겼다. 그 해석은 유양막류가 원래 음경이 없었는데 나중에 발달했다는 것이다. 이를 토대로 삼아서, 유양막류에게서 음경이 아마도 여러 차례 진화했을 것이라는 가설이 따라 나왔다. 박쥐의 날개와 나비의 날개를 빚어낸 바로 그 수렴진화 과정을 통해서다. 다만 그 수렴 압력이 하늘이 아니라 진정한 체내로의 정자 전달을 더욱 잘 할 수 있도록 하는 쪽이었다는 점만 달랐을 뿐이다.

그런데 뱀목에 몇몇 정말로 기이한 음경이 있다는 사실 때문에 상황이 좀 복잡해졌다. 사실 뱀목의 동물들은 반음경hemipenis, 즉 쌍을 이룬 도입기관을 지닌다. 부채선인장 열매처럼 줄기 하나에서 끝이 갈라져서 양끝에 맺힌 양 보이는 것도 있다. 그리고 이 반음경은 부채선인장보다 더 무시무시하게 보일 수도 있다. 다시 말해 사람들은 비슷한 환경 압력이 비슷해 보이는 도입체를 반복해서 새로 만들어낼 수 있다고 생각했다. 밤하늘의 압력이 많은 종류의 날개를 낳은 것처럼 말이다. 그런데 뱀목에서는 종종 (우리의 관점에서) 생식기보다는 철퇴처럼 보이곤 하는 머리가 둘인 반음경 괴물이 나타난다. 사람들은 도입체의 도마뱀 판본이 다른 유양막류의 머리가 하나인 음경과 공통조상에서 유래했을 리가 없으며 각자 다른 압력을 받아서 별개로 기원한 것이 틀림없다고 결론지었다.

그럼으로써 우리는 이중으로 오류를 저지르고 있었다. 유양막류 도입체가 모두 동일한 일을 하고 비슷한 모습을 하고 있기에 수렴진화(비슷한 선택압을 받는)라고 가정했으면서도, 뱀과 도마뱀이 아주 기이해 보이는 음경을 지닌다는 이유로 다른 모든 유양막류와 뱀목의 음경이 공통적으로 기원했다는 것을 부정했다.

거기에 투아타라를 끼워 넣어보자. 다른 모든 음경을 지배하는 단 하나의 음경으로서다.

배아 발생 과정은 때로 한 종의 진화 역사 중 일부를 드러낼 수 있다. 진화와 배아 발생 사이의 이 연관 관계가 무오류의 법칙은 아니지만, 대체로 출발점으로 삼을 수는 있다. 사람 배아에서도 그런 사례를 본다. 사람은 발생할 때 꼬리가 생겼다가 나중에 다시 사라진다. 연구자들은 투아타라의 배아에서 음경이 생겼다가 사라진다는 것을 발견했다(Sanger et al. 2015).

몇몇 우연한 행운 덕에 발견된 배아 표본들(8장에서 더 자세히 살펴볼 것이다)을 조사하니, 투아타라의 음경 전구체, 즉 배아 발생 과정에서 다른 유양막류와 동일한 시기에 주머니 모양으로 불룩해진 생식기 팽창 부위가 부화하기 전에 다시 쪼그라들어서 사라진다는 것이 드러났다. 이렇게 음경이 없는 한 동물을 최초의 유양막류의 현생 대표자라고 여김으로써, 하나의 도입체가 모든 것을 지배하고 모두를 하나의 기원으로 묶게 되었다. 즉 우리 계통에서 진화는 이 기관을 반복해서 재발명하지 않았다. 출발점인 재료는 줄곧 거기에 있었다. 그것을 유지하려면 선택압이 그것에 계속 작용해야 했다. 이 새로운 정보를 손에 넣자, 유양막류 종들의 음경의 기원에 관한 인식 전체가 바뀌었다. 과학은 바로 그런 식으로 이루어진다.

“최초의 진정한 음경”

생식기를 연구하는 이들 중에서 곤충학자가 그토록 많은 이유는 절지동물이 다른 어떤 동물 집단보다도 더 무기화한, 장식된, 구부러진, 뾰족한, 가시가 난, 거대한, 다재다능한 온갖 도입체를 보여주기 때문이다. 이런 구조들이 대체로 종에 따라서 다르다고 여겨지므로, 곤충학자들은 종을 구별할 때에도 이 다양성이 큰 기관들의 특징을 이용하곤 한다.

콜린 러셀 오스틴(1914~2004)은 사람의 체외수정법 개발에 중요한 역할을 한 유명한 곤충학자였다. 그러나 여기서 그를 언급하는 이유는 그가 남는 시간에 “교미 기구의 진화”를 개괄한 총론을 썼기 때문이다. 그는 평생 ‘버니Bunny’라는 별명으로 불리는 것을 좋아했다. 그 총론에서 버니는 음경을 “월등하게 가장 널리 쓰이는 교미 기구”라고 정확히 표현했다.

버니는 1984년에 "진정한 음경은 편형동물문에서 처음 출현했다"라고 썼다. 즉 진화적으로 볼 때 편형동물이라는 이 작은 집단이 음경을 뽐내는 동물들 중 가장 단순한 신체 구조를 지닌다는 의미였다. 독자는 생물학 시간에 배운 가장 유명한 편형동물을 떠올릴지도 모르겠다. 플라나리아 말이다. 이 작고 납작한 수생 벌레는 몸을 가로나 세로로 절반으로 반토막을 내면, 다시 자라서 온전한 개체가 되거나 머리가 두 개인 개체가 된다. 몸이 납작하긴 해도 이들은 아주아주 작은 음경과 아주아주 작은 질을 지닌다.

2015년 한 연구진은 플라나리아의 일종인 마크로스토뭄 히스트릭스 *Macrostomum hystrix*가 짝짓기 상대가 부족한 문제를 특이한 방식으로 해결한다는 놀라운 연구 결과를 발표했다(Ramm et al. 2015). 사실 이 해결책은 이런 동물이 으레 쓰는 방법이다. 암수한몸인 동물 말이다. 산호동물을 비롯한 많은 암수한몸 종들과 마찬가지로, 이들도 긴박한 상황에서는 자가수정을 할 수 있다. 여기까지는 아무 문제 없다.

문제는 이 종이 도입체를 써서 자가수정을 하고자 할 때, 자신의 도입체를 수입체intromittee(받아들이는 부위)로 갖다 대기가 좀 어려울 수 있다는 것이다. 하지만 이 편형동물은 대개 상대에게 정자를 피부밑 주입하는 방식으로 교미하므로 자가수정 방법도 아주 특이하다. 그냥 자신의 도입체로 자신의 머리를 찔러서 정자를 주입한다. 이 정자는 몸속에서 알아서 난자를 찾아간다. 버니와 동료들이 체외수정법을 구상할 때 이 사례를 떠올렸을 리는 없겠지만, 인간 이외의 종에서는 이것이 원하는 결과를 얻는 한 가지 방법임에 틀림없다.

너저분한 진화 해결책

진화의 결과는 루브 골드버그 장치와 좀 비슷할 때가 종종 있다. 자연은 주변에 있는 것만을 이용할 수 있기 때문이라서 그렇다. 그래서 우리는 우리 인간의 심장이라는 탁월한 중앙집중식 혈액 펌프를 지니고 있지만, 중요한 배관이 막혔을 때 혈액을 우회시킬 예비 배관은 지니고 있지 않다. 발생 때 조직이 생성되는 방식 때문에, 우리의 공기를 들이마시는 숨길은 음식을 삼키는 식도 바로 옆에 붙어 있다. 그래서 먹거나 마실 때마다 숨이 막힐 위험이 늘 있다.

비슷하게 불합리해 보이는 고안물들을 동물계 전체에서 찾아볼 수 있다. 거의 몸 어디에서나 교미기관이 자라는 몇몇 달팽이 종처럼 (우리에게) 영원히 수수께끼인 사례들도 있다. 음경이 발이나 촉수에서 혹은 입 주위에서 자라기도 하고, 한 개체에게서는 "머리 한가운데에 자리한 둘둘 말린 음경"(Hodgson 2010)이 관찰되기도 했다. 도입체에 많은 진화적 사건을 겪었을 수도 있는 또다른 달팽이들은 몇 가지 다른 방법을 써서 배우자들을 서로 만나게 한다.

'가장 단순한' 방법 중 하나는 암수한몸 개체 두 마리로 시작한다. 각자는 정자와 난자를 다 만들고 쌍방향으로 서로 정자를 주고받는다. 1번 달팽이의 몸 한쪽 끝에 있는 내부 정자에서 시작해보자. 1번 달팽이는 이미 상대방인 2번 달팽이로부터 정자를 받았고, 그 정자는 자신의 난자와 융합했다. 1번 달팽이 자신의 정자는 몸속의 생식계라는 놀이방을 통과해서 나아가야 한다. 이미 정자와 융합된 난자들이 가득한 볼풀 바로 위를 넘어 미끄럼틀을 미끄러져 내려간 다음 음경을 통해 빠져나가서 2번 달팽이의 몸속으로 들어가야 한다. 들어간 정자는 2번 달팽이의 볼풀에 있는 난자와 융합할 것이다. 자신의 정자와 상대방의 정자는 달팽이 바다에 떠 있는 배우자 배들처럼 서로 스쳐 지나간다(Valdés et al. 2010).

도입체 기관의 위치와 행동이 이렇게 다양하다는 것은 종마다 서로 다른 진화적 사건을 겪었음을 의미하며, 다양한 달팽이와 민달팽이 종들의 진화 압력과 적응형질을 연구하는 일은 평생을 걸 만한 분야다. 사실 민달팽이와 달팽이는 생식기 측면에서는 다른 모든 동물보다 월등하게 최고로 흥미로운fascinating* 동물이다. 이들은 대개 암수한몸이다. 그 점은 많은 무척추동물 집단들의 전형적인 특징이므로, 그들의 가장 덜 흥미로운 특징이다. 한 예로 그들이 죽 늘어서서 '데이지 화환daisy chain'이라는 짝짓기 사슬을 형성한다거나 나무에 매달려서 음경으로 공중 펜싱 곡예를 펼치는 것† 에 비하면 아무것도 아니다.

예를 들어 암수한몸인 캘리포니아군소*Aplysia californica*의 데이지 화환은 6~20마리가 수컷-암컷으로 이어지는 방향으로 사슬을 이루어 늘어선 것이다(Chase 2007b). 사슬의 앞쪽은 수컷, 뒤쪽은 암컷이 된다. 이 동물들은 도입체를 끊어내기도 하고 통상적인 방법으로도 쓰는 한편으로 피부밑주사기로도 쓸 수 있다. 우리에게는 꺼림칙한 번식 방법처럼 들리지만, 그들은 서로에게 쓰므로 괜찮다고 여기는 듯하다(Valdés et al. 2010).

독야청청

민달팽이는 따라잡기 힘든 존재다. 조류에게는 더욱 그렇다. 조류는 대개 도입체가 없기 때문이다(3퍼센트만 아직 지니고 있다). 하지만 소년이여, 실망하지 마시길. 그 3퍼센트의 예외 사례들도 충분히 만족스러울 것이다. 기저 조류—파생되었거나 더 새로운 형질을 지닌 것이 아니라 조상형이라고 여겨지는 조류—는 대개 도입체를 지닌 반면, 다른 조류는 그렇지 않다. 이 상황은 음경이 조류에게는 원시형질이었음을 시사한다. 사실 몇몇 조류 집단은 진화적으로 음경을 잃어가는 단계에 있는 듯이 보인다. 예를 들어 꿩과의 몇몇 집단은 여전히 음경을 지닌다. 그러나 그 음경은 도입체가 아니다. 그저 달려 있을 뿐이다. 비도입체 음경 단계에 있는 집단도 있는 반면

---

* 이 영어 단어는 라틴어 파스키누스*fascinus*에서 유래했는데, 아이들이 호부로 쓰던 날개 달린 음경 조각상을 가리켰다.

† 7장에서 더 상세히 다루기로 하자.

음경을 완전히 잃은 집단도 있다(Brennan et al. 2008).

연구자들은 특정 조류에게 보이는 도입체를 '난교'와 연관짓곤 했다. 즉 암컷이 둘 이상의 상대와 짝짓기를 한다는 뜻이다. 그러나 호주숲칠면조 Australian brush turkey 같은 동물들은 이 개념을 단호하게 반증하는 듯하다. 이들은 비도입체 음경을 지님에도 여러 상대와 무차별적으로 짝짓기를 한다. 반면에 음경이 없는 주황발무덤새orange-footed scrub fowl는 일부 일처제를 철저히 지킨다. 한편 도입체를 지니면서 다방면으로 부성애를 보여주는 타조와 에뮤는 "둥지에서 오쟁이 지는 비율이 높다." 즉 자신이 애틋하게 돌보는 새끼 중 절반 이상은 생물학적으로 자기 자식이 아니다. 생물학에서는 언제나 예외 사례가 존재하므로 예외 사례를 규칙으로 착각하지 않도록 신경을 써야 한다.

그 말은 조류에서 음경과 난교 사이에 어떤 연관성이 있다는 뜻이기도 하다. 아마 조류 중에서 음경으로 가장 유명한(또는 악명 높은) 집단은 오리류일 텐데, 그들은 짝이 더 많을수록 도입체가 더 긴 경향이 있다(Herrera et al. 2015). 오리류에서는 이 난교형 음경이 강요된 '혼외' 교미와도 연관성이 있다. 즉 음경이 길다고 해서 반드시 다 좋은 것은 아니다.

음경을 잃는 법

도입체의 특징·형태·크기가 워낙 다양하기에, 하나가 바뀌는 데에는 아주 많은 진화 단계를 거칠 것이라는 인상을 받을지도 모르겠다. 그러나 적응형질은 때로 한 단백질에 노출되는 양이나 시간의 변동 또는 한 차례의 유전적 뒤틀림으로도 일어날 수 있다. 그 결과가 번식과 생존의 경쟁에서 이점을 제공한다면, 집단에 널리 퍼질 수 있다.

한 세포에 든 분자들의 작은 농도 변화조차도 동물 몸에 어떤 구조를 단번에 만들거나 없앨 수 있다. 조류를 예로 들면 뼈형성단백질4(bone morphogenetic protein 4*, BMP4["범프 포"라고 발음한다])를 만드는 유전자는 음경 크기를 줄인다. 도입체가 없는 닭과 메추리에게서는 배아 발생의 한 중요한 단계에서 이 유전자가 활성을 띤다.

BMP4는 생식기결절genital tubercle이라는 구조 안에 갓 생겨난 생식기에서 처음 등장한다. 이 단백질이 계속 그 농도에서 머문다면, 이 작은 혹은 발달하여 이윽고 음경에서 음핵에 걸친 스펙트럼상의 무언가가 된다. 그러나 이 조류들에게서는 BMP4 농도가 그 혹을 없애기에 충분한 수준에 도달한다(Herrera et al. 2013). 이 단백질은 세포에 세포자멸사apoptosis라는 자살 계획을 실행하게 만든다. 그런 세포들이 안에서부터 파괴되기 시작하면서 이윽고 생식기결절은 사라진다. BMP4가 존재하거나 사람이 주입하면(Herrera et al. 2015) 조류는 암수 모두 오리 암컷의 생식기와 비슷해 보이는 생식기를 갖게 된다.

투아타라의 사례와 마찬가지로, 배아 단계에서 이 작은 혹이 생긴다는 것은 닭과 메추리의 조상들이 어느 시점까지는 그것을 지녔음을 시사한다. 그러다가 어떤 이유인지 몰라도 환경이 더 높은 농도의 BMP4를 선택했고, 그 결과 현생 닭과 메추리에게서는 생식기결절이 사라진다. 오리는? 음, 오리는 다르며, 이 선택을 겪지 않은 듯하다.

이 개념이 어디까지 들어맞을지 살펴보려는 연구자들이 오리의 배아에 과량의 BMP4를 주사했다. 앞에서 오리가 커다란 음경으로 유명하다고 말한 바 있다. 연구진은 동일한 결과를 얻었다. 주입된 BMP4는 동일한 발생 단계에서 그 혹을 없애버렸고 그 결과 음경이 아예 발달하지 않았다. 기본적으로 오리duck에게서 오뚝이dick를 없애버렸다. 연구자들은 내친 김에 닭 배아의 BMP4를 차단했다. 그러자 음경이 달린 닭이 나왔다. 뒷받침하는 후속 증거였다.

---

* 아니, 음경 뼈를 말하는 것이 아니다. 그저 뼈에서 처음 발견되어서 이런 이름이 붙었다.

최고의 신체 부위

아놀도마뱀anole lizard을 본 적이 있는지? 연두색을 띤 길쭉한 이 동물은 위협을 받으면 영토를 지키는 행동을 한다. 자신의 짝에게 접근하는 것이 다른 도마뱀이든 독자든 간에 대응한다. 짧은 다리로 버티면서 상체를 바짝 치켜들고 목 아래로 늘어진 새빨간 턱밑살을 드러낸다. 독자나 상대방 도마뱀에게 물러서는 편이 좋다고 경고하는 것이다. 카리브제도에 사는 이 도마뱀은 본토에서 이주하는 동물들이 일으키는 혼란에 빠지는 일이 없었기에, 섬 자체가 가하는 독특한 힘을 받아서 수십 종으로 분화했다. 섬은 유달리 강하게 선택 압력을 가하기에 동물들은 의외의 방향으로 진화하는 경향이 있다. 인도네시아 플로레스섬의 작은 코끼리나 코모도섬의 공룡만 한 코모도왕도마뱀이 대표적이다.

한 연구진은 유연관계가 매우 가까운 아놀도마뱀속*Anolis*의 종들이 아주 많다는 점을 이용하여 그들의 주요 특징들이 시간이 흐르면서 얼마나 빨리 변하는지를 측정했다(Klaczko et al. 2015). 턱밑살, 허벅지 길이, 수컷 반음경의 몸통 길이와 굵기와 갈라진 부위 길이를 쟀다. 다리는 종마다 크게 다를 것이라고 예상할 수 있다. 각 종이 기어오를 수 있는 곳이 다르기 때문이다. 바위 꼭대기에서 나뭇가지 끝까지 다양하다. 턱밑살은 사회적 신호를 보내며 종을 구별하는 데에도 도움을 준다. 그리고 물론 생식기는 새로운 새끼를 만드는 일을 한다.

이 세 형질을 비교하니, 생식기를 빚어내는 압력이 턱밑살이나 다리에 작용하는 힘보다 6배나 더 빨리 변화를 일으킨다는 것이 드러났다. 그리고 생식기의 세 형질도 각각 동일한 속도의 빠른 진화적 변화를 보여주었다. 그래서 연구자인 메노 스힐트하위전은 이렇게 말했다. "생식기야말로 아마 진화의 힘을 가장 잘 보여주는 신체 부위일 듯하다"(Schilthuizen 2014).

이런 연구 결과들(Hosken et al. 2018)은 생식기의 빠른 진화에 관한 기존 가설 중 하나를 무너뜨리기에 충분했다. 생식기 변화가 그저 다른 신체 부위에서 마찬가지로 추진되는 변화들에 딸려서 일어날 뿐이라는 가설이다. 이 생식기 변화가 그저 도마뱀의 다리에 일어나는 빠른 변화에 이끌려서 마지못해 일어나는 게 아니라는 점은 더할 나위 없이 확실했다. 엄청난 생식기 다양성을 낳은 것이 일반적으로 진화가 다른 구조들에 가한 힘의 부수적인 효과가 아니라면, 주된 힘이 무엇일까?

포스가 그것과 함께하기를

생물학자들은 생식기가 왜 그렇게 빨리 진화하는지를 설명할 다양한 가설을 제시해왔다. 그런데 그 연구들의 대다수가 거의 전적으로 수컷의 생식기에만 초점을 맞추었다는 점을 미리 말해둬야겠다. 다윈은 아마도 암수가 서로에게 영향을 미치는 선택을 할 것이라고 말한 바 있다. 그 뒤로 교미 이전과 도중/이후에 이루어지는 선택이 어떤 효과를 발휘한다고 시사하는 연구 결과들이 다양하게 나왔다. 이윽고 그 효과들을 분류하는 작업이 이루어졌고, '교미전 선택precopulatory selection'과 '교미후 선택postcopulatory selection'이라는 용어로 굳어지게 되었다.

늘 그런 것은 아니지만 대개 생식기가 물리적으로 관여하기 전에 가해지는 압력은 수컷 사이의 경쟁에서 나온다(Rowe and Arnqvist 2012). 뿔을 서로 부딪치고, 송곳니를 드러내면서 으르렁대고, 눈자루 위에서 눈동자를 이리저리 굴리고(파리류), 목 씨름을 하는(기린) 광경을 생각해보라. 이런 싸움의 승리자는 패배자보다 먼저 짝짓기 상대에게 접근할 권리을 얻으며, 그런 싸움은 교미 전에 일어나는 경향이 있다(비록 유달리 대담한 몇몇 거미류와 게류는 교미하는 동안과 교미 후에도 계속 싸우겠지만).

일단 생식기가 물리적으로 관여하면 사실상 압력은 대체로 암컷과 수컷의 상호작용을 수반할 때가 더 많다. 암컷은 생식기와 생식관을 통해 '은밀하게' 선택을 한다는 비난을 받는다. 암컷은 다양한 구애자들의 정자 후보들 중에서 고르고 패배자 수컷이 넣은 정자를 거부하는 등의 방법으로 선택한다. 도입체를 받는 구조는 도입체를 빚어내는 데 강력한 역할을 한다고 여겨진다. 그러나 앞서 말했다시피, 이런 힘을 지니고 있음에도 과학은 도입체에 훨씬 더 많이 주의를 기울이고, 수입체의 구조는 상대적으로 관심을 덜 받는다.

짝짓기와 상대 고르기를 통한 이 선택은 '성선택sexual selection'이라는 영역에 속한다. 자연선택natural selection—생존과 번식을 위해 자연이 하는 선택—은 선택의 일반적인 형태이고, 번식 성공을 도모하는 성선택은 그 부분집합이다. 때로 먹이 구하기나 먹히지 않기 같은 요인들을 통해 작동하는 자연선택은 섹스와 관련된 요인들을 통해서 작동하는 성선택과 충돌한다. 많은 독자에게도 낯설지 않은 긴장일 것이다. 우리는 섹스라는 단기적인 목표를 달성하기 위해서 매우 위험한, 생존에 도움이 되지 않는 일을 기꺼이 하려고 하기 때문이다.

인간 이외의 동물들에게서 볼 수 있는 이 긴장의 사례 중 하나는 렉lek이다. 나는 렉 하면 으레 개구리 스피드 데이트가 떠오른다. 저녁에 개구리들이 연못 주위에 모여든다. 수컷은 가장 나은 바리톤 음성으로, 테스토스테론 덕분에 한껏 수컷다워졌음이 드러나는 가장 깊고 우렁찬 목소리로 개골개골 울어댄다. 이 목소리는 렉 주위에 숨은 암컷들이 어떤 양서류판 난교에 끌리도록 거역할 수 없게 만들기에, 시끄럽게 울어댈 만하다. 이는 성선택이 작동하는 사례다(교미전 선택. 지금 이 순간의 번식 성공을 위해 위험한 행동을 한다).

여기서 자연선택은 개구리들을 불리한 입장에 놓는다. 포식자들도 가장 크게 우는 개구리의 소리를 들을 수 있고, 그 개구리를 더 쉽게 찾아내어 잡아먹을 수 있다. 가장 크게 우는 개구리를 없애는 자연선택은 가장 크게 울도록 부추기는 성선택과 긴장 상태에 놓인다. 그 결과 개구리들은 두 압력

집합의 경계 지점에서 우렁차게 울어댄다.

자연선택은 번식 행동 이외의 차원에서 생식기에도 작용할 수 있다. 어류 중에서 희귀하게도 음경을 지닌 거피Guppy 또한 비슷하게 암컷의 선호와 자연선택의 냉혹함 사이에서 긴장을 겪는다(Hosken et al. 2018). 거피 암컷은 도입체가 더 큰 짝을 선호하고 몸집을 기준으로 교미전 선택을 하는 듯하다. 그러나 포식자도 동료들보다 몸집이 더 큰 거피를 더 쉽게 찾아낸다(그리고 먹어치운다).

교미의 압력

유전학 연구는 진화하면서 동물들 사이에 구조적 차이가 생기는 동안 무엇이 변하고 변하지 않았는지 정보를 제공할 수 있지만, 그 변화를 낳은 진화 압력의 비밀을 밝혀내지 못할 때도 많다. 이 요인들을 명확히 짚어내기가 좀더 어려울 수도 있다. 도입체의 진화 분야에서 계속 남아 있는 수수께끼 중 하나는 음경뼈baculum의 존재다. 음경뼈는 많은 포유동물에게 있지만, 사람에게는 없다.

이 뼈는 진정한 뼈이며 팔다리와 뚜렷한 관련이 있을 수 있고, 팔다리뼈처럼 긴뼈에 속한다. 그러나 진화가 왜 그것을 선택했는지 그리고 왜 그것이 존속하는지는 아직 수수께끼다. 그것이 존속하는 계통에서 얼마나 자주 성쇠를 겪었는지도 수수께끼다. 인간은 이 집단에 속하지 않는다. 우리는 음경뼈도 음핵뼈baubellum도 없다.

무엇이 이 뼈를 지니게 만들까? 자연선택이 그 형태—길이와 굵기—를 고르는 것일까, 아니면 교미 성공을 통해 성선택이 작용하는 것일까?

한 연구진은 문란한 짝짓기를 얼마나 허용할지 정함으로써 성선택의 수준을 달리한 생쥐 집단을 만들어서 이 뼈 문제를 규명하고자 했다(Simmons and Firman 2014). 암컷에게 짝짓기 상대가 더 많을수록 교미후 압력이 수컷의 형질에 미치는 영향이 더 커질 것이라고 예상할 수 있다. 이런 압력은 생식기 구조부터, 난자와 융합하는 경주에서 어느 정자가 이길지에 이르기까지 모든 것에 작용할 수 있다.

문란한 집단의 생쥐 암컷은 한 번식 주기에 수컷 3마리와 짝짓기를 했고, 따라서 생식기에 미치는 교미후 선택 압력이 높았다. 문란하지 않은 집단의 암컷은 수컷 한 마리와만 짝짓기를 할 수 있었기에 철저히 일부일처제를 유지했다. 그래서 교미후 경쟁과 선택이 전혀 없었다. 상대방인 수컷이 한 마리뿐이므로 경쟁은 일어나지 않았다.

이렇게 약하거나 강한 성선택을 받으면서 27세대 동안 교배가 이루어진 뒤, 문란한 집단의 생쥐는 음경뼈가 눈에 띄게 더 굵어졌다. 이 세대만큼 지나는 데 약 5년이 걸렸다. 이 짧은 기간에도 교미후 성선택 압력은 이 뼈를 좀더 경쟁력을 갖춘 수준으로 재형성했다.

인간은 어디에 압력을 받을까?

이런 사례들이 보여주듯이, 진화 압력은 생식기를 아주 다양하게 만들 수 있다. 적어도 상세히 연구된 도입체들은 그렇다는 것을 보여준다(앞서 말했듯이 질 같은 수입체 기관은 연구가 덜 되어 있다). 스힐트하위전이 말했듯, 이렇게 심한 압력을 받고 있기에 생식기는 진화의 힘을 잘 보여주는 최고의 기관이다. 그 결과 무척추동물에게서 아주 다양한 출발 재료로부터 도입체가 만들어져왔다. 이 주제는 다음 장에서 더 자세히 다룰 것이다. 유양막류의 음경은 뱀과 도마뱀의 겁나 보이는 반음경에서 인간의 밋밋한 음경(Gredler 2016)에 이르기까지 모든 것이 진화를 통해 빚어진, 특별하게 만들어진 별도의 구조다(Larkins and Cohn 2015).

진화는 겁나 보이는 반음경과 밋밋한 음경 양쪽에 다 자신의 힘을 가하고 있으며, 그 말은 인간의 음경에 작용하는 진화의 힘이 온갖 장식 따위 없

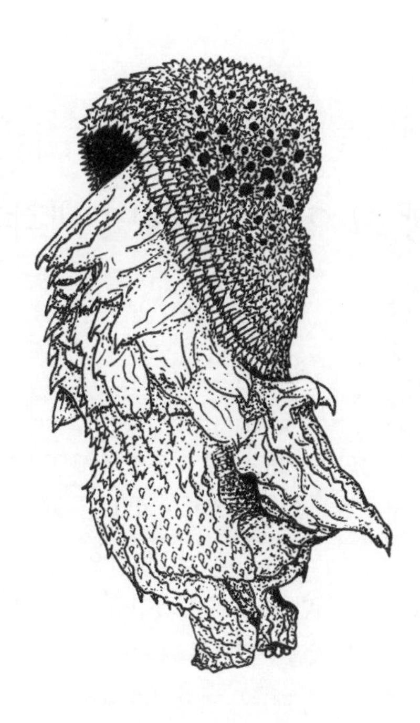

그림 2.2 뱀인 라디나이아 타이니아타*Rhadinaea taeniata*의 반음경(한 쌍 중 한쪽). 마이어스(Myers 1974)를 토대로 W. G. 쿤즈가 그림.

는 도입체를 빚어냈다는 뜻이다. 투아타라 연구가 시사하듯이 연구자들은 유양막류에게서 음경이 단 한 차례만 출현했다는 쪽으로 의견이 일치하는 듯하다. 그 도입체가 일단 등장하자 진화는 늘 하듯이 그것을 갖고 자신이 해야 하는 일을 했으며, 그 결과 별 특징 없는 사람의 음경부터 〈그림 2.2〉에 보이는 것에 이르기까지 온갖 것을 만들어냈다.

이제 음경이 무엇으로 이루어지는지를 살펴보기로 하자.

3

무엇으로 이루어질까?: 상상 그 이상, 어쩌면 생각지도 못한

사람들은 음경 이야기를 많이 하지만, 실제로 음경의 해부구조가 어떤지는 아마 대개 잘 모를 것 같다. 물론 음경은 흥분하면 커지고 또 빳빳해지며, 피부, 근육, 혈관, 해면조직으로 이루어진 듯이 보인다. 사람들이 이 기관의 사진을 서로 보내는 짓을 좋아하는 모양이긴 하지만, 사실 우리 음경에 쓰인 재료는 자연이 다른 동물들의 도입체를 만드는 데 쓴 것들에 비하면 꽤 시시하다. 그 말은 음경이 당신이 생각하는 그것이 아닐 수 있으며, 때로는 음경처럼 보이는 무언가가 실은 음경이 아닐 수도 있다는 뜻이다.

최초의 풀 컬러 딕픽

새로운 예술 매체가 등장할 때마다 딕픽도 곧이어 그 매체에 등장한다. 고대 그림들에는 음경이 두드러지게 묘사된 남성들이 등장하곤 한다. 심지어 사냥하는 모습에서도 음경이 돋보인다. 돌에서 꽃병을 거쳐 금속에 이르기까지 이런저런 매체들에서 인간의 음경을 묘사한 최초의 사례들은 수천 년 전으로 거슬러 올라간다. 따라서 음경 사진이 4도 인쇄의 발명에 곧바로 따라 나온 최초의 이미지 중 하나였다고 해도 놀랍지 않을 것이다. 인쇄술 발명도 음경 촬영도 같은 사람이 했다.

독일 태생의 인쇄업자 야코프 크리스토프 르블론(1667~1741)은 생생한 컬러 인쇄술의 발명자로서 뒤늦게 인정을 받았다. 그는 1704년에 처음 컬러 인쇄를 시도했다. 그 과정이 대박을 칠 발전임을 이해한 양 그는 자신의 발견을 비밀로 유지하고선 영국으로 가서 사진 인쇄 사업을 시작하려고 했다. 일은 잘 되지 않았지만, 그는 런던에 있는 동안 1723년에 왕의 해부학자 밑에서도 일했다.

그렇다, 영국의 국왕 조지 1세에게는 너새니얼 세인트 안드레(1680~1776년경)라는 해부학자가 있었다. 한 전기 작가에 따르면 그는 "뻔뻔스러운 아첨꾼"(Bondeson 1999)이었다. 이 아첨꾼은 자신이 택한 분야에서도 몇 가지 실수를 저질렀다. 그는 「한 놀라운 토끼 출산의 짧은 이야기A Short Narrative of an Extraordinary Delivery of Rabbets」라는 논문을 썼다. 논문에서 그는 "토끼rabbets" 18마리를 출산했다고 하는 여성을 묘사했다.* 그러나 그는 독일어를 할 수 있었고, 그래서 하노버 왕가 사람들에게 쓸모가 있었으며, 해부학 표본 제작을 위해 왁스를 주입하는 기술을 개발하는 데 기여했다는 영예를 얻었다(Todd n.d.).

르블론은 '아첨꾼' 안드레를 위해 해부학 그림을 담은 컬러 도판을 제작했다. 도판은 안드레가 출판할 책에 실릴 것이라고 했지만 그 책은 결코 나오지 않았다. 아마 토끼 사건 때문이었을 것이다(Cunningham 2010). 아무튼 안드레가 왕의 해부학자가 되기 2년 전인 1721년, 르블론은 사람 음경의 도판을 몇 장 인쇄했다. 피부를 벗겨서 혈관을 드러낸 도판이었다. 도판은

---

* 저자 안드레는 18번째 토끼의 출산을 묘사하는 장면이 "이 이야기의 부록으로 발표될 것"이라고 세심하게 적고 있다. 그는 메리 토프트Mary Toft라는 여성을 런던으로 데려와 토끼 낳는 능력을 보여달라고 요청했다. 그제야 그녀는 모든 것이 엄청나게 경솔한 사기였다고 자백했다. 나는 그녀가 의사들이 발견할 수 있도록 자신의 다리 사이에 토끼를 놓는 식으로 사기를 쳤으리라 추론한다. 아주 까다로운 문제는 그다음인데, 바로 자신이 진짜로 토끼를 낳는다고 믿을 남자를 한 명 앞세우는 것이다. 안드레는 그 사건 이후에 궁정에 거의 발을 들일 수 없었고, 여생 동안 토끼 고기에는 손도 대지 않았다고 한다. 그는 여성이 자신의 상상력으로 태아를 빚어낼 수 있다는 말을 많은 사람들이 진정으로 믿었다고 자신을 옹호했다. 그렇다고 해서 어떤 여성이 가죽 벗긴 토끼 18마리를 낳았다는 이야기까지 믿을 이유는 없지 않을까?

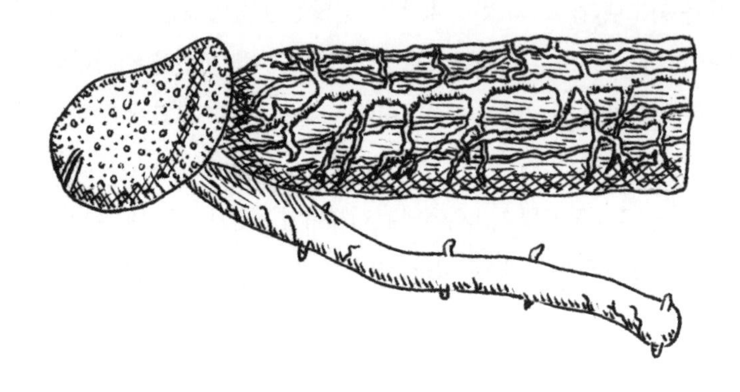

그림 3.1 콕번 책에 실린 한 도판의 일부. 콕번(1728)을 토대로 W. G. 쿤즈가 그림.

사람 음경이 무엇으로 이루어졌는지를 사실적으로 묘사했는데, 책이 출판되었다면 그 안에 분명 실렸을 것이다.

"남성 생식 부위의 해부학 표본"이라고 프랑스어로 적힌 그 인쇄물은 이윽고 다른 책의 나중 판본에 들어갔다. 윌리엄 콕번William Cockburn*이라는 사람이 쓴 『임질의 증상, 특성, 원인, 치료The Symptoms, Nature, Cause, and Cure of a Gonorrhoea』라는 책이다. 아마 이해할 수 있겠지만 그는 원래 그 학술서를 익명으로 발표했다. 르블론이 1713년에 나온 콕번 책의 이전 판을 써서 첫 컬러 인쇄 딕픽을 만들고 설명을 붙인 것일 수도 있다. 이 도판은 "출판된 최초의 컬러 인쇄 동판화 또는 동판화들 중 하

* 생식기 연구에 관여한 이들의 이름과 농담이 만나는 사례가 너무나 많기에, 나는 굳이 이 책에 그런 유머를 싣고 싶은 생각이 없다. 그냥 이름만 알려주고서, 관련된 유머는 독자가 알아서 찾도록 맡기련다.

나"(Norman n.d.)일 것이라고 여겨져왔다.* 원래 인쇄물 중 적어도 4장이 영국, 미국, 프랑스, 네덜란드의 박물관에 전시되어 있다.†

최초의 4도 인쇄 음경 그림(아마 그런 인쇄물 중 최초에 속할)도 이런 것들을 연구하는 해부학자들(모두 남성) 사이에 어떻게 음경(그리고 그 구조)이 질(그리고 그 구조)보다 더 선호되고 주목을 받았는가 하는 이야기에 나름 할 말이 있다. 콕번은 사례를 제시했다. 임질을 놀라울 만치 상세히 조사한 책에서 그는 질과 음경의 해부구조를 묘사했다. 그는 질을 묘사할 때 약 420개 단어를 썼다. 질에서 소변이 나온다고 했고,‡ (아마도 포궁목을 가리켰을) 늘어날 수 있는 "요도의 조임근"§도 언급했다.¶ 그는 그 부위로부터 나오는 "여성의 감염성 체액"이 남성을 감염시킬 위험이 있다고 했다. 다시금 누출 이야기로 돌아가는 셈이다.

질을 언급한 뒤, 콕번은 음경으로 관심을 돌렸다. 관심을 그다지 못 받는 질이 임질의 "질병 자리"가 아닐까 의심하는 듯하면서도, 그는 음경을 약 5000개 단어에 걸쳐 끝에서 끝까지 아주 상세히 묘사했다. 음경을 아주 세밀하게 대대적으로 묘사하면서, 그는 앞선 시대와 동시대의 해부학자 몇 명을 언급했다. 모두 남성이었고 모두 극도로 음경에 초점을 맞춘 이들이었다. 그들을 상세히 언급하기 전에 "여성의 질은 일반적으로 믿어지는 것보다 이 질병의 진행에 더 큰 관여를 할 수도 있으므로 특히 더 고려해야 한다"라고 미리 언급해둘 정도였다. 1713년에 내놓은 이 책에서 콕번은 이렇

---

* 그 책의 온라인 디지털 판본도 나와 있는데, 처음에는 이 도판도 포함되었다가 나중에 누군가가 빼버렸다.

† 질을 묘사한 도판도 있지만, 르블론이 만들었는지 여부를 놓고 논쟁이 벌어진다.

‡ 뭔가 심하게 잘못되지 않는 한, 소변은 질에서 나오지 않는다.

§ 그 조임근은 "요도의" 것이 아니다. 요도는 방광에서 뻗어나온 관으로서 여성 생식계와 별개로 존재한다. 포궁목(포궁경부)은 말 그대로 포궁의 목 부위다.

¶ 또한 그는 여성이 임질이라는 "질병difeafe"이 도달하지 못하는 아주 깊숙한 곳에 "정소(고환)"를 지닌다는 말을 반복해서 되풀이했으며, "여성의 씨앗"이 질에서 방출될 수 있다는 개념을 거부했다.

게 미리 질에 더 주의를 기울일 것을 요구했고 더 뒤에도 비슷한 주장들을 했지만, 정작 자신은 거의 오로지 음경에 초점을 맞추었다.

하지만 콕번은 나름 페미니스트라고 생색내는 인물이었다. 그는 동료 의사들에게 "사실상 겁쟁이들이 관리하는… 교육을 통해 받아들인 견해의 노예로부터 해방되라"고 요구했다. 나는 300년이 흐른 지금 여기서 콕번의 말을 흉내내어, 그토록 오랫동안 과학 탐구를 이끈 편견을 지닌 이들에게 오직 집단의 절반만을 위해 묻고 답한 질문들을 토대로 한 견해로부터 해방되라고 촉구하련다.

있는 그대로의 음경

아마 여러분은 스스로 음경을 잘 안다고 생각할지 모르겠다. 아마 콕번이 음경에 관해 말한 것과 르블론이 묘사한 내용에 공감할지도 모르겠다. 아무튼 친숙하니까. 인간과 다른 척추동물들에게서 무엇이 음경을 만드느냐라는 질문에 대한 고지식한 반응은 음경이 결합조직, 부풀 수 있는 해면조직, 근육, 혈관으로 이루어진다는 것이다. 그리고 첫눈에 음경처럼 보이는 많은 척추동물의 기관들은 실제로 음경이라고 부르면("맞아 저거 음경, 음경이야!") 대체로 맞다. 그러나 반드시 그렇지는 않다.

따라서 이 장의 주된 질문을 생각해보자. 음경은 무엇으로 이루어질까? 르블론의 그림과 그 뒷이야기를 접하면 인간의 음경이 어떤 조직으로 이루어져 있는지 꽤 짐작할 수 있다. 그러나 이 장이 끝날 무렵이면, 동물의 음경이 무엇으로 이루어졌는지를 딱 꼬집어서 말하기가 쉽지 않음을 깨닫게 될 것이다. 생식기 연구자인 매사추세츠 대학교 애머스트 캠퍼스의 다이앤 켈리는 한 공저자와 이렇게 썼다. "교미와 사정에 원통형 관보다 더 복잡한 구조가 필요하다고 생각할 본질적인 이유가 전혀 없다…. 그러나 도입체 기관의 형태는 대단히 다양하다"(Kelly and Moore 2016).* 자연이 음경을 만드는 데 쓰는 재료도 그렇다.

독자가 화성에 갔는데 음경이라고 추측되는 것을 지닌 동물을 발견한다면, 어떤 특징을 토대로 자신의 가설을 입증하거나 배제하게 될까? '교미할 때 상대의 생식기 안으로 집어넣고 배우자를 전달하는 것?' 합리적인 양 보인다. 비록 교미가 무엇인지를 놓고 논쟁할 수는 있겠지만. 그러나 그렇지 않을 때도 있다. 교미 때 동물이 상대방의 생식기에 집어넣는 것 중 일부를 살펴보고, 그것들이 '음경'이라는 개념에 들어맞는지 알아보자.

음경 발?

노래기millipede는 아마 발로 가장 잘 알려져 있을 것이다. 비록 영어 이름처럼 발이 1000개milli-는 아니지만. 노래기의 다리 개수 최고 기록 보유자도 750개밖에 안 되며 대다수는 그보다 훨씬 적다. 노래기 8만여 종과 그보다 덜 멋진 도플갱어인 지네는 몸마디 하나에 다리가 몇 개 있는지 세어보면 구별할 수 있다. 그 정도로 가까이 들여다보고 싶다면 말이다. 노래기는 몸마디 하나에 다리가 두 쌍씩 있는 반면 지네는 한 쌍씩 있다.†

우리의 관심 대상은 노래기의 다리 중 8번째 쌍이다. 노래기는 이 다리를 도입체, 즉 생식지gonopod(기본적으로 '교미하는 발'이라는 뜻이다)로 쓴다. 부속지를 이런 식으로 전용하는 동물이 이 절지동물만은 아니다. 척추동물에게서도 팔다리 형성에 관여하는 유전자가 음경 형성에도 관여할지 모른다. 이런 현실은 '세 번째 다리'라는 열망이 담긴 진부한 음경 관련 농담

* 관이 언제나 한 가지 형태인 것은 아니다. 일부 음경, 특히 파충류의 음경에는 홈이 있다. 이 홈은 폭을 얼마간 좁혀서 정액이 빨리 미끄러지도록 함으로써 정자 전달에 도움을 준다.

† 또 지네는 우리를 피해 달아나는 반면 노래기는 몸을 만다는 소문이 있다. 물론 이 행동을 보고서 구별을 하려면 독자가 그 동물과 갑자기 마주칠 때 놀라서 먼저 달아나지 않아야만 한다. 일부 노래기는 38센티미터까지 자라며 가장 큰 지네는 25센티미터를 넘는다.

에 새로운 활력을 불어넣는다. 비록 노래기에서는 8번째 다리 쌍이라는 말을 덧붙여야겠지만.

이런 다지류 동물에게서 8번째 다리 쌍이 교미 이야기의 전부는 아니다. 적어도 속리키노래기속*Parafontaria*의 잘 연구된 종들은 더 많은 이야기를 들려준다(Tanabe and Sota 2008). 이 종들은 두 번째 다리 쌍도 이용한다. 이 다리 쌍은 생식기 입구에 달려 있다. 생식기 가까이에 난 이 다리 쌍은 생식기라고 하면 으레 떠올릴 도입에 관여하는 것이 아니라, 그저 8번째 쌍에 정자를 제공하는 일을 한다.

연모하는 노래기는 먼저 정자가 채워지지 않은 8번째 다리 쌍 도입체를 선택한 상대에게 삽입하려 시도함으로써 구애를 시작한다. 암컷이 이 간보기를 거부하지 않아서 넣는 데 성공한다면, 두 번째 다리 쌍은 8번째 다리 쌍에 정자를 채운다. 다 채워지면 수컷은 다시 집어넣을 것이고 이번에는 정자를 전달한다. 암수는 29~215분 동안 그 자세로 꼼짝하지 않은 채 있을 것이다.

노래기가 수명이 짧고 게다가 간보기를 하면서 가만히 있을 때면 아마도 계속 위험에 처할 텐데, 굳이 정자 없는 다리 겸 도입체로 간보기를 해야 할 이유가 있을까? 앞서 말했듯이 노래기 종은 수가 아주 많다. 그런데 노래기는 다 노래기처럼 생겼기에, 상대가 어느 종인지 구별할 때 실수를 저지를 수도 있다. 적어도 이 속에서 시험 삼아 찔러보기는 구애자가 상대가 자기 종인지를 확인하는 한 가지 방법이 된다. 자신의 도입체 다리가 들어맞는지를 확인하는 것이다. 이런 빠른 검사를 통해서 수컷은 노래기 애인에게 줄 (몹시) 소중한 정자 덩어리가 엉뚱한 종에게 낭비되는 일을 예방할 수 있다. 두 번째 도입이 아주 오래 지속될 수 있다는 점을 생각하면, 이 간보기는 상대방이 자신의 소중한 시간을 전부 다 투자해도 될 만한 적절한 짝인지를 수컷이 확인하는 방법일 수도 있다.

독자는 아마 자신이 노래기의 성 행동을 정상적인 양상에 속한다고 보게 되리라는 생각을 해본 적이 없겠지만, 이제 그럴 때가 되었다. 암컷에게 사정하기 위해서 4개의 다리를 쓰는 것이 인간 경험의 한계 너머에 있는 듯하지만(실제로 그렇다), 적어도 노래기는 도입체를 상대의 생식기에 집어넣는다. 처음에는 정자가 없는 상태에서 넣지만 두 번째에는—두 번째 기회가 있다면—정자를 전달한다. 노래기 사례에서 우리는 그 다리들이 '교미 때 상대의 생식기에 삽입하여 배우자를 전달하는 무엇'이라는 우리의 기준을 충족시키는지 여부를 따질 때 타협점을 찾아야 할 것이다.

갑옷을 두른 도입체

그런 과정을 그냥 뛰어넘어서 몸의 아무데나 정자를 주입하는 많은 곤충 종에 대해서는 그다지 할 말이 없다. 몇몇 편형동물도 콜린 R. '버니' 오스틴이 말한 "암컷의 받아들이는 구멍"(Austin 1984)이 없기 때문에 달리 선택의 여지가 전혀 없다. 수입체 역할을 할 생식기가 전혀 없으므로 수컷은 '돌출성 정관'의 끝에 달린 '침stylet'을 써서 상대의 몸 아무 곳이나 찌를 수밖에 없다. 찌른 뒤에 주입된 정자는 몸속을 멀리 이동하여 난자에게 간다.

비록 정자를 넣을 입구가 아예 없다는 사실이 편형동물의 이 엉성한 저격 행동을 설명하긴 하지만, 피부밑주사형 정자 전달의 사례들을 다 설명하지는 못한다. 이 적응형질은 유연관계가 아주 가깝다고 볼 수 없는 일부 거미와 곤충 집단들에서도 진화했으며, 그들도 매우 비슷한 방법을 써서 목적을 달성한다. 피부밑주사형 도입체를 빚어내는 진화 압력이 무엇이든 간에 반복해서 동일한 구조로 수렴시키는 듯하다. 정자를 주입할 수 있도록 속이 비어 있으면서 찌를 수 있는 관이다(Hosken et al. 2018). 그러나 이 관은 정자를 생식기로 전달하는 일까지는 하지 않는다. 그러니 '교미 때 상대의 생식기에 삽입하여 배우자를 전달하는 무엇'이라는 우리의 기준에는 분명히 못 미친다.

그래도 정자를 집어넣으므로 규칙의 예외 사례라고 본다면, 피부밑주사형 도입체가 음경의 자격이 있지 않을까? 나는 우리가 '찌르는' 것이 포함/배제의 기준이 아니라는 데에는 동의할 수 있다고 생각하지만, 찌른다는 행동이 일부 종에게서는 그 도입체가 무기처럼 쓰일 수도 있음을 의미한다는 것도 명백하다. 인간의 음경이 잘 익은 아보카도를 찌를 수 없다는 점을 생각하면 우리는 분명히 그 부류에 포함될 수 없다. 여기서는 이런 기관을 그냥 '도입체'라고 부르고 그만 넘어가기로 하자.

많은 종에게 있는 적응형질인 삽입기aedeagus는 어떨까? 이 구조는 음경처럼 생겼고, 모양과 크기가 대단히 다양하다. 그러나 유양막류에서 음경이 진화를 통해 빚어진 새로운 구조인 것과 달리, 삽입기는 새로 생겨난 음경이 아니다. 그것은 곤충의 배를 덮은 딱딱한 판이 바깥으로 늘어나서 필요할 때 정자를 전달할 수 있도록 관을 통해 정소와 연결된 구조다. 즉 본질적으로 갑옷을 두른 도입체다.

게다가 장갑판까지 두르고 있다. 이 도입체는 길쭉하고 나선형인 것도 있고 암컷을 붙들기 위해 갈고리와 날개와 밸브나 걸쇠가 달린 것도 있다. 사람의 관점에서 보면, 즉 사회학자가 말하는 '시선gaze'으로 응시하면 몹시 경계심을 불러일으킬 수도 있다. 사실 사람들은 이런 구조들을 응시하면서 많은 시간을 보내왔다. 각 종을 분류하는 주된 수단 중 하나이기 때문이다. 더 나아가 이 구조가 작동하는 모습을 동영상으로도 찍고 있다. '절지동물(그리고 무척추동물) 섹스 동영상'이라는 장르는 아직 규모가 작지만 대박을 치고 있다.

일부 곤충은 파악기clasper라는 형태의 교미 관련 구조를 한 쌍 지닌다. 파악기는 대개 상대의 몸속에 집어넣는 것이 아니라… 짝을 꽉 붙드는 데 쓰인다. 그러니 음경도 아니고 도입체조차도 아닌 것이 거의 확실하다. 일부 곤충은 자극기titillator라는 또다른 종류의 교미 관련 기관도 지닌다. 이건 또 뭘까? 이름이 시사하듯이 상대를 간질여서 흥분시키는 데 쓰인다(아마도). 수컷이 자극기를 암컷의 생식실에 집어넣고 함께 넣은 진짜 생식기와 배의 근육을 동시에 수축시키면서 율동적으로 흔드는 사례도 있다. 좀더 흥미를 돋우자면, 두 팔을 집어넣어 벌리면서 그 사이로 음경을 밀어넣는 것이라고 볼 수 있다. 이 자극기는 대다수 사람의 눈에는 전혀 간질이는 용도처럼 보이지 않을 것이다. 울퉁불퉁 혹이 난 것도 있고 '이빨'이라는 뾰족한 못이 난 것도 있기 때문이다.

우리는 생식기 입구, 즉 도입체가 삽입될 것이라고 우리가 예상하는 바로 그 부위에 삽입하는 자극기를 말하고 있다. 그러나 자극기는 정자를 전달하지 않는다. 그 일은 음경 복합체가 한다. 그러니 자극기는 음경이 아니라고 확실하게 배제할 수 있다.

아니, 잠깐만. 사실 자극기가 하는 일 중 하나는 음경 복합체에서 나오는 정자의 전달을 촉진하는 것이다. 음경을 옆에서 보조하는 윙맨wingman이다(Lehmann et al. 2017). 정자가 더 멀리까지 배출되도록 돕고 자극받는 상대의 몸속으로 더 깊이 들어가도록 인도한다. 따라서 설령 관을 통해 정자를 전달하지 않는다고 해도 자극기는 정자 전달을 촉진한다. 이 점에서는 '교미 때 상대의 생식기에 삽입하여 배우자를 전달하는 무엇'이라는 기준을 충족시키는 듯하다.

우리는 음경 또는 남근이 무엇으로 이루어져 있는지 또는 그것이 무엇을 의미하는지를 정의하는 경계가 조금씩 흐릿해진다는 것을 알 수 있다. 이윽고 어떤 경계선도 보이지 않게 될 것이다. 그래도 상관없다.

산정관

우리 친구 통거미를 기억하는지? 진짜 거미가 아닌 이 집단에는 수천 종이 있는데 우리는 앞장에서 그중 첫 번째 종을 만났다. 아니, 더 정확히 말하면 한 수컷의 아주 오래된 화석화한 발기를 보았다. 그 통거미는 분명히 음경을 지녔다. 아마도 암컷의 몸에 집어넣어서(그렇게 집어넣기 위해서가 아니라면 굳이 그런 걸 지닐 이유가 없었을 테니까) 정자를 전달할 준비를 하는 발기한 관 모양의 생식기 말이다. 독자는 통거미라면 "맞아, 그건 분명히, 확실히 음경이야"라고 말해도 안전하다고 생각할 것이다.

독자는 아마 이어서 이런 말이 나오리라고 예상했을 것이다. "모든 통거미가 이 기준을 충족시키진 않는다." 이 동물 중 한 집단인 진드기통거미아목Cyphophthalmi은 이 기준에 좀 못 미친다. 진정한 거미가 아닌 이 진드기처럼 생긴 집단은 몸길이가 몇 밀리미터에 불과하고 마치 이끼에 사는 작은 보석 같다. 친척인 통거미와 달리 눈에 확 띄는 음경을 지니고 있지 않으며, 도입을 하지 않고 대신에 안팎을 뒤집어서 떨어내는 형태의 생식기를 지닌다.

이 작은 동물은 이 뒤집을 수 있는 구조로 정포(막대기에 붙은 정자 덩어리)를 암컷의 생식기에 찔러 넣는다(Macias-Ordóñez 2010). 즉 이 구조 자체를 삽입하는 것이 아니다. 어떤 동물이 이런 종류의 관을 써서 알을 낳을 때 이 관을 '산란관ovipositor'이라고 한다. 그래서 나는 이 거미류의 생식기가 도입체라기보다는 '산정관spermopositor'이라고 할 수 있지 않을까 생각한다.

통거미류(이 진드기통거미를 제외하고)는 진정한 음경을 지닌다는 점에서 독특하다. 대다수 거미류는 도입에만 쓰이는 특수한 구조를 지니지 않기 때문이다. 정포가 막대기에 달린 정자 덩어리라면, 거미류가 주로 쓰는 구조는 한 쌍의 막대기(실제로는 다리처럼 생긴 부속지인 더듬이다리)에 붙인 정교하게 포장한 정자 덩어리라고 할 수 있다.

거미의 도입체들은 교접기관이라고 하며 각각 **삽입기**embolus라는 단단한 구조의 끝에 붙어 있다. 영단어 embolus는 사람에게서는 색전, 즉 혈관을 막아서 목숨을 위협할 수도 있는 매우 안 좋은 덩어리를 가리킨다. 거미류에서는 거미가 '팔', 즉 더듬이다리를 암컷의 몸에 삽입한 뒤 정자 덩어리를 안에 떨구는 구조를 가리킨다(Huber and Nuñeza 2015).* 일반적인 교접기관은 거미의 팔 끝에 끼워진 권투장갑과 아주 비슷해 보이지만, 종에 따라서 이 장갑(도입장갑intromitten?)에 온갖 장식이 붙는다. 털이 수북하고 큰 것도 있고, 주름, 늘어난 부위, 뾰족한 침을 지닌 것도 있고, 더 밋밋하면서 덜 꺼림칙한 것도 있다.†

거미가 더듬이다리를 사용하는 방식은 '음경은 무엇으로 이루어지는가'라는 질문을 잘 드러낼 수 있다. 수컷의 몸에는 정자가 나오는 구멍이 하나 있다. 수컷은 정자를 붙잡기 위해 따로 준비한 거미줄로 정자를 감싼 뒤, 스포이트로 액체를 빨아들이듯이 쏙 잡아채서 더듬이다리 끝에 있는 생식기관으로 집어넣는다. 더듬이다리는 교접기관을 암컷의 몸에 집어넣어서 정자를 떨군다. 일부 종에게서는 숫자를 5까지 세기 전에 삽입과 사정의 두 단계가 다 끝나기도 한다(Eberhard and Huber 2010).

즉 더듬이다리와 교접기관의 조합이 음경일까? 관, 도입, 사정이라는 조건이 전부 갖추어져 있다. 그러니 '교미 때 상대의 생식기에 삽입하여 배우자를 전달하는 무엇'의 모든 요소를 충족시키는 듯하다. 그런데 그것만이 아니다.

거미는 먹이를 맛보고 냄새 맡는 데에도 더듬이다리를 쓴다. 우리에게 친숙한 음경의 쓰임새와는 분명히 다른 용도들이다. 일부 거미는 심지어 더듬이다리의 일부, 끝에 달린 교접기관의 바로 밑 부분을 구애 의식 때 음악(마찰음)을 연주하는 데에도 쓴다. 우리 관점에서 보면 전혀 음경 같지 않은 용도지만(나는 사람의 음경이 연주하는 음악을 아직 들어보지 못했다), 이런 사례들은 이 기관이 실제로 무엇인지를 제대로 볼 출발점이 될 수도 있다. 더듬

---

* 이 잘 포장된 정자가 암컷의 생식관 안에서 1년 넘게 살아 있을 때도 있다. 암컷이 사용할 준비가 될 때까지 기다리면서다.

† 나는 이 책을 쓰는 동안 거미 수백 종의 더듬이다리를 살펴보았는데, 너무나 매료되는 바람에 거미를 집을 때면 늘 그 작은 도입체를 살펴보려는 충동을 도저히 억제할 수가 없게 되어 버렸다.

이다리는 음경 역할도 분명히 하지만, 감각적 의사소통과 구애의 세계에서 훨씬 더 많은 일을 할 수 있는 기관이다.

별별 유별 특별 특이한 음경

노던캘리포니아의 물살 빠른 하천에서, 어느 작고 별 특색 없는 개구리가 많은 동물들에게서 한살이의 핵심인 거사를 치르려 하는 중이다. 바로 섹스다. 몸길이가 약 5센티미터로 다 자랐기에 이제 자신의 일을 할 준비가 되었다. 세로로 째진 눈동자—지금의 대다수 개구리에게는 없는 초기 개구리의 형질—를 지닌 눈으로 이 생애의 전환점을 이룰 자신의 짝을 찾았다. 자신이 속한 종의 개구리들은 울음소리로 짝을 부르지 않으므로, 상호작용은 접촉을 통해 이루어질 수밖에 없다.

그는 빠른 물줄기 뒤쪽에서 자신이 고른 상대에게 접근하여 혹투성이인 작은 앞다리로 암컷을 감싸면서 골반을 꽉 잡는다. 이런 식으로 짝짓기를 하는 개구리들은 대부분 상대의 앞다리 위쪽을 움켜쥐고서 총배설강을 맞대지만, 이 작은 개구리는 연장통에 비밀 도구가 하나 있다. 다른 모든 개구리에게는 없는 그것, 바로 도입체다.

이 부속지는 사실 총배설강이 늘어난 기관이며, 순수론자는 음경도 남근도 아니라고 말할 것이다. 수컷은 관을 통해 정자를 전달하지 않는다. 대신에 이 늘어난 부위를 자신이 골반 부위를 움켜쥔 암컷의 총배설강 안으로 집어넣은 뒤, 그것을 일종의 총배설강 정자 미끄럼틀로 삼아서 배우자를 자신의 총배설강에서 암컷의 총배설강으로 들여보낸다. 어떤 쉽게 알아볼 수 있는 밀어대기 행동이 거의 수반되지 않는 진정한 총배설강 키스다(Houck and Verrell 2010). 유달리 열정적으로 짝짓기를 하는 쌍은 달라붙었다가 떨어지기를 몇 차례 한 뒤에야 짝짓기가 끝났다고 판단한다.

이 도입체가 필요한 이유는 이 울음소리 없는 포옹이 이루어지는 장소

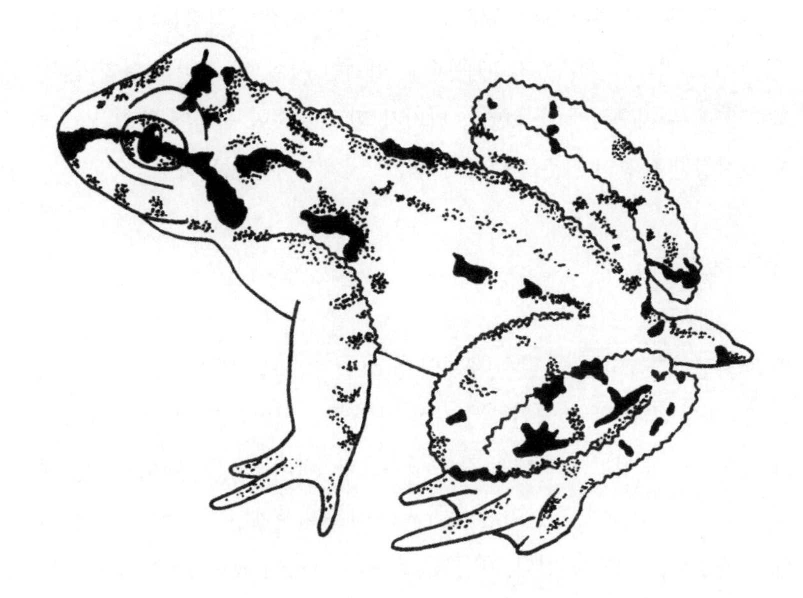

그림 3.2 꼬리개구리. 매티슨(Mattinson 2008)의 자료를 토대로 W. G. 쿤즈가 그림.

때문이다. 물이 고인 멋진 연못이나 파릇파릇한 물웅덩이를 선호하는 다른 전형적인 개구리들과 달리, 이들은 세차게 물이 쏟아지는 곳을 택한다. 서로 총배설강을 맞댄 채 배우자를 내보내는 통상적인 방법을 쓴다면, 정자가 흐르는 물에 그냥 다 씻겨 내려갈 것이다. 그래서 꼬리개구리*Ascaphus truei*—그리고 같은 속의 사촌인 로키산맥꼬리개구리*Ascaphus montanus*—는 소중한 정자의 대부분이 원하는 목적(다음 세대 얻기)에 쓰이도록 총배설강의 연장 부위를 써서 배우자를 전달한다.

2장에서 나는 물에서 육지로 옮겨가는 과정이 수생 번식 방법들에 대비책을 마련하도록 강한 선택 압력을 가했다고 설명한 바 있다. 이 꼬리개구리를 다음과 같이 생각하자. 자신이 안다고 생각하는 지식에는 언제나 예외 사례와 더 나아가 반하는 사례까지 있다는 것이 생물학의 보편 법칙임을 말해주는 예시라고.

이 두 개구리 종이 '꼬리개구리'라고 불리는 이유는 사람들이 이 도입체를 으레 꼬리라고 여겨왔기 때문이다. 하지만 사실 이 꼬리는 유양막류의 음경과 매우 비슷하게 행동한다. 발기가 되고 비슷한 목적에 쓰인다. 그럼에도 진정한 음경의 기준을 충족시킨다고 여겨지지는 않는다.

남근 모조품

뱀과 지렁이가 교배하여 낳은 새끼인 양 보일지 모르지만(덧붙이자면 그런 일은 가능하지 않다), 무족영원류는 사실 파충류도 지렁이도 아니다. 꽤 음경 그 자체처럼 보이는 수수께끼 같은 양서류다. 다리도 없고 대체로 앞도 잘 못 보면서, 고리들이 죽 늘어선 듯한 부드러운 피부에다가 조금 미끈거리고 때로 자주색을 띠기도 한다. 이 책을 쓰면서 그렇게 묘사하고 있자니 더욱더, 윤활액을 바르고 골진 콘돔을 씌운 음경처럼 들린다. 무족영원류는 약 120종이 알려져 있지만 그들의 삶은 기이할 만치 알려진 것이 아주 적다.

우리가 아는 한 가지는 이 양서류 중 일부 종이 도입체를 써서 번식을 한다는 것이다. 이 기관은 뒤집히면서(Gower and Wilkinson 2002) 상대의 총배설강으로 삽입되어 통로를 통해 정액을 주입하는 관이다. 그러나 이 기관은 음경이나 남근이라고 불리지 않고 '음경형' 또는 '남근형'이라고 하여 '음경형 기관phallodeum'이라는 용어가 붙는다. 무족영원류의 이 기관은 '교미 때 상대의 생식기에 삽입하여 배우자를 전달하는 무엇'이라는 기준을 기본적으로 다 충족시키고도 남지만 그래도 '진정한 음경'으로 인정을 못 받고 있다.

콜린 R. '버니' 오스틴은 이 기관을 음경이라고 부르는 것을 꺼리는 이유가 "아마도… 의미론적으로 너무 멀리 나아갔기 때문"이라고 했다. 아마 그럴지도 모른다.

새의 경이로움

푸른요정굴뚝새superb fairywren(*Malurus cyaneus*)라는 작은 새는 머리와 어깨에 코발트와 빙하의 파란색이 선명한 대비를 이루는 아름다운 새다. 반면 줄무늬풀굴뚝새striated grasswren(*Amytornis striatus striatus*)는 갈색 위주라서 칙칙하다.* 그러나 두 '굴뚝새'는 다른 대다수 새들에게는 없는 공통점이 있다(Rowe et al. 2008). 바로 도입체다. 그런데 음경은 아니냐고? 그들의 기관은 근육과 결합조직으로 이루어진 '총배설강 끝'이며 혀와 좀 비슷하게 행동한다. 정액을 상대에게 전달한다는 점만 빼면 말이다. 이 구조의 가장 흥미로운 점은 푸른요정굴뚝새에게서는 오로지 번식기에만 생긴다는 것이다. 이 '보였다, 안 보였다' 도입체는 '교미 때 상대의 생식기에 삽입하여 배우자를 전달하는 무엇'이라는 기준을 온전히 충족시키지는 않지만, 적어도 한 해 중 일부 시기에는 충족시키므로 음경이라고 부를 만하다.†

이러한 전제에 따르면 붉은부리검은베짜기새red-billed buffalo weaver(*Bubalornis niger*)는 쉽사리 그 기준을 충족시킨다. 온전히 작동하는 그 기관을 1년 내내 지니고 있을 뿐 아니라, 교미와 사정 능력이 조류판 슈퍼맨 수준이기 때문이다. 아마 그다지 멋지지도 화려하지도 않은 점을 그 능력으로 보완하는 것일 수도 있다. 이름이 시사하듯이 이 새는 부리가 붉으며—다른 새와 비교를 한다면 진홍색이라고 표현하련다—그 외에는 그다지 눈에 띄지 않는다. 그저 날개에 흰 얼룩이 조금 있을 뿐 온몸이 초콜릿색이거나 검은색이다.

---

* 둘 다 '진정한 굴뚝새'는 아니다. 그런데 왜 사람들이 계속 이런 새를 굴뚝새라고 하고 거미가 아닌 통거미를 통'거미'라고 부르는지 궁금증이 일 것이다. 답은 각각 굴뚝새나 거미와 꽤 비슷해 보이기 때문이다.

† 일부 종에게서는 이 기관의 형태가 계절에 따라서도 달라진다. 유스켈리스속*Euscelis*의 매미충은 음경의 형태가 계절에 따라 변하며(Kunze 1959), 뱀 중에서도 그런 종들이 있다(Inger and Marx 1962). 그러니 적어도 계절성 변화는 꽤 흔할지도 모른다.

이름의 나머지 부분은 이 새가 어떤 일을 하는지를 설명한다. 이 새는 잔가지를 모아서 가시가 잔뜩 삐져나온 듯한 커다란 집을 짓는다. 조류판 아파트다. 이 안에 무리를 지어 모여 산다. 각 새는 안에 둥지를 지으며 대개 한 둥지에 수컷 한 마리가 암컷 몇 마리와 짝을 짓는다. 수컷들은 서로 싸우며 다른 집단에 속한 암컷끼리도 서로 싸운다. 한 아파트에 모여 살기로 동의했다는 점을 생각하면 매우 싸움이 잦은 새다. 이들은 더 큰 새들이 와서 이 아파트 위쪽에 자기 둥지를 짓는 것을 참고 견딘다. 아니면 그런 새들로부터 보호를 받는 것일 수도 있다. 그럴 때 베짜기새의 둥지는 조류판 지하방이 되는 셈이다.

서로 싸우지 않을 때 베짜기새들은 아마 교미를 하고 있을 것이다. 때로는 20분까지도 교미한다. 조류의 섹스가 대개 몇 초면 끝난다는 점에서 거의 영원 같은 시간이다. 이들은 연구자들이 "강한 정자 경쟁"이라고 부르는 것을 한다. 즉 정자들조차도 서로 싸운다. 그 말은 암컷이 두 마리 이상의 수컷과 교미할 기회를 가지며 미시적인 수준에서 생식관이라는 결투장이 마련된다는 뜻이다. 그곳에서 아마 '최고의' 정자가 승리할 것이다.

생식관 바깥에 '음경형 기관phalloid organ', 즉 밧줄 같은 결합조직으로 이루어진 "빳빳한 막대"(Winterbottom et al. 1999)를 지닌 수컷이 있다. 이런 기관은 조류 중 베짜기새만 지닌다고 알려져 있다.* 비록 이 새가 자신의 음경형 기관을 상대에게 삽입하는 것 같지는 않지만, 오르가슴을 느끼는 데 쓰는 것은 분명하다. 이 현상을 보고한 연구자들이 묘사한 바에 따르면, 수컷은 암컷의 총배설강에 그 기관을 대고 문대면서 몸을 뒤쪽으로 기울인 채 점점 천천히 날개를 치다가, 이윽고 온몸을 부르르 떨면서 다리도 경련을 일으킨다. 독자에게 오르가슴처럼 들린다면, 그 생각이 맞다.

흥미가 동한 연구진은 이 오르가슴처럼 보이는 것이 일어날 때 사정이

---

* 이 새를 가장 집중적으로 연구한 이들은 이 "독특한 음경형 부속지가… 150년 넘게 흥미를 불러일으켜왔다"고 말한다. 한 부속지에 그렇게 오랫동안 흥분해서 관심을 쏟다니.

이루어지는지 알아보고 싶었다. 그래서 그들은 박제한 푸른요정굴뚝새 암컷에 인공 총배설강을 넣은 뒤 움직이면서 수컷들을 감질나게 만들었다. 13마리가 34차례 이 박제한 암컷과 교미를 했고, 오르가슴에 올랐을 때 그 증거를 남겼다. 내 생각에 연구진은 이 증거로도 만족하지 못한 모양이다. 그들은 교미를 한 수컷 몇 마리의 빳빳한 작은 기관을 문질렀다. 그러자 새들은 자극을 받아서 사정했다. 그렇다, 읽은 그대로다. 이 과학자들은 과학을 위해서 몇몇 굴뚝새에게 쾌감을 선사했다.

이 새의 다양한 성향과 능력을 이렇게 꼼꼼하게 조사한 뒤, 저자들은 빳빳하면서 흥분할 수 있는 기관을 "자극성 음경형 기관"이라고 묘사하는 것이 최선이라고 결론지었다. 당연하지 않을까?

붉은부리검은베짜기새 수컷은 싸우기도 잘할 뿐 아니라, 섹스하려는 대상을 고르는 안목이 형편없는 모습도 보여준다. 가짜 총배설강을 지닌 암컷 박제에게 왜 그렇게 매료됐는지 조금은 이해가 간다. 수컷이 사랑에 빠지는 대상이 그 박제만은 아니다. 애조인 동호회 사이트에는 베짜기새 수컷이 자기 종이 아닌 새들의 환심을 사려는 모습을 담은 영상들이 올라와 있다. 한 영상에는 수컷이 음경형 기관을 댈 곳을 찾기 위해 갖은 애를 쓰는 모습이 생생하게 담겨 있다. 그런데 그가 고른 새가 훨씬 더 크고 전혀 관심을 보이지 않는 회색도가머리뻐꾸기grey lourie였기에 지장이 생겼다. 자기 종이 아니니까. 이 특이한 상황에서 회색도가머리뻐꾸기는 자신에게 닥친 일에 좀 놀라고 달아나려는 기색을 보인 반면, 붉은부리검은베짜기새는 이미 마음을 먹고 날개를 쳐대고 있었다.

명백한 음경

콜린 R. '버니' 오스틴이 따개비를 "이웃에게 닿는 데 필요한 비교적 길게 내밀 수 있는 기관을 지닌 주로 고착생활을 하는 동물"(Austin 1984)이라고 적었을 때, 아마 나름 최선을 다했을 것이다. 어느 시점에 길게 내밀 수 있는 기관으로 이웃에게 닿을 필요가 없는 동물이 과연 있을까? 설령 물 호스로 흩뿌리는 것에 불과하다고 할지라도 말이다. 독자가 따개비라면, 그런 기관은 종을 존속시킬 필요조건이다. 따개비는 고착생활을 한다. 즉 한 곳에 붙어 있다는 뜻이다. 그런데 그들은 주로 도입체를 써서 번식을 한다. 모두가 바위에 붙어 있다면 짝에게 어떻게 도입체를 삽입할까? 아니, 짝을 찾기라도 하려면 어떻게 해야 할까? "유명한 근육질 음경"이라고 묘사되어온 부위를 지니는 것이 그 해결책임은 명백하며, 그 해결책은 따개비뿐 아니라 많은 암수한몸 동물들에게도 꽤 유용하다. 그 방법으로 당신의 왼쪽과 오른쪽에 있는 상대들은 기다리고 있던 번식 기회를 얻을 수 있다(2장의 '데이지 화환' 참조).

따개비는 오랫동안 자연사학자들의 주목을 받았지만 그들 중 일부를 몹시 혼란스럽게 만들기도 했다. 스웨덴 식물학자 칼 린네는 생물들을 분류하는 체계를 정립한 『자연의 체계Systema Naturae』를 쓴 인물로 가장 잘 알려져 있다. 그런데 그는 따개비에 혼란스러워한 듯하며, 그 책 초판에서 따개비를 "역설적인 동물들Animalia Paradoxa"이라는 항목에 넣었다. 드라코(드래곤)와 피닉스(불사조)의 중간이었다. 또 그는 선배들과 마찬가지로 따개비가 바닷가의 썩어가는 식물에서 기원한다고 생각한 듯하다.

그의 이런 오해는 오랜 전통의 산물이었다. 적어도 유럽에서는 과학자의 선조에 해당하는 이들이 수세기 전부터 따개비가 어떻게 생겨나는지를 놓고 당혹스러워했다. 1661년 새로 설립된 매우 존중받는 과학 단체인 왕립협회의 초대 회장은 가장 터무니없는 따개비의 기원 이야기를 제시했다. 초대 회장은 로버트 머레이Robert Moray였는데, 곰치moray eel와 무관하다는 점을 미리 말해둔다.* 그는 수준 높은 청중 앞에서 진지한 표정으로,

* 영단어 Moray eel은 어원상으로 그리스어에서 라틴어와 포르투갈어를 거친 끝에 영어로 들어왔다.

어느 배에 붙어 있던 따개비 껍데기 안에 "새 같은 생물"이 있었다고 하면서, 영국 제도에 사는 흰뺨기러기가 배에 달라붙은 이 기이한 생물로부터 변신하여 나온다는 주장을 담은 논문을 낭독했다. 그렇다, 그는 새가 따개비로 삶을 시작한다고 주장했다. 과학은 본질적으로 새 정보를 갖고 결론을 바꾸는 과정이다. 그 뒤로 충분히 조사를 했기에 이제 우리는 따개비가 새로 변신하지 않는다고 100퍼센트 확실하게 말할 수 있다. 질에 대해서도 그렇게 확실하게 말할 수 있는 수준까지 충분히 연구할 수 있기를.

머레이는 따개비가 아기 새로 변하는 사건이 영국의 어느 외딴 작은 섬에서 일어난다고 주장했다. 이 개념은 깃털 달린 듯한 만각(따개비의 8개의 다리)을 보고서 솜털이 난 새와 비슷하다는 인상을 받아서 나온 것일 수 있다. 비록 이 복슬복슬한 깃털 더미 안에서 때로 길게 뻗어 나오곤 하는 음경이 이 시나리오에서 어떤 역할을 맡을지가 불분명하긴 하지만.

아마 독자는 찰스 다윈(1809~1882)의 이름을 들어보았을 것이고 연구자들이 그의 "기념비적 업적"(Hoch et al. 2016)이라고 말하는 것이 무엇인지도 말할 수 있을 것이다. 대단히 찬사를 받는 걸작인 『종의 기원On the Origin of Species』*을 떠올린다면, 틀렸다. 그 "기념비적 업적"은 따개비 분류에 관한 그의 대성공을 거둔 베스트셀러†를 가리킨다. 그는 7년이 넘게 연구한 끝에 그 저서를 썼다. 다윈은 4권으로 된 종속지라는 논문 형태로 그 연구 결과를 출판했다. 독자를 붙잡기 위해 그렇게 했을 가능성도 있다. 한 권을 다 읽는 것만 해도 벅찼을 것이 틀림없었을 테니까. 종합하자면, 자연사학자는 따개비에 미친 이들이다.‡

---

* 더 정확한 책 제목은 『자연선택을 통한 종의 기원, 또는 생존경쟁에서 선호되는 종족의 보존에 관하여On the Origin of Species by Means of Natural Selection, or the Preservation of Favoured Races in the Struggle for Life』다. 빅토리아시대 사람들은 제목을 길게 썼다.

† 사실 그렇게 많이 팔리진 않았다.

‡ 그리고 공평하게 말하자면, 대중은 자연사학자에 미친 이들이었다. 앨프리드 러셀 월리스도 다윈처럼 자연선택이 진화의 메커니즘이라고 제안했지만, 월리스는 19세기 당시에 자신의

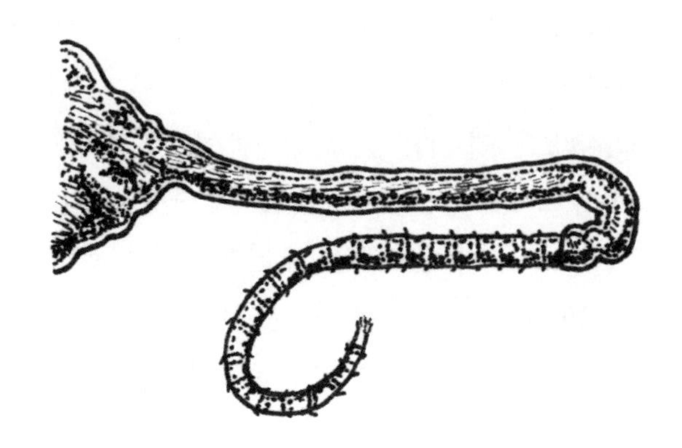

그림 3.3 따개비 음경. 다윈(1851)의 자료를 토대로 W. G. 쿤즈가 그림.

따개비와 새가 관련 있다는 기발한 추측을 제외하고, 이 기이한 갑각류는 또 다른 면에서도 관심을 끌었는데 바로 생식기였다. 6장에서 살펴보겠지만 다윈은 따개비의 교미와 관련된 모든 것에 거의 병적일 만치 흥미를 보였다. 여기서는 따개비의 도입체가 고리들을 촘촘하게 늘어세운 긴 원통—막으로 감싼 정자 전달용 슬링키Slinky 같은—모양이라는 말만 하고 넘어가기로 하자. 이 기관에는 **센털**(강모)이라는 뻣뻣한 털들이 나 있다. 따개비는 이 털들을 쫙 펼쳐서 주변에 있는 화학물질을 감지할 수 있다. 그런 화학물질로 짝이 주위에 있는지도 알 수 있다.

그러나 번식은 암수한몸인 따개비의 '암컷 기능'이 작동하기 전까지는 시작될 수가 없다. 이 기능은 '암컷' 화학물질 신호를 이웃들에게 보냄으로

(진정한) 베스트셀러로 더 잘 알려져 있었다. 『말레이 군도The Malay Archipelago』였다. 말레이시아 지역을 탐사하면서 겪은 모험담을 담은 그 책은 1869년에 나온 이래로, 지금까지 계속 인쇄되고 있다. 월리스는 생물지리학의 창시자로 널리 인정받고 있으며, 딱정벌레가 따개비보다 훨씬 더 흥미롭다고 보았다.

써 그들의 '수컷 기능'을 활성화한다. 그러면 그들은 자신의 만각 사이로 긴 음경을 뻗어서 자기를 화학적으로 꾀는 '암컷'이 주변에 있는지 감지한다. 음경으로 자신을 환영할 외투강을 찾아내면 그 안으로 도입체를 집어넣고서 정액을 좀 뿜는다. 그런 뒤 괜찮다는 것이 드러나면 몇 차례 더 뿜는다.* 한 따개비 쌍은 이 일을 아주 많이 할 수도 있다. 받는 개체의 만각이 온통 정액으로 끈적끈적 뒤덮이곤 한다.

이 장의 앞부분에서 우리는 계절에 따라서 변하거나 퇴화할 수 있는 다양한 신체 부위와 기관으로 이루어진 도입체들이 있다고 말한 바 있다. 따개비는 그 융통성을 취해서 한 단계 더 높인다. 종에 따라서 음경은 번식기에 자랐다가 그 뒤에 떨어져나갈 수도 있다. 파도가 심하다면 따개비 음경은 근육과 주변 조직이 튼튼해지면서 더 굵어질 수 있고, 음경 슬링키에 고리가 더 많아지면서 길이도 늘어날 수 있다(Hoch et al. 2016).

따개비의 음경은 '교미 때 상대의 생식기에 삽입하여 배우자를 전달하는 무엇'이라는 기준을 분명히 충족시킨다. 적어도 음경이 온전히 있는 계절에는 그렇다. 우리에게 가장 친숙한 음경 형태와 달라서 알아보지 못할 수도 있다. 가느다란 센털과 곁가지가 달린 따개비 음경은 어딘가 노래기를 생각나게 하지만 그래도 음경의 모든 기준을 충족시킨다. 그래서 명백한 음경이라는 이 절에 집어넣었으며, 그 기본적인 정의를 넘어서서 훨씬 더 많은 기능을 지닌 호혜적인 생식기이기도 하다.

음경 만들기

따개비 음경을 인간의 음경과 비교하는 것은 『보그』 광고를 시어스 카탈로그에 실린 사진과 비교하는 것이나 다름없다. 둘 다 옷 광고이기는 하지만,

* 딱히 이 주제에 들어맞은 내용은 아니지만 생각난 김에 덧붙이자면, 따개비는 진정한 심장도 지니고 있지 않다.

『보그』가 훨씬 더 첨단 유행하는 옷을 보여준다. 척추동물도 분명히 몇 가지 흥미로운 음경 특징들을 지닐 수 있기는 하지만, 인간의 음경은 그렇지 않다. 동물계에는 이빨, 못, 긁개, 칼, 바늘, 심지어 부속지와 비슷한 것들로 장식된 음경들이 있지만, 유양막류의 음경은 대개 그런 것들과 거리가 멀다. 그렇다고 해서 주목할 가치가 없다는 의미는 아니다. 나는 유양막류의 음경에 주목한 경험이 있는 독자가 많을 것이라고 확신한다.

몇 가지 예외가 있긴 하지만, 우리의 실용적인 정의(주목할 만한가 여부에 관심이 쏠린 독자가 있을까봐 다시 상기시키자면 '교미 때 상대의 생식기에 삽입하여 배우자를 전달하는 무엇')를 충족시키는 유양막류의 음경들은 몇 가지 공통점을 지니며 대체로 기원도 같다. 모두 기본적으로 하는 일이 두 가지다. 어느 정도 이미 단단하거나 상황에 따라 단단해지며, 통로를 통해서 짝짓기 상대에게 정액을 전달하는 것이다. 그렇다고 해서 그 외의 일까지 더 할 수 없다는 의미는 아니다. 그 이야기는 다음 장에서 하기로 하자. 그 두 가지는 최소 조건일 뿐이다. 따개비의 음경처럼 많은 음경은 다른 기능까지 수행한다는 점에서 더 뛰어나다.

포유류에서 위의 기준을 충족시키는 기관들은 두 가지 방법 중 하나를 써서 발기시킬 수 있다(Gredler 2016). 피를 더 몰리게 하여 뻣뻣하게 만들거나 늘 뻣뻣한 결합조직을 순간적으로 작동시킨다. 말, 식육류(곰이나 개), 인간은 모두 혈류량을 늘리는 방식을 쓴다. 사실 비아그라는 그 작용을 이용한다. 음경의 혈관을 느슨하게 만들어 피가 더 많이 모일 수 있게 함으로써 사실상 발기가 지속되도록 한다. 이 중에는 필요할 때 동원할 수 있는 음경뼈를 지닌 종도 있다. 이들은 그 뼈를 가지고 음경을 쉽게 발기시킨다.

뼈가 없지만 다른 종류의 단단한 결합조직으로 이루어지는 음경은 뻣뻣한 상태를 영구적으로 유지하려는 경향이 있다(Brennan 2016a). 다만 평소에는 근육을 써서 그렇지 못 하도록 막으며, 이 근육이 이완되면 음경은 본래의 뻣뻣한 상태가 된다. 이런 음경은 때로 S자 모양으로 휘어져 있다. '음경수축근retractor penis muscle(음경후인근)'이라는 근육이 안쪽에서 잡아당기고 있어서 그렇다. 성적으로 흥분하면 이 근육이 이완되면서 음경은 교미할 준비가 된다. 이런 유형의 음경은 많은 발굽동물(소, 양, 돼지)과 악어 및 거북에게서 보인다. 아니, 적어도 때때로 볼 수 있다.

많은 음경에는 끝에 **귀두**glan(고전 라틴어로는 '도토리', 근대 라틴어로는 '총알'을 뜻한다. 정말로 전혀 다른 방향을 가리킨다)라는 부위가 붙어 있다. 이 귀두는 흥분하면 거의 터지기 직전까지 피가 몰리면서 부풀어오른다. 단단한 섬유질 음경을 지닌 동물에게서는 이 팽창이 일어날 때 이 기관이 아주 갑작스럽게 출현할 수 있다. 적어도 인간의 눈에는 그렇게 보인다. 동물(이를테면 악어)은 자기 음경을 언제 팽창시킬지 말해주지 않으니까.

팔다리와 음경의 연결고리

새 구조를 빚어낼 때 적용되는 한 가지 공통된 주제는 자연이 이미 주어진 것만 갖고서 일을 할 수 있다는 점이다. 유양막류 음경에서는 팔다리를 만드는 체제를 전용하여 남근을 만든다는 의미가 될 수 있다(바로 여기가 '세 번째 다리'라는 농담이 끼어드는 곳이다). 아마 뜻밖일지 모르겠지만 생식기와 팔다리는 유전적으로 공통점이 많다. 예를 들어 양쪽 다 소닉헤지호그Sonic hedgehog*라는 유전자와, 몸의 패턴을 형성하는 혹스Hox라는 유전자 집합이 관여한다(Lonfat et al. 2014). 또 유전정보를 지니지 않지만 아주 중요한 역할을 하는 DNA 서열들도 공통으로 관여한다.

DNA 서열에는 암호 영역(이 부분을 읽어서 세포는 단백질을 만드는 명령문을 얻는다)도 있지만, 단백질 암호를 지니지 않는 비암호 영역이 훨씬 더 많다. 이 비암호 영역(우리 DNA의 약 98.5퍼센트를 차지하는)은 세포가 유전체의

* 맞다. 그 캐릭터의 이름을 땄다. 비디오게임과 주인공 캐릭터의 모습이 세계적으로 알려지기 전에 붙여졌다. 이 이름을 못마땅해 하는 이들도 있고 좋아하는 이들도 있다.

암호 영역을 사용하는 방식을 조절하는 데 관여할 수도 있다. 이 조절 서열 중 한 부류는 증폭자enhancer다. 이름이 시사하듯이 증폭자는 자신이 조절하는 암호 영역의 이용도를 증폭한다. 그리고 증폭자가 반드시 필요한 경우도 있다.

HLEB라는 증폭자(DNA 서열의 이름은 기억하기 어려운 것들도 많으며 이 이름은 '뒷다리 증폭자hind limb enhancer B'를 뜻한다)는 팔다리 발달에 핵심적인 역할을 한다. 이 증폭자는 단백질을 만드는 명령문을 지니지 않지만, 세포가 그런 명령문을 지닌 Tbx4라는 유전자를 쓸 수 있도록 한다. 그렇게 해서 만들어진 Tbx4 단백질은 유양막류의 뒷다리가 발달할 무대를 마련한다. 다시 말해 독자는 다리를 만들어준 Tbx4에게 감사해야 할 것이다. 그리고 아마 HLEB에게도 감사해야 할 듯하다. 그것이 없다면 중요한 단계에 Tbx4 유전자가 쓰이지 못할 테니까.

연구자들은 생쥐 배아에서 HLEB를 없앰으로써 그것이 중요한 역할을 한다는 사실을 밝혀냈다(Infante et al. 2015). HLEB를 제거하니 뒷다리의 발달이 상당히 억제될 뿐 아니라 생식기 발달도 제대로 이루어지지 않았다. 후속 연구들을 통해, 도마뱀과 생쥐의 배아에서 다리와 생식기가 발달할 때 HLEB가 강한 활성을 띤다는 것과 생쥐의 HLEB를 제거하고 도마뱀의 HLEB를 대신 집어넣었을 때에도 뒷다리와 생식기결절이 발달한다는 것이 드러났다.

독자는 도마뱀과 달리 뱀은 뒷다리가 없다는 사실을 알고 있을 것이다. 그러나 뱀의 조상에게는 뒷다리가 있었다. 그리고 뱀은 생식기를 지닌다. 중요한 순간에 총배설강에서 때로 무시무시해 보이는 반음경이 한 쌍 튀어나온다. 또 뱀은 뒷다리를 만드는 일에 관여하는 증폭자와 유전자도 아직 지니고 있다. 그렇다면 이런 질문이 나올 것이다. 해당 동물이 다리를 안 만든 지 수백만 년이 지난 뒤로도 다리를 만드는 DNA 서열을 아직 지니고 있는 이유가 무엇일까?

투아타라와 음경을 지닌 그 배아처럼, 비단뱀 같은 일부 '기저' 뱀들은 발생 초기에는 다리를 만들기 시작한다. 배아 때 팔다리의 싹이 생기지만 그 상태에서 더 발달하지 않는다. 코브라(독이 있는)와 옥수수뱀(독이 없는) 같은 덜 원시적인 뱀들은 애초에 팔다리싹도 생기지 않는다. 그러나 둘 다 HLEB 서열을 지니며 반음경이 발달할 부위에서 Tbx4가 많이 만들어진다.

생쥐의 HLEB를 제거하고 뱀의(이 사례에서는 킹코브라나 볼비단구렁이의) HLEB를 대신 집어넣으면 생쥐 배아는 뒷다리를 만들지 않는다. 대신에 생뱀이든 뱀쥐든 뭐라고 부르든 간에 몸 뒷부분이 뱀처럼 생긴 생쥐가 발달한다. 뱀의 HLEB는 뒷다리의 발달을 촉발하지 않을 만큼 변형되어 있다. 뱀이 다리가 없는 이유가 그것으로 설명된다. 그러나 뱀의 HLEB를 지닌 뱀과 생쥐는 여전히 생식기결절을 만든다. 따라서 이 모든 동물 집단에서 증폭자는 여전히 음경을 만든다.

이는 자연이 DNA에서 단 두 군데만 손댐으로써 다리를 만들거나 만들지 않는 쪽을 선택할 수 있었고, 다리 없음이 뱀에게 어떤 이점을 제공했음을 강하게 시사한다. 그러나 생식기결절의 발달을 중단시켰을 수도 있었을 그 서열을 어떻게 손보았든 간에 생식기 발달에는 지장이 없었다. 자연은 이 동물들에게서 계속 도입체를 만들고 있다. 적어도 다리 형성 기구의 일부를 사용해서다.

여기서 반복해서 나타나는 주제 중 하나는 이런 변화가 때로 대단히 빨리 일어날 수 있다는 것이다. 예를 들어 HLEB를 아예 없앤 생쥐는 골반 구조가 바뀌었으며 음경뼈가 더 작아지고 가늘어졌다. 유전자도 아닌 DNA의 한 영역을 상실하는 것만으로 단 한 세대 사이에 생쥐의 해부구조가 달라진 것이다. 그 정도 충격으로도 부족하다는 양, HLEB를 없애자 생쥐 암컷 중 50퍼센트에게서 질 구멍이 두 개가 생겼다. 질이 두 개여도 괜찮을까 하는 생각이 들 수도 있겠지만, 그 형질이 널리 퍼져서 그런 암컷이 어떤 식으로든 유리해진다면—아마도 덜 섹시한 교미 상대를 속임으로써—자연은 선택을 할 것이고 그 환경에서 더 성공한 형질을 고를 수 있을 것이다. 질 입구가 하나인 쪽? 아니면 두 개인 쪽? 주머니쥐를 비롯한 유대류에서처럼 자연이 질 입구가 두 개인 쪽을 택한 사례도 있다. 일부 유대류는 새끼가 어미 뱃속에서 나올 무렵에 세 번째 입구도 생기곤 한다.

그 뼈

독자가 지닌 음경이 포유동물의 것이라는 명확한 표지는 뼈가 들어 있느냐 여부다. 혹시나 걱정할 독자가 있을까봐 미리 말해두는데, 포유동물 음경에 뼈가 반드시 있어야 하는 것은 아니다. 그저 다른 동물들과 비교할 때 거의 오로지 포유동물의 음경에만 음경뼈가 들어 있다는 뜻이다(여기서 생물학의 일반 법칙을 다시 떠올리자: 언제나 예외가 있다). 사실 평소에는 매우 진지한 영장류 전문가 앨런 딕슨이 좀 경박하게, 음경뼈가 있는 포유동물의 목들을 외우기 좋게 제시한 암기법이 있다. 덧붙이자면 우리가 영장류에 관해 알고 있는 지식의 많은 부분은 그의 연구에서 나왔다. 그 목들은 영장목Primate(침팬지 등), 설치목Rodentia(쥐 등), 식충목Insectivora(땃쥐 등), 식육목Carnivora(곰 등), 박쥐목Chiroptera(비행하는 박쥐들)이다. 눈치가 빠른 독자라면 알겠지만, 이 영단어 목록의 첫 글자를 모으면 '프릭PRICC'이라고 발음된다(Cormier and Jones 2015). 이 암기용 단어에는 토끼목Lagomorph(토끼, 우는토끼 등)이 빠져 있는데, 이들 중에도 음경뼈를 지닌 종류들이 있다. 토끼목까지 덧붙이면 암기용 단어는 '프리클PRICCL'이 되지 않을까? 이제 친구를 만나서 써먹을 준비가 된 셈이다('프릭prick'은 속어로 음경을 뜻하며 '프리클prickle'은 선인장 따위에 있는 작은 가시를 말한다—옮긴이).

내가 볼 때 음경뼈는 뼈 중에서 터무니없이 많은 주목을 받는 듯하다. 사람들은 음경뼈를 온갖 도구로 써왔고 지금도 상업적 가치가 있다. 귀걸이 같은 장신구로 팔린다. 아마 지금까지 알려진 음경뼈 중 가장 비싼 것은 가장 큰 음경뼈 화석이라고 여겨지는, 고대에 살던 시베리아 바다코끼리의 것이다. 이 표본은 현재 샌프란시스코에 있는 리플리의 믿거나 말거나 Ripley's Believe It or Not! 박물관에 전시되어 있다. 박물관은 이 전시물을 2007년에 8000달러를 주고 구입했다.

이런 포유동물 목들에서 음경뼈가 어떻게 쓰이는지, 그것이 계속 존재하도록 하는 근본적인(아니면 짓누르는?) 압력이 무엇인지를 놓고 다양한 추측이 나와 있다. 연구자들은 압력을 가하면서 그 뼈가 얼마나 튼튼한지,* 얼마나 휘어지는지, 누가 지니는지, 누가 잃었는지, 누가 잃었다가 다시 얻었는지, 암컷의 생식관 안으로 얼마나 깊이 들어가는지, 크기나 굵기나 혹시 말하는 능력(아니, 실제로는 말을 못하지만 이런 능력도 있을까 해서 조사했다)이 소유자의 교미와 번식 성공에 얼마나 영향을 미치는지 등등을 조사해왔다. 그들은 음경뼈가 얼마나 많이 새로 진화했는지, 그 이유는 무엇인지를 놓고 의견이 갈린다. 다시 말해 음경뼈는 뼈를 지닌 동물의 역사에서 가장 수수께끼 같은 뼈 중 하나다.

음경뼈는 밋밋한 긴 뼈, 굵개, 노루발장도리, 도끼, 삼지창, 심지어 손가락을 굽힌 손 등 다양한 모습으로 보일 수 있다. 이런 형태의 다양성은 어떤 아주 특수한 압력을 받아서 강한 선택이 일어났음을 시사한다.

그러나 실제로 음경뼈와 그 다양성을 보여주는 모든 사례에서 증거는 혼란스럽다. 도입체 길이(Dixson 2013; Larivière and Ferguson 2002)? 혼란스럽다. 교미 방식에 따른 특징 차이(Fitzpatrick et al. 2012; Larivière and Ferguson 2002)? 혼란스럽다. 짝짓기 체계의 유형(Ramm 2007; Hosken 2001; 예를 들어 한 수컷이 짝짓기를 하는 암컷의 수)? 혼란스럽다. 수

---

* 음경뼈 연구자인 맨체스터 메트로폴리탄 대학교의 캐롤라인 베트리지Caroline Bettridge는 어느 날 저녁 3D 인쇄한 음경뼈 모형들이 든 가방을 술집에 그냥 두고 올 뻔했다고 트윗을 올렸다. 우연히 가방을 열어본 손님이 어떤 반응을 보였을지 상상이 간다. 플라스틱 파란 딜도에 비해 음경 3D 인쇄물은 꽤 괜찮은 양 들린다.

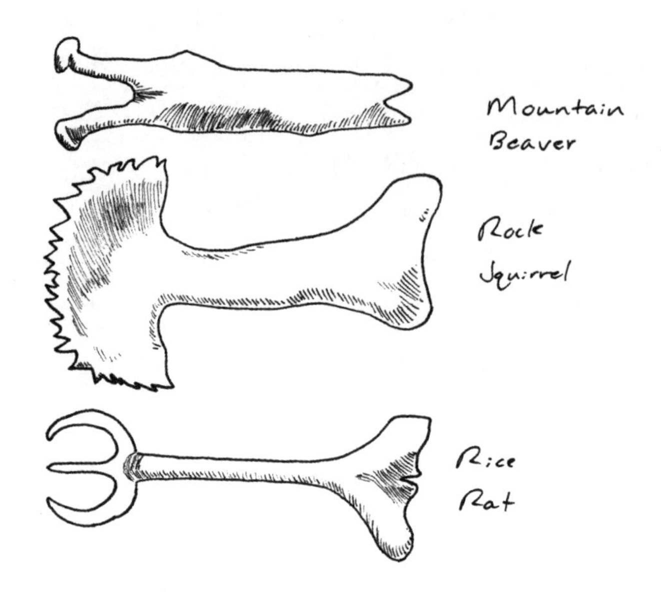

그림 3.4 음경뼈의 사례. 스토클리(Stockley 2012)의 자료를 토대로 W. G. 쿤즈가 그림.

컷의 몸집(Miller et al. 1999; Miller and Burton 2001; Tasikas et al. 2009; Lüpold et al. 2004; Ramm 2010; Schulte-Hostedde et al. 2011)? 혼란스럽다.

그러니 현재 "음경뼈가 대체로 수수께끼로 남아 있다"고 연구자들이 말한다고 해도 놀랄 필요는 없다.

포유류만 음경뼈를 가진다는 규칙에는 당연히 예외 사례들도 있다. 도마뱀붙이와 코모도왕도마뱀은 포유동물이 아니지만 음경뼈를 지닌다(Gredler 2016). 왕도마뱀의 일종인 코모도왕도마뱀Komodo dragon은 도마뱀이기에 반음경을 지니며, 따라서 음경뼈가 하나가 아니라 두 개 있다. 그렇다, 왕도마뱀은 음경뼈가 두 개인 동물이다. 드래곤이라고 불리기에 부족함이 없다.

잃어버린 고리

이 책에서 몇 차례 더 나올 테지만, 작은 변화도 상당한 변형을 일으킬 수 있다. 음경 가시를 예로 들어보자. 독자가 인간이라면 음경 가시를 지닐 수 없다. 사람은 음경에 가시가 없으니까. 음경 가시가 있는 동물에게서는 가시의 크기가 다양하다. 닭살(우리가 음경과 관련짓고 싶지 않은 것)처럼 보이는 오돌토돌한 형태이기도 하고, 음경이 암컷의 몸속으로 들어가도록 돕고 어느 정도 긍정적인 피드백을 아마 암수 양쪽에 다 제공한다고 여겨진다. 더 큰 혹은 일종의 닻 역할을 하면서(Dixson 2013) 교미가 성공할 수 있게끔 도입체가 더 오래 머물도록 도울지도 모른다.

사람의 음경에는 이런 것들이 없다. 예전에는 사람의 음경에 이따금 나는 혹인 진주양음경구진penile pearly papule이 이런 가시의 진화적 흔적일 수도 있다는 소문이 돌기도 했다(Badri and Ramsey 2019). 그렇지 않다. 이 구진은 꽤 흔하다. 음경들 중에서는 18퍼센트까지 나타나며 여성의 생식기에서도 나타난다. 일부에서는 생식기 사마귀로 오해하기도 하지만, 사마귀는 아니며 나이를 먹으면서 사라지는 경향이 있다.

진정한 가시는 독자도 확실하게 알아볼 수 있을 것이다. 현생 동물 중 우리의 가장 가까운 친척인 침팬지속의 동물들이 가시를 지니니까 눈으로 직접 확인해보길. 고릴라, 오랑우탄, 긴팔원숭이, 붉은털원숭이, 마모셋, 갈라고에게도 있다. 다시 말해 우리는 별난 예외 사례다. 대체 어떤 일이 일어난 것일까?

이는 하나의 DNA 변화가 어떻게 큰 차이를 만들 수 있는지를 보여주는 또 하나의 이야기다(그리고 이런 사례는 더 많을 것이다). 침팬지와 인간의 DNA 서열을 비교하는 연구자들은 인간에게는 없고 침팬지에게만 있는 서열을 510군데 찾아냈다(McLean et al. 2011). 이 건초 더미 중에는 어느 특정한 유전자를 조절하는 비암호 영역에 속한 것이 있다. 이 영역에는 침팬지의 한 증폭자가 들어 있는데, 다른 영역들과 상호작용하여 한 유전자의 서열을 이용할 수 있게 만드는 DNA 부위다(이것이 뱀이 간직한 것과 동일한 종류의 DNA 서열임을 짐작할 독자도 있을 것이다. 즉 다리와 음경을 만드는 유전자를 증폭시키는 서열 말이다).

이 증폭자는 X 염색체에 있는 어느 유전자를 이용할 수 있게 해주며, 이 유전자는 한 호르몬 수용체를 만든다. 이 안드로겐androgen 수용체는 턱수염이나 근육질 몸처럼 우리가 '남성성', 즉 '사내다운' 형질과 연관짓는 호르몬을 인식한다. 비록 둘 다 남성이 되는 데 반드시 따라붙지는 않으며 그런 형질이 나타나는 것은 평균적인 효과일 뿐이다. 또 이 호르몬—주로 테스토스테론과 그 호르몬의 사촌들—은 얼굴의 콧수염과(그리고 고양이와 생쥐의 감각기관인 수염과) 음경 가시의 발달도 촉진한다. 사실 대개 그런 가시가 자란 영장류를 거세하면 안드로겐 생산량이 줄어들면서 가시가 사라지며, 안드로겐 수용체가 없는 생쥐는 아예 가시가 생기지 않는다.

온전한 증폭자가 배아 발생의 특정 시기에 활성을 띠면 동물은 수염이 자라며 종에 따라서는 가시도 자란다. 우리는 그 증폭자를 지니지 않으므로 감각기관인 수염도 가시도 지니지 않는다. 이 연구를 수행한 연구진은 "단순화한 음경 가시 형태학"(Dixson 2013)의 이 가장 극단적인 경우(즉 가시가 전혀 없는 형태)가 영장류의 일부일처 번식 전술과 연관을 보이는 경향이 있다고 덧붙였다. 즉 일반적으로 한 시기에 한 상대와만 짝짓기를 하기에(McLean et al. 2011) 정자 경쟁 같은 적대적인 양상이 벌어지지 않는 것과 관계가 있다고 본다.

우리의 진화 역사에서 음경 가시 상실이 얼마나 오래 전에 일어났을까? 우리가 구할 수 있는 유일한 인간 친척의 DNA, 즉 호모 네안데르탈렌시스와 또 한 초기 인류 종인 데니소바인에게서 얻은 DNA의 서열에 비추어볼 때, 그들도 가시가 없었다. 우리의 이 두 사촌이 우리와—그리고 우리도 그들과 아마 꽤 많이—짝짓기를 했다는 증거가 꽤 탄탄하다는 점을 생각하면

(Gibbons 2019), 그 편이 이치에 맞는다.

따라서 여기서 잠시 짬을 내어 우리의 DNA가 옆집 영장류의 것과 얼마나 비슷하고 다른지를 이야기할 필요가 있다. 그 내용은 우리가 진화적 공통조상으로부터 갈라진 이래로 시간이 흐르면서 어떤 변화가 일어났는지를 알아보는 데 유용하다. 그러나 그것은 우리가 침팬지나 보노보처럼 행동할 때의 변명거리가, 아니 우리가 어떻게 행동해야 한다고 합리화하는 근거가 될 수 없다.

4
다양한 용도

프랑스의 자연사학자이자 의사인 레옹 장 마리 뒤푸르(1780~1865)는 유명한 말을 남겼다. "교미 장갑armor은 하나의 기관, 아니 더 좋게 보면 창의적으로 복잡해진 장치다."* 그리고 앞장에서 설명했듯이, 정액을 운반하고 상대의 몸속에 넣을 수 있는 관보다 더 복잡한 무언가가 동물에게 필요하다고 생각할 뚜렷한 이유는 전혀 없다. 그런데 놀랍게도 음경은 그보다 훨씬 더 많은 일을 한다. 물론 우리 음경은 그렇지 않다. 우리 음경은 대체로 상대에게 정액을 보내는 관이다. 그러나 우리 음경은 달아오르는 기분과 흥분시키는 시각 신호가 있을 때 그렇게 하므로, 그 점에서는 대다수의 음경보다 더 흥미롭다. 그러나 흥미롭지만 밋밋한 관 모양인 인간의 음경 이야기는 그쯤하고서, 이 장에서는 자연이 다른 종들에게서 빚어낸 스위스 군용 칼 같은 도입체들을 살펴보기로 하자.

* 처음 듣는 말일 수도 있지만, 어쨌든 몇몇 분야에서는 유명하다.

다용도 도구

앞장에서 알아보았듯이 자연은 때로 이런저런 신체 부위를 갖다가 다듬어서 도입체로 빚어내곤 한다. 그런 도입체는 여러 다양한 역할을 수행할 수 있다. 대다수 동물에게서 음경은 정자를 전달하는 수단으로 쓰이는 것 말고

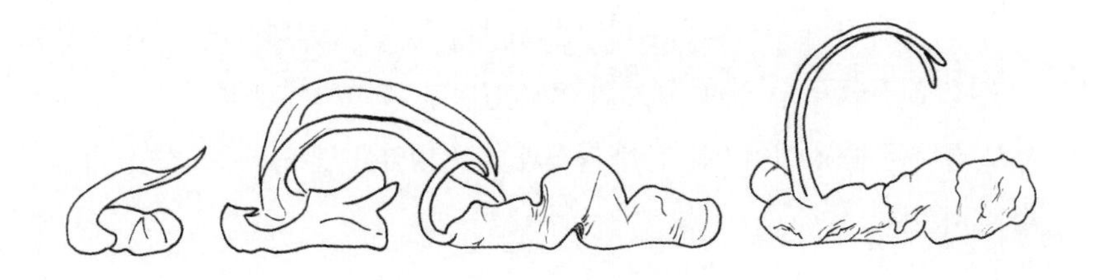

그림 4.1 정자 제거에 알맞은 모양을 갖춘 실잠자리의 입술혀. 에버하드(1985)의 자료를 토대로 W. G. 쿤즈가 그림.

도 훨씬 많은 일을 한다. 동물이 진화하는 동안 도입체는 몸에서 다목적 도구로 발달해왔다. 음경이 배우자를 전달할 수 있다는 것은 분명하다. 그러나 음경은 짝을 심사하고 꾈 수도 있다. 경쟁자, 짝, 심지어 경쟁하는 정자를 무력화하거나 죽일 수 있다. 폭발물, 칼, 공성 망치도 될 수 있다. 마치 전투용인 양 들리며, 교미 상대가 반드시 목표에 동의하지 않을 수도 있고 교미 과정에 동일하게 자원을 쏟아붓지도 않는다는 의미에서 그렇다.

실잠자리와 잠자리 종들은 아마 남의 정자를 제거하는 도입체를 지닌 동물 중에서 가장 유명한 축에 들 것이다. 그들의 입술혀ligula(도입체를 가리키는 또다른 명칭인데, 문헌들에서 일관성 없이 쓰이는 편이다)는 종에 따라서 끝에 서로 다른 모양의 갈고리들이 붙어 있을 수 있다(Cordero-Rivera 2016a). 이 갈고리들은 모두 앞서 교미한 구애자의 정자를 제거하는 데 쓰이는 듯하다. 사실 1979년 브라운 대학교의 조너선 와지가 처음 보고한 이 행동은 교미 때 생식기에서 어떤 일이 일어날 수 있는지를 이해하는 데 '선구적인seminal'* 기여를 했다. 이 전술을 쓰는 것이 이 동물들만은 아니다. 이 전술은 널리 퍼진 듯하며(허나 분명히 말하지만, 우리 인간은 쓰지 않는다),

* 연구자들이 의도치 않게 쓰는 역설적인 단어(정액이라는 뜻도 있다—옮긴이).

적어도 집게벌레, 귀뚜라미, 딱정벌레, 갑각류, 두족류에서 발견되어왔다.

그러나 인간의 음경도 포함하여 도입체와 그것의 중요한 부속기관은 감각 신호도 전달할 수 있다. 현재의 교미 상대나 그 후보에게 보냄으로써 몇 초로 끝나든 평생 이어지든 간에 자신과 굳은 맹약을 맺도록 유도하는 내밀한 메시지다.

따끔한 바늘: 작은 고추가 맵다

앞에서 피부밑주사 바늘로 쓰이는 도입체를 언급한 바 있다. 그러나 동물 도입체들의 다양한 피부밑 주입을 온전히 다 보여주지 못했다는 생각이 든다. 내 말은 동물들이 피부밑주사 도입체를 써서 동물에게 주사를 놓는 부위가 어디어디인지를 말하지 않았다는 뜻이다.

가장 흔한 사례를 보면 일부 거미류는 더듬이다리*의 피부밑주사 바늘 같은 부위를 암컷의 생식기관에 삽입한다. 그런데 그보다 더 기이한 사례들이 있다. 가장 창의적인 모습은 갯민숭달팽이가 보여주는 듯하다(Lange et al. 2014). 그들 중 일부는 실력이 떨어지는 펜싱선수처럼 발, '내장낭'이라는 구조, 심지어 이마까지 포함하여 아무데나 그냥 찌른다. 가재 암컷은 부속지 중 선호하는 부위가 있으며, 일부 암수한몸 편형동물은 주위에서 짝을 전혀 찾지 못하면 피부밑주사 도입체로 자기 몸을 찌른다(Ramm et al. 2015). 상상할 수 있겠지만, 길고 아주 뾰족한 무언가는 자가수정에 매우 유용하게 쓰일 수 있다.

그렇게 아무데나 찌르면 정자가 생식관이 아니라 가슴부 안에서 길을 찾느라 헤매다가 시들어갈 것이라고 생각할지도 모르겠다. 하지만 곤충학자 윌리엄 에버하드는 암컷의 몸통공간이 "정자에 놀라울 만치 온화한 환

* 거미는 이 다리를 도입체 또는 수입체로 쓴다는 점을 떠올리자.

경"이라고 말한다. 사실 곤충뿐 아니라 돼지, 소, 닭, 기니피그도 마찬가지일지 모른다. 정액을 몸통공간에 넣어도 수정률이 본래 넣는 곳에 넣음으로써 얻는 것만큼 된다.

피부밑주사 방식의 정자 주입을 접했으니, 도입체를 무기로 쓴다는 말도 이제 별 거부감 없이 받아들일 수 있을 것이다. 내가 상상의 날개를 펴서 하는 말이 아니다. 도입체, 특히 곤충들에게 있는 놀랍도록 호전적인 형태의 도입체를 연구하는 이들은 이런 갈고리, 침, 이빨, 창촉, 철퇴 등 사람의 음경과 닮은 구석이 전혀 없는 무기 같은 장비를 묘사할 때 "생식기 갑주genital armature"라는 말을 쓴다. 구글 스칼러에서 그 문구로 검색하면 1만 5000가지의 결과가 나온다. 19세기 중반에 발표된 문헌도 있다.

칼, 수류탄, 공성 망치

2019년 현재, 전 세계에서 살아 있는 양쯔강대왕자라Yangtze giant softshell turtle(*Rafetus swinhoei*)는 세 마리뿐이다. 두 마리는 베트남 북부의 야생에서 발견되었고 한 마리는 동물원에 살고 있다. 그 전까지는 암컷도 한 마리 있었는데 인공수정을 위해 마취되었다가 죽었다. 베트남의 옛 이야기에 따르면 이 자라는 거대한 칼의 수호자다. 현실에서 보면 동물원에서 살아남은 자라는 음경이 손상된 모습을 보인다. 다른 자라와 싸우는 데 썼기 때문이다.

자라는 어떤 위험에 처하든 간에, 싸울 때 그냥 또 하나의 무기인 양 음경을 기꺼이 꺼내어(사람이 본받을 삶의 교훈이 아니다) 좀 격렬하게 휘두르면서 다툴 것이다(Crane 2018). 동물원 자라와 대결한 상대방 수컷은 죽었고, 손상된 음경을 지닌 생존자는 100세가 넘었으며, '질 낮은 정액'을 지닌다. 야생이나 동물원에서 암컷이 전혀 발견되지 않았기에, 불행히도 정액의 질이 좋으냐 나쁘냐는 따질 필요가 없지만.

자라들은 둘 다 비슷하게 무장을 하고서 싸움을 벌였다. 오징어인 롤리고 파이히이*Loligo paehii*(적어도 1911년에 기재될 당시에는 이 이름이었다)는 다르다. 이 오징어는 수류탄처럼 폭발하는 정포를 지녔다. 수컷은 마음에 든 암컷의 입 가까이에 정포를 갖다 대고 폭발시킴으로써 효과를 최대화한다. 암컷은 마주 던질 수류탄이 없다.

수류탄이 '터질' 때 정자는 암컷에게 달라붙고 이윽고 특수한 저장소로 모인다(Eberhard 1985). 암컷이 알을 낳을 때면 알은 저장소에 있는 이 탄착 물질을 통과하면서 수정된다. 암컷이 막 알을 낳으려 해서 상황이 급박하다면 수컷은 폭발물을 암컷의 외투강(외투는 두족류의 '망토'에 해당하는 부위다) 안으로 더 깊숙이 넣어 폭발시킨다. 폭발하는 정포를 지닌 동물은 이 오징어만이 아니다. 홍딱지바수염반날개rove beetle(*Aleochara curtula*)도 그런 정포를 지닌다(Gack and Peschke 1994). 암컷의 몸속 깊숙이 조심스럽게 집어넣으면 정포는 암컷의 작은 근육 수축만으로도 터질 수 있다.

막대기에 붙인 폭발하는 정자 덩어리를 이용할 수 없는 일부 종은 자신의 생식기를 공성 망치로 삼아서 암컷 생식계의 성소로 진입한다. 동아프리카뜀토끼East African springhare(*Pedetes surdaster*)라는 작은 설치류(맞다, 이름과 달리 토끼류가 아니라 설치류다)는 동아프리카에 산다(케냐, 탄자니아, 아마 우간다에도). 이 종은 가장 창의적인 중세 전투 무기에 맞먹을 만한 음경을 지닌다. 가시, 음경뼈, 끝에 팽창되는 막을 갖추고 있으며, 이 모든 장비를 공성 망치처럼 써서 암컷의 포궁목을 두드려 정자가 진입할 길을 연다. 말도 사정하는 순간에 엄청나게 팽창하는 귀두를 지닌다. 일부에서는 이 귀두가 포궁목을 여는 데 쓰인다고 추정한다.

침을 뱉고 성미가 급하다고 알려진 야마와 알파카(낙타류)는 암수가 다 쪼그려 앉아서 시끄럽게 짝짓기를 한다.* 수컷은 음경 끝에 단단한 타래송

---

* 그들이 내는 소음을 '오글링orgling'이라고 한다.

곳 모양의 구조가 달려 있으며 이 구조는 암컷의 포궁목을 넓히는 결합조직으로 이루어진다. 그렇게 열어젖힌 뒤에 음경이 포궁으로 들어가서 사정한다(그래, 나도 안다, 윽.) 이 동물은 분출한다기보다는 아주 짙은 정액을 소량 '떨구는' 식으로 사정을 한다. 그래서 사정액을 특별한 장소에 떨구는 구조가 필요한 것일 수 있다.

곤충도 빠질 리가 없다. 공성 망치 능력을 어느 정도 지닌다. 사실 곤충의 생식기는, 그런 능력을 지닌 동물들이 그렇듯, 상대와 접촉하는 모든 부위가 딱딱하고 단단하다. 암컷도 관문, 도개교, 울타리의 형태로 생식기에 '갑주'를 두를 수 있으며(Buens et al. 2015), 물론 종이 생존하려면 그 갑주를 뚫고서 밀어 넣을 수 있는 도입체를 지닌 수컷들이 선택되어야 한다. 수컷이 뒤섞인 신호를 보내는 사례도 있다. 이들은 상대의 생식기 장벽을 뚫는 한편으로 음경 주머니를 통해서 암컷의 입으로 '혼인 선물nuptial gift'도 제공한다(이 '선물'은 뒤에서 다시 다루기로 하자).

이제 팥바구미속(*Callosobruchus*; seed beetle 또는 bean weevil)을 정식으로 소개하고 싶다. 정식으로 소개하는 이유는 이 딱정벌레 집단이 책에서 자주 등장할 것이기 때문이다. 이들은 별 특징 없는 회갈색에 녹색이 섞인 좀 작은 동물로서, 설령 독자가 눈으로 본다고 해도 잘 알아차리기 어려운 특징들(주로 생식 구조와 습성)을 지닌 덕분에 10년 동안 연구자들의 주목을 받아왔다. 먼저 번식 습성을 이야기하자면, 이들이 '씨앗 딱정벌레seed beetle'(한글 분류 체계로는 콩바구미과에 속한다—옮긴이)로 불리는 이유는 암컷이 씨, 특히 콩 종류에 수정란을 낳기 때문이다. 애벌레는 주위에 널려 있는 먹이를 파먹으면서 자란 뒤, 성체가 되어서 속이 텅 빈 씨 밖으로 빠져나온다. 맞다, 나는 콩을 먹을지 말지 다시 생각하는 중이다.

같은 콩바구미의 일종인 밤바라땅콩바구미*Callosobruchus subinnotatus*는 털처럼 생겼지만 씨앗을 안에서부터 파먹는 데 쓰지 않는 구조를 지닌다. "수수께끼의 털 달린 생식기"라는 이 구조는 도입체의 끝에 붙어 있다. 암컷의 몸에 삽입되면 이 구조는 암컷의 교미관을 절개하거나 심지어 찢어버릴 수도 있다. 연구자들이 이 사실을 잘 아는 이유는 교미관 안에 아주 작은 V자 모양의 흉터를 남기기 때문이다. 연구자들은 이 흉터가 "비교적 사소한"(Van Haren et al. 2017) 것이라고 말한다. 나는 그 결론에 '비교적 회의적'이다.

사랑의 화살과 정자 펌프

1871년에 나온 한 비교해부학 입문서(T. Jones 1871)는 어느 암수한몸 달팽이 종의 성행위를 우아하게 묘사한다. 묘사를 읽으면 마치 "사랑의 화살"을 달콤하게 쏘는 듯이 들린다. 저자인 런던 킹스칼리지의 토머스 라이머 존스는 민물 무척추동물의 세부 사항을 붙들고 논쟁하기를 좋아하는 인물로 유명했다. 그러나 그는 자신이 "이 유일한 동물"이라고 지칭한 달팽이를 묘사할 때에는 자기 언어 표현력의 정점을 보여주었다. 그들의 교미가 "부드러운 전진"보다는 사투에 더 가까울 수 있는, "아주 놀라운 유형의 전희"을 수반하는 "매우 신기한" 것이라고 했다. 이런 전희에는 "온갖 애무"와 "다른 시기에는 그들에게 매우 낯선 활력"이 수반되었다. 전희 뒤에 한쪽이 목에 있는 주머니를 뒤집어서 "벽에 붙은 날카로운 단검 같은 벌리개나 화살"을 드러낸다.

달팽이는 이제 조준해서 쏘기 시작한다. 한쪽은 쏘고 다른 쪽은 껍데기 안으로 몸을 점점 더 집어넣는다. 이윽고 껍데기 안에 꽉 낄 때까지 물러났다가, 일종의 반격을 가한다.* "사랑의 화살"—라이머 존스의 다른 표현을 빌리자면 "사랑을 일으키는 상처"—은 이윽고 부러질지 모르지만, 그럼으로써 사랑하는 달팽이들은 "더 효과적인 전진을 할" 수 있게 된다. 사랑의

* 다른 연구진은 달팽이들이 이 일에 너무 열심이라서 표적을 맞추기가 진정으로 어려운 양 보였다고 기술했다.

화살은 달팽이들이 짝짓기에 빠지게 만드는 화합물을 주입하며, 그리하여 그들은 더 열정적으로 일을 성사시킨다. 라이머 존스는 구애와 교미의 묘사를 마무리하면서 이렇게 말했다. "이제 이 과정과 관련된 내장을 살펴보기로 하자." 우리는 이쯤에서 무대 커튼을 내리기로 하자.

다음 무대는 '진정한 파리'(파리목)의 종이 등장하면서 시작된다. 파리는 마치 조장 없는 조별과제의 결과물인 양 쓸데없이 복잡하고 다양한 생식 구조를 지닌다. 항문위판, 항문아래판, 항문 주위의 쌍꼬리, 교미구, 삽입기aedeagus, 생식배판, 생식아래판, 몸마디로 된 생식지 등 길게 이어지는 목록 중에 정자 펌프sperm pump도 있다. 이 펌프는 3개의 근육을 갖추고 이름 그대로 "정자를 암컷의 몸속으로 곧장 뿜어낸다"(B. Sinclair et al. 2013).

동성 짝짓기와 사회적 용도

내가 새로 입학한 미래의 생물학자들과 임상의들에게 인간 해부학을 가르치던 시기에, 강의 내용 중 하나는 "음경은 정자 전달 체계다"였다. 나는 이 내용을 별 의심 없이 학생들에게 알려주고 넘어가곤 했다. 강의에서 다루어야 할 계통이 많았고 나는 형태와 기능에 초점을 맞추면서 빨리 진도를 빼려고 애썼다. 그러나 그 말은 정확하지 않으며 나는 내가 과연 그 말을 몇 번이나 했는지를 떠올릴 때면 당혹해지곤 한다. 독자도 이제 이해하기 시작했겠지만, 도입체는 정자 전달과 번식에 쓰이는 것 말고도 여러 가지 역할과 기능을 지닌다. 음경이 동성 쌍 사이의 사회적이고 감각적인 유대 관계에 쓰이는 사례는 도입체의 용도를 아주 잘 보여준다.

모든 유양막류, 양서류, 연체동물, 곤충, 선충 등 동성 간에 구애, 짝 결속, 교미를 하는 동물 집단은 아주 많다. 사실 동성 짝 결속 행동의 사례는 '수천 건' 발견되었고(Bailey and Zuk 2009), 일부 연구자들은 초기에 두 개체가 짝짓는 번식의 "모든 방법을 시도하는" 상황에서 동성애 행동이 동물의 원시 조건으로 존재했다고 추정한다(Monk et al. 2019).*

이런 동성애 행동 중에는 암수 상호작용을 떠올리게 하는 것도 있다. 과일박쥐에 기생하는 아프리카박쥐빈대African bat bug(*Afrocimex constrictus*)는 자신의 생식기 구조물로 서로를 찌르면서 '외상성 정자 주입traumatic insemination'이라는 말에 딱 맞는 행동을 한다. 사실 수컷들이 서로에게 이 짓을 너무 자주 하는 바람에 몸속에 정자유도관spermalege이라는 기관이 진화했다(Bailey and Zuk 2009). 이 기관은 찌르는 도입체의 표적인 암컷에게도 있다.

돌고래는 나름의 애무를 통해서 '가장 높은 비율'로 동성애 행동을 보이는 축에 속한다. 수컷끼리 서로 몸에 올라타고 생식기를 맞대고, 한 수컷이 다른 수컷의 생식기 부위를 주둥이로 비비는 '구징goosing' 행동을 한다. 이는 인간의 구징 행동과 다르다. 내가 아는 한 인간의 구징은 동의 없이 엉덩이를 꼬집는 것까지 포함되기 때문이다. 분명히 어떤 쾌감이 수반되겠지만 그 점을 떠나서 돌고래의 이런 행동은 관계를 강화하는 데 기여하는 사회적 행동이다. 보노보는 암수 모두에게 생식기 접촉과 성적 행동이 사회적 자산이자 유대감 형성 수단이다. 아마 감각적 감지도 당연히 수반되므로 감각적 경험이기도 하겠지만.

이런 수컷-수컷 교미 행동 중 일부는 사회적 교환 차원을 넘어서 진정한 짝 결속으로 이어진다. 이렇게 짝을 맺은 수컷들은 펭귄에서 양, 인간에 이르기까지 많은 종에서 찾아볼 수 있다. 양에게서는 수컷이 다른 수컷과 짝을 맺기를 선호하는 사례가 무시할 수 없는 비율로 나타난다.

일부 집단에서 일관된 비율로 나타나는 이런 행동의 유전적 토대를 밝

---

* 이 연구는 언론의 많은 주목을 받았다. 연구진들 스스로 자신들 중 상당수가 LGBTQ+라고 밝혔기 때문이다—역사적으로 짝짓기 관련한 과학적 질문들을 묻고 답해온 대개 남성들로 이루어진 통상적인 이성애 시스cis 연구자 집단이 아니었다.

혀내려는 연구자들은 유전자 변이체가 동성애 행동을 낳을 수 있는지를 알아보기 위해 초파리를 연구해왔다. 결론은 '그렇다'이다. '젠더블라인드gen-derblind', '퀵투코트quick to court', '디스새티스팩션dissatisfaction'이라는 유전자들의 특정한 변이체를 지닌 초파리는 구애 상대의 성별이 바뀌어 있다. 알아차렸을지 모르겠지만 초파리 유전학자들은 유전자에 가장 기억에 남을 만한 이름을 붙인다(Bailey and Zuk 2009).

그렇다고 해서 인간에게 '게이 유전자'가 있을 수도 있다는 말은 아니다. 그 문제는 최근에 상당한 논쟁을 일으켰다. 독자는 우리가 초파리가 아님을 알아차렸을지도 모른다. 한 예로 우리는 4쌍이 아니라 23쌍의 염색체를 지닌다. 우리 인간은 각자 지닌 유전자 변이체, 사용하는 유전자 변이체, 그런 유전자들을 사용하는 환경의 조합물인 저마다의 창발적 특성을 지닌다. 인간의 성적 지향과 그것을 드러내는 방식의 복잡성은 어느 한 유전자 변이체나 변이체 집단으로 설명할 수 없다. 지향성과 표현 양상 모두 전형적인 사회문화적 가정—우리가 제대로 파악해야할 다른 모든 상태에 비해 '이성애'가 더 '정상'이라는 생각—을 훨씬 초월한다.

주문하신 정자 배달 왔습니다

간식 시간이다! 거미 암컷은 도저히 참을 수 없다. 바로 앞에 선물을 내미는 수컷이 있다. 연구자들은 이 선물을 '혼인 선물'이라고 하지만 이 동물들은 혼인하는 것이 아니다. 그저 구애하고 교미할 뿐이며 그 과정에서 선물을 주고받는 것이다. 명확히 말해두자면 때로는 정액을 선물로 줄 때도 있다. 물론 포장하기 어렵긴 하지만 영양분이 풍부하다.

혼인 선물을 주고받는 암수는 덜 공격적인 행동을 할 때가 많으나 반드시 그런 것은 아니다. 선물은 대개 정자로 이루어지지만 크기와 영양분 함량은 아주 다양하다. 사실 암컷은 때로 내밀어진 선물에 만족하지 못하고 수컷 전체를 '혼인 선물'로 삼기도 한다. 수컷은 날 잡아드셔 하고 다가오는 아주 좋은 영양분인 한편, 암컷은 에너지가 많이 들어가는(알을 품는) 일을 하고 있거나 얼마 동안 한 곳에 머물러야 하기에 먹이를 찾아다닐 수 없는 상황에 놓일 수도 있다. 사실 선물이 너무나 맛있게 보여서 수컷 자신이 먹어치울 때도 있다.

혼인 선물에는 영양가가 아주 풍부해서 암컷은 그것(수컷 전체가 아니라 정포로 이루어진 선물)만 먹고도 살 수 있다. 덤불귀뚜라미bush cricket(*Poecilimon ampliatus*)의 수컷은 암컷과 생식기를 접촉하고 2분 동안 교미를 한 뒤 약간의 정포를 남기고 떠난다. 그러나 배우자를 전달하는 일은 거기에서 끝나지 않는다. 그 뒤로 몇 시간에 걸쳐 정포에서 정자가 옮겨감으로써 그 과정은 마무리된다.

그런데 이 정포는 아주 특별하다. 정자 덩어리를 젤리 막으로 꼼꼼하게 포장한 형태다. 암컷은 교미를 한 뒤 몇 시간에 걸쳐서 젤리 막을 야금야금 먹어치우며 그런 뒤에야 비로소 정자가 밖으로 나올 수 있다. 이 간식은 암컷이 알을 낳은 뒤 휴식을 취하는 짧은 기간(하루나 이틀) 동안 충분히 영양을 보충할 수 있을 만큼 풍족할 때도 있다(Lehmann and Lehmann 2016). 이 혼인 선물과 그 안에 든 정자 덩어리는 귀뚜라미의 기준에서 보면 엄청나게 클 수 있다. 수컷 체중의 3분의 1을 넘는다. 적어도 그 안에 든 단백질 중 일부는 먹힌 뒤 암컷의 근육조직에 기여한다.

혼인 선물의 영양분은 대체로 단백질의 구성 성분이다. 통거미의 한 집단*Leiobunum*에서는 더 간절하고 친밀하게 구애하는 종일수록 더 적대적인 양상으로 짝짓기를 하는 종보다 혼인 선물에 든 필수 아미노산의 함량이 더 높다(Kahn et al. 2018). 사마귀 암컷은 비록 널리 알려진 것만큼 늘 먹어치우진 않지만 수컷을 먹어서 아미노산을 얻기도 한다.*

* 교미할 때 수컷을 먹어치우는 사례는 13~28퍼센트에 불과하다(Bittel 2018).

사실 혼인 선물과 성적 긴장의 관계는 통거미에게서 더 뚜렷하게 나타난다. 이 종들은 대체로 두 집단으로 나눌 수 있다. 혼인 선물을 담은 음경 주머니를 만드는 주머니형sacculate 집단과 이런 주머니를 만들지 않는 비주머니형nonsacculate, 따라서 혼인 선물을 주지 않는 집단이다.

선물 집단의 수컷은 먼저 상대와 마주보는 자세를 취한다(Kahn et al. 2018). 음경을 내밀기 전에—진정한 거미류가 아닌 통거미는 음경을 지닌다—수컷은 한쪽 더듬이다리로 암컷을 살포시 껴안고서 음경 주머니의 내용물을 맛보게 한다. 다시 말해 혼인 선물을 암컷의 입에 갖다 댄다. 그런 뒤에 자신의 음경을 전생식실pregenital chamber의 입구에 삽입할 수 있도록 자세를 바꾼다. 그리고 둘은 교미한다.

대다수의 동물은 이 시점에서 선물 증정 행위를 끝냈을 테지만, 이 주머니형 통거미 집단은 그렇지 않다. 수컷은 교미하는 동안 제공할 또다른 혼인 선물을 준비해두었다. 삽입하기 위해 음경을 꺼낼 때 나온다. 요약하자면 이렇다. 접촉하고, 더듬이다리로 껴안고, 첫 번째 혼인 선물을 제공하고, 자세를 바꾸어서, 음경을 꺼낸 뒤, 교미하는 동안 두 번째 혼인 선물을 준다. 비교적 차분하게 선물을 주면서 교미를 도모하는 주머니형 통거미는 친밀하면서 살지게 하는 경험을 빚어낸다.

비주머니형 종은 정반대다. 이들은 음경 주머니가 없으므로 처음에 혼인 선물을 아예 제공하지 않는다. 이런 종의 암컷은 생식기에 진입을 막는 단단한 장벽을 치는 경향이 있다. 아마도 원치 않은 진입을 막기 위해서일 텐데 꽉 힘차게 닫을 수도 있다. 한편 수컷은 쇠지레처럼 이 장벽을 열어젖힐 수 있는 더 길고 더 근육질의 음경을 갖추고 있다(거미목의 이런 동물들은 무기 이용 절에서 다루어야 했을지도 모르겠다). 여기서 혼인을 신청하고 친밀한 관계를 받아들이는 행동을 하지 않는 종일수록 생식기를 접촉하는 양쪽 당사자들이 무기와 방어 수단을 더 갖추는 경향이 뚜렷하게 드러난다.

맛집의 비결

성욕 과잉을 이야기하자면 이른바 가뢰 가루 최음제를 들어보았을지도 모르겠다. 이 부식성이 강한 물질은 북미검정홍날개blister beetle(*Neopyrochroa flabellata*)가 분비하는 물질과 거의 비슷하다. 이 물집을 일으키는 자극성 물질은 사실 인간에게 최음제로는 쓸모가 없으며(오히려 죽을 수도 있으니까 제발 시도하지 말기를), 홍날개 수컷이 샘에서 분비하여 저장했다가 구애 때 혼인 선물로 제공하는 화합물이다.

홍날개 암컷은 발산되는 이 화학물질의 매력에 거역하지 못한다. 이 부식성 화학물질은 칸타리딘cantharidin이다. 수컷은 이 물질을 직접 만드는 것이 아니라 자신의 먹이에서 추출하여 따로 저장해두며, 암컷의 사랑을 얻기 위해 유혹하는 구애를 할 때 혼인 선물로 제공한다. 구애할 때 머리 가까이에 있는 샘에서 이 화학물질이 분비되고, 암컷은 상품의 품질을 검사하는 양 그것을 조금 맛본다(Eisner et al. 1996b).

이 화학물질로 사랑을 얻는 데 성공하면 수컷은 교미할 때 사정액에 든 정포를 통해서 칸타리딘을 더 많이 전달한다. 수컷 자신도 이 매혹적인 부식성 물질의 유혹을 견디지 못하고 조금 맛본다. 칸타리딘을 함께 맛보면서 누리는 이 상호 교미의 쾌감은 암컷이 수컷의 머리 샘에서 수행하는 품질검사를 통과한 다음에야 얻을 수 있다. 구애자의 분비물에 독(칸타리딘)이 적게 들어 있다면 암컷은 "거칠게" 수컷을 내친다. 이렇게 "깨지는 비율이 높"으며 거절은 몹시 모질게 이루어진다. 거절당한 수컷이 계속 달려들면 암컷은 배를 안쪽으로 구부려서 수컷이 자신의 생식기에 접근하지 못하게 막는다(Eisner et al. 1996b).

하지만 독소 함량이 흡족한 수준이라면 구애와 합방은 일사천리로 진행되는 양 비친다. 아무튼 그들에게는 그렇다. 먼저 수컷은 암컷에게 다가가 머리와 머리샘을 들이민다. 모종의 암묵적인 동의 과정을 거친 뒤 그들은 둘 다 뒷다리로 일어선다. 수컷은 나머지 다리들을 암컷의 옆구리에 갖다 댄다. 마치 왈츠를 출 준비를 하는 듯하다. 그러나 춤을 추는 대신에 암컷은 자신의 구기(턱)로 수컷의 머리를 문다. 구기를 좌우로 쫙 벌려서 수컷의 머리 양쪽에 있는 홈에 끼워넣는다. 그곳에 칸타리딘이 저장되어 있다.

그들은 이렇게 홍날개판 포옹 상태를 잠시 유지한다. 이때 암컷의 구기만 움직이고 있다. 암컷이 흡족할 만큼 수컷이 독을 지닌다면 암컷은 분비물을 다 빨아먹은 뒤 수컷의 머리를 놓는다. 그러면 수컷은 즉시 올라타고서 성공하는 데 필요한 만큼 여러 차례 도입을 시도한다. 그런 뒤 그들은 잠깐 그 자세로 가만히 있다가 수컷이 떨어져 나온다. 도입체는 축 늘어져 있다. 암컷은 독소를 꾸려 넣은 채 석양 속으로 걸어 떠난다.

왜 수컷 구애자의 독소 함량이 이렇게 큰 비중을 차지하는 것일까? 암컷은 그 독소를 자신의 알에 집어넣는다. 알을 먹을 가능성이 높은 포식성 딱정벌레 애벌레를 물리치기 위해서다. 암컷이 칸타리딘 함량에 그토록 엄격한 기준을 유지하는 이유가 바로 그 때문이다.

이와 비슷하게 교미하기 전에 머리에서 배어나오는 액체를 맛보는 종들은 더 있다. 몇몇 애접시거미dwarf spider 종도 머리에서 유인하는 화학물질을 분비한다. 암컷은 거미의 턱에 해당하는 부위인 위턱chelicera을 수컷의 눈가에 있는 홈에 끼워서 이 물질을 맛본다. 거미의 머리를 가려서 홈에 위턱을 넣지 못하게 하면 수컷의 교미 성공률은 대폭 낮아질 가능성이 높다. 그러나 거미 이야기에는 반전이 하나 있다. 암컷은 개의치 않는 듯하다는 것이다. 맛을 보든 말든 간에 암컷은 교미하기에 딱 좋은 자세를 취한다. 그러나 암컷이 위턱으로 탐사할 수 없는 수컷은 도입체 더듬이다리를 삽입하여 교미할 기운을 불러낼 수가 없다. 수컷에게는 이 전희가 필요하다(Uhl and Maelfait 2008).

무기일까, 구애 수단일까?

본래 무기로 쓸 의도였던 듯한 동물의 구조 중에는 반드시 그 용도로 쓰이지 않는 것도 있다. 대신에 위협, 힘, 위압감의 신호 역할을 한다. 다른 무기형 구조 중에는 실제로 신체 손상을 입히는 것도 있지만, 당사자에게 손상의 의미와 범위가 어느 정도인지가 반드시 명확하진 않다. 우리는 곤충에게 치명적이지 않은 부상이 얼마나 안 좋은지를 파악하거나, 곤충이 얼마나 심하게 고통을 느끼는지, 그게 어떤 느낌인지를 이해하기가 쉽지 않다.

동물은 우리가 알아차리지 못하는 아주 다양한 방식으로 서로 의사소통을 한다. 사람은 인간 이외의 종들에 비하면 상대적으로 능력이 떨어지는 감각들이 많지만 그럼에도 그럭저럭 헤쳐나간다. 때로는 자기도 모르게 자신을 행복하게, 슬프게, 역겹게, 화나게, 허기지게, 지치게, 흥분하게 만드는 감각 입력들을 받아들인다. 심지어 우리는 다른 종들, 특히 개 같은 사회성 종이 보내는 이런 신호 중 일부를 해독하기까지 한다. 개는 우리가 귀여운 것에 푹 빠진다는 점을 이용하는 쪽으로 엄청난 성공을 거두었다. 그 덕분에 우리는 개에게 집과 먹이를 주고 때로 할로윈 복장까지 입히곤 한다.

사실 나는 내 개와 진화적으로 갈라진 지 수백만 년이 지났고 한쪽이 말을 하는 능력이 없다고 할지라도, 서로를 완벽하게 이해하고서 제대로 대화할 수 있다. 다음의 대화를 생각해보라.

개: (문 앞에 앉아서 눈으로 나를 계속 쳐다본다) 나가고 싶어.

나: 방금 나갔다 왔어. 난 피곤해.

개: (고개를 흔들어댄다) 날 봐. 난 진지하다고. 정말로 나가고 싶어.

나: 방금 나갔다 왔잖아!

개: (발로 문을 긁어댄다) **저기 햇살이 있잖아! 저기 드러눕고 싶다고! 문 열어!**

물론 어느 순간에 결국 나는 문을 열고, 개는 나가서 자리를 잡고 드러누워 따스한 햇볕을 쬔다.

내 늙은 구조견과 내가 이런 복잡하면서 명확한 대화를 나눌 수 있다면, 같은 종의 구성원들이 서로 알아볼 수 있는—그곳에 있는 시야, 소리, 냄새, 촉감, 맛을 통한—유형의 미묘한 신호들은 대개 우리의 검출 능력을 한참 초월할 가능성이 높다. 그리고 특히 수입체에서 생리적으로—즉 그 동물이 암컷이라면 틀림없이 '은밀하게'—작용하는 다른 단서들은 더욱 알아차리기 어렵다. 한쪽의 배우자와 다른 쪽의 생식계 사이에 일종의 호응을 일으키는 화학적 영향들 말이다.

사람들이 보내는 신호가 그렇듯 이런 신호들이 언제나 진실을 말하는 것은 아니라는 점 때문에 동물의 신호 전달 이야기는 복잡해진다. 인간 이외의 동물들이 보내는 신호는 모든 것을 다 드러내지 않을 때가 많다. 내 개가 한 예다. 내 개는 아주 크지도 사납지도 않다(내가 이렇게 말했다는 사실을 제발 그녀에게 말하지 말기를). 그러나 그녀는 택배원이 집을 습격하러 왔다고 확신하면 등줄기의 털이 눈에 띄게 일어선다. 그러면 성난 작은 호저처럼 뻣뻣한 털로 뒤덮인 모습이 된다.

그러면 몸집이 실제보다 좀더 커 보이는 효과가 나타난다. 그녀의 위협 신호가 전부 다 진실을 말하는 것은 아니지만, 그녀의 관점에서 보면 대단히 효과가 있다. 택배원은 매번 집을 공격하지 않고 그냥 떠나기 때문이다. 그러나 자신의 몸집을 부풀리는 그녀의 무의식적 책략은 자신의 실제 모습을 보여주는 '정직한 지표'가 아니다. 음향 신호(몹시 사납게 들리는 짖는 소리)도 마찬가지다.

교미전 행동을 하는 동물도 비슷한 겉모습을 보일 수 있다. 그다지 정확하지 않은 무언가를 시사하는 식이다. 짝 경쟁 같은 상황에서 그렇다. 그러나 동물들은 서로를 정확히 평가할 방법을 지닌다. 예를 들어 일부 파리는 눈자루를 나란히 세우고 마주볼 것이다. 눈자루 사이가 더 넓은 더 큰 파리가 경쟁에서 이긴다. 통거미도 비슷한 행동을 한다(Eberhard et al. 2018). 다리로 한다는 점만 다를 뿐이다. 다리를 쫙 펼치면서 몸집 경쟁을 벌인다. 가장 넓게 벌리는 수컷이 이길 것이다.*

힘이냐 육체미냐

수컷끼리의 경쟁에서 위협 신호는 진실을 좀 숨길지 모르지만, 그 위협이 실제 신체적으로 뒷받침이 되어야 할 때도 종종 있다. 위협자가 진정한 육체적 도전에 직면하는 상황이 벌어질 수도 있기 때문이다. 예를 들어 털을 부풀리는 개의 몸집이 싸움의 규모에 걸맞지 않다면, 털을 부풀려서 속이려 해도 아무 소용이 없을 것이다. 곤충학자 윌리엄 에버하드는 이런 유형의 공격적인 위협 신호, 즉 "나는 너보다 더 크고 더 힘세"라는 메시지가 쓰이는 상황에서는 그 큰 신호를 뒷받침하는 더 큰 몸집을 갖는 쪽으로 자연선택이 일어날 것이라고 주장했다. 실제 몸싸움이 벌어질 때는 더 큰 몸집이 이기기 때문이다. 자연은 이런 동물들에게서 이런 정직한 신호 방식을 빚어냈다. 힘의 진정한 대용물 역할을 하는 몹시 수컷 위주의 특징들을 곁들이면서였다. 사람의 몸에서 이런 양상을 드러내지 않는 부위가 어디일까? 딩동댕! 맞다! 음경이다. 몸집이 얼마나 크든 간에, 위협 신호를 얼마나 보낼 수 있든 간에, 그 크기에 음경은 포함되지 않는다.

짝을 꾀고자 할 때 이 신호들은 다른 메시지를 보낸다. 구애 때에는 크기로 압도하는 메시지를 보낼 필요가 없다. 그저 짝 후보가 무엇에 끌리든 간에 "나는 매력적이야"라는 메시지를 보내기만 하면 된다. 그래서 매력과 관련된 특징들은 지나치게 크거나 극도로 공격적인 것보다 감각을 매료시

* 여기서 조던 피터슨처럼 생각해서 남성들이 어깨를 뒤로 한껏 젖히는 행동이 바닷가재 흉내를 내는 것이라면, 나는 대중교통에서 '쩍벌남'의 밉살스러운 행동을 통거미의 이 행동으로 설명할 수 있다고 주장하련다.

키고 호감을 자아내는 쪽을 취하는 경향이 있다. 매력과 관련된 특징을 가능한 한 최대 크기로 만드는 것보다 미적 취향—무언가가 이끌어내는 감각적 반응—이 훨씬 더 중요하다.

따라서 교미전 신호 전달은 다른 수컷들에게 **"내가 얼마나 크고 무시무시한지 잘 봐"**라고 말하는 메시지와 짝 후보에게 **"와, 나 멋져 보이지?"**라고 말하는 메시지로 나뉜다. 전자는 무기를 수반할 때가 많은 반면, 후자는 더 작고 더 우아한 신호를 수반하곤 한다. 어느 쪽이든 간에 수신자의 감각을 끌어들여야 한다. 의도한 의사소통을 지각하고 바라는 방향으로 반응하도록(싸움에서 빠지거나 구애를 받아들이도록) 해야 한다.

"나는 매력적이야"

짝 후보를 위해 부식성 화학물질을 내놓거나 상대가 자신의 머리 홈에 턱을 꽂도록 기꺼이 응하는 것은 동물이 "나는 매력적이야"라고 신호를 보내는 방법 중 하나일 뿐이다. 홍날개나 애접시거미가 보거나 느낄 수 있는 것은 결코 매력만이 아니다. 홍날개는 독소를 검출할 때 어떤 기준이 있어야 하며 그 문턱에 이르지 못한 수컷은 내쳐진다. 애접시거미 수컷은 애써 만든 혼인 선물을 암컷에게 맛보게 해야 하는 듯하다. 그렇지 않으면 교미를 할 수가 없다.

아마 독자는 조류 수컷(좀 공격적이면서 사나운 물새를 제외하고)이 커다란 도입체로 명성을 날리는 쪽이 아니라(대부분의 새는 도입체를 지니지 않는다), 화려하면서 다채로운 깃털과 복잡한 구애 행동으로 가장 잘 알려져 있다는 점을 알 것이다. 일부 수컷은 예술적으로 장식한 대단히 정교한 둥지를 지으며 심지어 구애에 성공한 결과인 새끼까지 돌본다. 그들은 힘을 과시함으로써가 아니라 "나는 매력적이야"를 보여주는 방식으로 짝 후보의 감각에 신호를 보낸다.* 그런 신호는 시각적으로뿐 아니라 여러 방식으로 보낼 수 있다. 이 장의 마지막 절에서 살펴보겠지만, 짝짓는 쌍의 감각 세계는 도입체와 그 부속 기관이 무엇으로 이루어져 있는지를 보여준다.

이런 신호들이 작동하려면 수신자가 그것을 이해해야 한다. 우리는 홍날개가 얼굴을 맞대고 상의한 뒤 어떤 자극을 받아서 갑자기 뒷다리로 일어서는지 알지 못하지만, 그들은 서로를 인정하고서 그 행동을 촉발하는 어떤 신호에 반응하는 것이 분명하다. 그리고 한 종에게 신호로서 훌륭하게 작동하는 것이 다른 종에게는 이상한 녀석이 달려드는 양 느껴질 수 있다. 그 점은 우리가 인간 이외의 동물들에게 바람직하다고 여겨지는 행동을 (모방하기는커녕) 우리 자신의 것과 비교할 때 조심해야 하는 많은 이유 중 하나이기도 하다. 상황을 뒤집어서 홍날개가 우리 행동을 지켜본다고 한다면, 아마 그들은 우리가 상대의 머리에 난 홈에 턱을 박아서 구애를 시작하지 않는다는 사실에 당혹스러워할 것이다.

홍날개 사례에서 암컷은 수컷을 움켜잡지 않지만, 교미 때 감각 입력을 제공하는 비도입체 구조 중 상당수는 수컷에 속해 있고 그것들 중 상당수는 일종의 움켜쥐는 수단이다. 우리에게는 (이를테면 엉덩이를) 움켜쥐는 것이 당사자에게 침해이지만, 이런 동물들에게는 상대의 경험을 증폭시키는 친밀한 감각을 부추기는 용도로 쓰일 수 있다.

동물의 어떤 부위든 간에 이런 비생식기 접촉 기관이 될 수 있다. 구애와 교미 때 구기와 위턱이 한몫을 하는 것을 이미 살펴본 바 있다. 그러나

* 그리고 누구에게 말을 하는가에 따라서 '매력적'은 '건강하다'나 '기생생물에 시달리지 않는다'부터 더 까다로운 짝의 '감각적 편향'에 이르기까지 온갖 해석으로 이어질 수 있다. 성선택의 이런 측면을 설명하기 위해 제시된 이런 다양한 모델들은 흥미로우며 나름 타당한 증거들을 토대로 하지만, 다 다루려면 따로 책 한 권을 써야 할 것이다. 사실 리처드 프럼Richard Prum이 쓴 『아름다움의 진화The Evolution of Beauty』(2017; 양병찬 옮김, 동아시아, 2019)는 이 모델 중 하나에 초점을 맞추었다. 그 책은 진화생물학자들 사이에서는 의견이 갈렸으나 대중에게는 환영을 받았다. 여기서 나는 '감각적 편향' 쪽을 다루는 데 얼마간 지면을 할애하고 있지만, 그렇다고 다른 개념들의 타당성을 부정한다는 쪽으로 상상하지 말기를.

다리, 머리, 목, 더듬이, 배, 날개, 심지어 일부 개구리의 '엄지'도 참여할 수 있다(Eberhard 1985).

도입체용 더듬이다리(도입장갑)를 지닌 거미는 때로 끝에 정액이 담기지 않은 상태로 상대의 몸을 몇 차례 이상 찔러대는 시늉도 한다. 얼룩접시거미sheetweb spider(*Lepthyphantes leprosus*)의 이 행동을 가교미pseudo-copulation라고 하는데, 노래기가 하듯이 종을 확인하는 검사인지 아니면 교미하는 한쪽 또는 양쪽에게 긍정적인 감각을 제공하기 위함인지는 불분명하다. 이런 시도가 몇 차례 이루어진 뒤에는 암컷이 그냥 떠나지 않는다는 사실이 알려져 있으며(Eberhard et al. 2018), 이는 도입체가 단지 정자를 전달하는 용도로 쓰이는 것만은 아님을 시사한다.

한편 윌리엄 에버하드의 이름을 딴 메사볼리바르 에베르하르디*Mesabolivar eberhardi*라는 거미의 수컷은 교미를 하는 동안에도 자신의 위턱을 상대의 생식기 판에 가까이 갖다 댄다. 이렇게 접촉하려고 더 애쓴다는 것은 그 경험을 자극하거나 교미 성공을 돕는 어떤 감각 입력이 있음을 시사한다. 수컷은 이미 삽입을 했고 그 행동이 구애 목적은 아니기 때문이다.

털을 부풀린 나의 화난 구조견이 잘 보여주듯이 모든 신호가 완전히 정확한 것은 아니다. 이런 책략은 구애에도 쓰일 수 있다. 긴꼬리카라신swordtail characin(*Corynopoma riisei*)은 구애 때 옆구리의 장식을 달랑거리면서 헤엄친다. 이 장식은 그 수역에 있는 먹이의 모양과 비슷한 경향이 있다. 개미가 흔한 먹이라면 이 장식물은 개미처럼 생겼으며, 암컷은 혹해서 먹으려고 다가왔다가 짝짓기용 함정임을 알아차린다(Amcoff 2013). 시각적 미끼를 쓴 감각 활용의 한 형태다(Kolm et al. 2012). 비록 암컷은 시각적으로뿐 아니라 본능적으로 반응하지만.

이 신호가 교미하려는 동기를 지닌 표적(암컷)에게 전달되려면 암컷이 미끼의 모양에 관심을 가져야 한다. 그러지 않으면 이 책략은 먹히지 않는다. 수컷은 성선택을 토대로 하는 목적(암컷 속이기)을 이루기 위해 자연선택을 토대로 한 신호(잠재적인 먹이)를 이용한다. 비록 수컷에게는 짝짓기가 위험보다 혜택을 더 제공하지만, 암컷은 짝짓기를 더 하다가 해를 입을 수도 있다. 암수 사이의 이 짝짓기 혜택 차이는 성선택 긴장을 추진하는 요인 중 하나이지만 그 차이는 짝짓기 상대가 더 적고, 더 친밀하고, 부모 양쪽이 자식에게 더 투자를 하는 종에게서는 다소 줄어든다. 우리처럼 말이다.

정자를 제외하고 정포spermatophore는 수기신호semaphore처럼 신호로도 쓸 수 있다(그럼 정신호spermaphore라고 해야 할까?) 회색도롱이갯민숭이*Aeolidiella glauca*는 동시 암수한몸simultaneous hermaphrodite이다. 이들은 오래 구애하면서 서로 정포를 교환한다. 그러나 정포를 교환할 단계에 이르렀을 때 상대가 이미 그걸 지니고 있음을 알아차리면 이 모든 과정을 중단한다. 마치 옷깃에 묻은 립스틱 자국을 발견한 것처럼 말이다.

상대의 정자 저장고가 고갈되는 것을 피하기 위해 물러설 가능성도 있지만, 앞서 거쳐 간 개체와의 정자 경쟁을 피하기 위해서일 가능성이 더 높다(Haase and Karlsson 2004). 그럼으로써 정포는 정자를 전달할 뿐 아니라 짝 후보에게 원치 않는 경쟁이 일어날 가능성이 있다고 경고하는 깃발 역할도 한다. 갯민숭달팽이가 정포가 있음을 어떻게 알아차리는지는 직접 말하지 않으므로 불분명하지만, 긴 구애 행동을 거친 뒤에야 알아차린다는 점을 생각할 때 긴밀한 접촉이 있어야 한다는 것은 틀림없다.

세라프누에나방*Olceclostera seraphica*은 워시보드washboard처럼 연주할 수 있는 구조가 생식기에 달려 있다. 교미 때 이 기관으로 암컷을 위해 진동을 일으킨다. 한 말벌 종은 생식기에 난 혹을 서로 비벼대어 진동을 일으키는 듯하다. 록 밴드 비치 보이스Beach Boys에게 미리 사과하면서 말하자면(〈Good vibrations〉라는 음악을 염두에 둔 말-옮긴이), 나는 좋은 진동이 암컷에게 전해져 흥분시킬 거라고, 암컷이 "오, 너무 좋아oh my, what a sensation"라고 느낄 거라고 추측한다. 팝 음악의 노랫말은 실제로 염두에 둔 것보다 훨씬 더 다양한 의미를 지닐 때가 많다.

모든 것을 보는 생식기

윌리엄 에버하드는 수컷 생식기가 "정자 전달 기능이라는 관점에서 보면 불가해할 만치 대단히 복잡한 형태를 드러내곤 한다"(Eberhard 2010)고 쓴 바 있다. 그는 암컷 생식기는 언급하지 않았다. 암컷 생식기는 대개 배우자를 전달하지도 않고 그 구조가 (아직까지도) 제대로 연구된 적이 없기 때문이다. 그러나 물론 에버하드는 이런 도입체들이 배우자 전달이라는 기본 역할을 수행하는 데 필요한 것보다 훨씬 더 많은 기능을 지니는 듯하다는 점을 관찰함으로써 핵심을 짚었다.

지금까지 우리는 동물들이 구애와 교미를 위한 도입체와 감각적 단서를 어떻게 쓰는지를, 때로 무기로 휘두르기도 하고 다른 신호들과 조합하여 "나는 매력적이야"라고 말하는 데 쓰기도 한다는 것을 살펴보았다. 이 모든 사례에서 해당 구조는 전체, 즉 신호를 전달하거나 받는 데 쓰이는 구조의 일부였지만, 그 자체로는 양쪽을 다 할 수 없다.

잠깐, 호랑나비*Papilio xuthus*의 모든 것을 보는all-seeing 도입체는 어떨까? 1985년 에버하드는 확연히 놀라면서도 좀 미심쩍다는 투로 일부 나비 종의 암수 생식기에서 광수용기를 찾아낸 "놀라운 논문"이 있다고 썼다(Eberhard 1985). 이 말을 듣고서도 '눈이 휘둥그레지지' 않는다면, 광수용기가 **빛을 감지하는** 단백질을 지닌 세포라는 사족을 덧붙여야겠다. 우리 몸에서 이 수용기는 오로지 망막에만 있다. 생식기에도 광수용기가 있다고 상상해보라. **자신의 외음부를 볼 수 있을 것이다.**

그 논문은 이 나비의 생식기에서 털로 뒤덮인 부위의 한가운데 털이 없는 투명한 층 아래에 광수용체가 들어 있다고 주장했다(Arikawa et al. 1980). 이 세포는 다른 광수용기들과 똑같은 전기생리적 활성 양상을 보였다. 즉 빛을 쬐자 방전을 일으켰다. 이는 빛이 신경 신호를 촉발했다는 의미였다. 에버하드는 1985년에 이렇게 쓸 수밖에 없었다. "생식기 광수용체의 존재는 흥미로운 수수께끼다."

2001년에 훨씬 발전된 기술을 써서 조사한 연구에서도 이전의 발견이 옳다고 확인되었다(Arikawa and Takagi 2001). 이 나비는 암수 모두 생식기에 광수용기가 있다. 암컷은 생식기에서 얻은 정보를 토대로 알을 낳을 장소를 고르는 듯하다. 이 세포가 파괴되면 알을 낳는 능력을 잃는다.

그렇다면 수컷은? 광수용기가 파괴되면 수컷은 짝짓기를 할 수 없다. 생식기의 이 빛 감지 영역이 교미할 지점을 찾아내는 데 쓰이는 것이 분명하다. 애초에 자신의 생식기를 아예 볼 수가 없는 상황에서 적절한 지점에 집어넣는 것이 얼마나 어려울지를 생각해보면 이해가 간다. 해결책은? 볼 수 있는 생식기다!

별 특징 없는 남근

사람의 음경은 무기로도 쓸 수 없고 단단한 부위도 없고 쇠지레처럼 쓸 수도 없다. 또 사람의 질에는 열려면 공성 망치가 필요한 단단하면서 꽉 닫힌 문이 없다. 여기서 사람의 생식기를 언급하는 이유는 인간 음경의 특징들과 인간의 상호작용을 볼 때 성폭행이 우리 진화사의 '자연스러운 일부'였을 수도 있다는 주장을 펴려는 인간들이 일부 있기 때문이다.

『강간의 자연사: 성적 강요의 생물학적 토대A Natural History of Rape: Biological Bases of Sexual Coercion』*라는 책을 예로 들어보자. 하버드대 심리학 교수 스티븐 핑커는 이 책을 진심으로 환영했다. "고상한 목표를 지닌… 용기 있는" 책이라고 말이다.† 저자들은 강간이 여성의 짝 선택(교미전 선택)을 우회한다고 주장했다. 많은 중요한 반론들을 생략한 주장이었다.

* 랜디 손힐Randy Thornhill과 크레이그 T. 팔머Craig T. Palmer가 썼다.

† 이 "고상한 목표"는 강간이 사실 인간의 일종의 생물학적 적응형질이며, 따라서 우리는 강간을 저지르는 짓을 막는 조치를 취할 수 있다는 주장을 펴는 것이다. 나도 안다. 헛소리다.

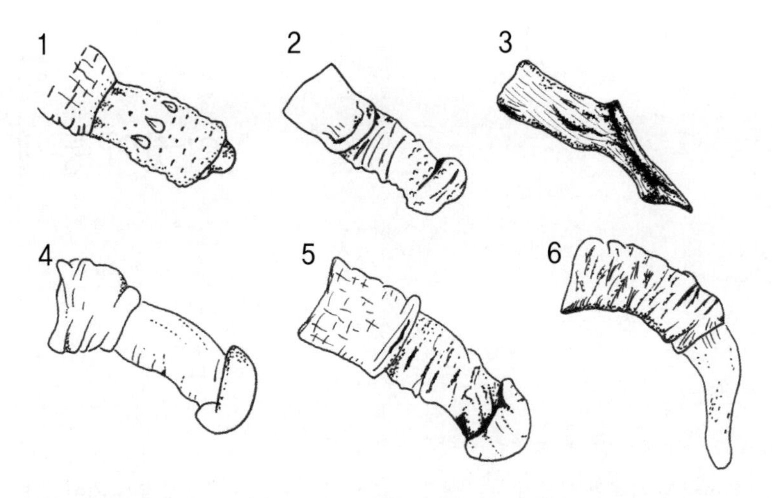

그림 4.2 영장류 음경: (1) 갈색여우원숭이common brown lemur(*Eulemur fulvus*), (2) 검은머리다람쥐원숭이black-capped squirrel monkey(*Saimiri boliviensis*), (3) 짧은꼬리마카크stump-tailed macaque(*Macaca arctoides*), (4) 필리핀원숭이crab-eating macaque(*Macaca fascicularis*), (5) 노랑개코원숭이yellow baboon(*Papio cynocephalus*), (6) 침팬지*Pan troglodytes*. 사람의 음경과 그다지 비슷하지 않다. 짧은꼬리마카크(3)의 삽 모양 음경은 특히 그렇다. 이 음경은 질에 있는 한 구조의 밑으로 미끄러져서 들어가는 것이 틀림없다. 딕슨의 『영장류의 성Primate Sexuality』(2012)에 실린 자료를 토대로 W. G. 쿤즈가 그림.

강간을 선호하거나 또는 그저 싫어하지 않는 쪽으로 선택이 이루어진다면 이 복잡한 행동은 유전되는 요소를 지녀야 할 것이고 어떤 번식 이점을 제공해야 한다는 것도 그런 반론 중 하나다. 게다가 강간이 무엇이냐(9장에서 더 상세히 다룰 것이다)는 견해는 문화에 따라 다르고, 강간은 단지 성적 행위만이 아니며(생식기 흥분만을 가리키지도 않는다), 소녀와 여성만이 강간당하는 것도 아니고, 소년과 남성만이 강간을 저지르는 것도 아니다.

거창한 표현으로 터무니없는 개념을 포장한 어리석은 책이지만, 그저 소망충족wish-fulfillment에 불과한 허약한 논증이 대단히 설득력 있다고 여기는 남성들이 존재한다는 사실에 경악을 금치 못하겠다. 동물계라는 더 폭넓은 맥락에서 보면 우리 생식기는 그 이야기를 지지하지 않는다. 우리 음경도 그렇고(다른 영장류의 것과 얼마나 다른지를 보라) 우리 질도 그렇다.

5
암컷의 통제

몇몇 기사에 따르면, 유죄 판결을 받은 성범죄자 제프리 엡스타인이 즐겨 쓰던 책략 중 하나는 지적인 인물이 하는 말을 도중에 가로막고서 이렇게 묻는 것이었다. "그런데 그게 보지랑 뭔 상관이야?" 물론 엡스타인은 과학적이거나 지적인 의미에서 따져보고 싶다고 "보지"라는 말을 내뱉은 것이 아니었다. 그는 자기 나름의 방식으로 자신이 어떤 사람인지를 사람들에게 과시하고 있었다. 돈, 화려한 파티, 충분히 오해할 만한 옷을 입힌 소녀들과 젊은 여성들의 서빙을 받는 것, 이것들이 어떤 힘을 발휘하는지 자신은 잘 알고 있다고 말이다. 그에게 그런 질문을 받은 이들은 대체로 그 질문에 반감을 갖지 않은 듯했다. 아니, 그 남자의 주변에서 떠날 만큼 불쾌함을 느끼지 않았던 것은 확실하다. 그들은 그의 돈과 권력에 붙들려서, 맞서지도 못하는 체면과 빈약한 도덕심 때문에 그대로 머물렀다. 사실 그 남자는 올바른 질문을 하고 있었다. 단지 그 질문을 하는 자가 잘못된 인물이었고, 그가 엉뚱한 사람들에게 질문을 하고 있었을 뿐이다. 이 장에서는 적절한 인물들이 그 질문에 어떻게 답했는지를 살펴보기로 하자.

초기의 혼란

대화 상대방이 얼마나 충격을 받는지 알아보기 위해서, 또 도덕심을 얼마나 굽힐지 시험하기 위해서 질문을 꺼내는 식이 아니라, 그 음부 질문을 진지하게 추구하는 과학자들이 있다. 예를 들어 찰스 다윈은 외설적으로 들리지만 그럴 의도는 전혀 없는 언어를 써서, 암컷이 생식기가 아니라 다른 감각 입력을 사용해 선택을 한다는 믿음을 표현했다. 그는 자신이 이렇게 느낀다고 썼다. "암수가 성선택에 공동으로 관여한다는 것이 매우 의심스럽다. 수컷은 암컷을 가리지 않고 짝을 짓겠지만, 암컷은 가장 승리하거나 가장 아름다운 또는 미모와 용기를 겸비한 수컷을 선택할 것이라고 추측한다." 그는 교미에 앞서 "나는 강해" 대 "나는 매력적이야"의 신호 전달이 일어났다고 쓰고 있었다.

다른 연구자들은 암컷이 번식에서 능동적인 역할을 한다는 주장에 확신을 갖지 못했다. 다윈 당대에도 그 문제로 그를 비판한 이들이 있었다. 조지 잭슨 미버트(1827~1900)는 여성이 이런 결정에 능동적인 역할을 하기에는 너무 하찮은 존재라고 여겼다. 사실 그는 좀 오락가락하는 인물이었다. 처음에는 다윈의 자연선택 개념을 열렬하게 믿더니, 마찬가지로 열렬하게 반대하는 쪽으로 돌아섰다. 다윈과 함께 자연선택을 통한 진화를 주창했던 앨프리드 러셀 월리스(1823~1913)조차도 암컷의 선택이 일반적으로 번식 결과와 무관하다고 느꼈다. 그의 논거는 대체로 미버트의 것과 같았다. 어느 종이든 간에 암컷은 멋진 장식에 관심이 쏠리곤 할 수 있는데, 그것이 짝짓기와 무슨 관계가 있단 말인가? 그들이 볼 때 짝짓기는 영광스러운 수컷 '승자'를 위한 최고의 상이었다.

그들이 살던 시대와 장소를 생각하면 충분히 그렇게 생각했을 것이라고 상상할 수 있지만, 이런 태도는 그 뒤로 분명히 다소 변해왔다. 정통한 연구자들은 암컷이 짝 선택뿐 아니라 짝짓기 동안 하는 선택도 어느 정도 맡는다고 본다. 타이어가 어디에서 도로와 만나는지, 즉 도입체가 어디에서 수입체와 만나는지를 결정한다는 것이다. 이런 개념들이 과학에서 박사학위를 받는 여성이 늘어나기 시작했을 때 더 추진력을 얻었다는 사실은 아마 우연이 아닐 것이다.

제발 누군가 질도 좀 생각해주지 않을래?

현재 매사추세츠 마운트홀리요크 대학의 생물학 교수로 있는 퍼트리샤 브레넌은 2005년에 진화조류학자 팀 버크헤드로부터 조류 생식기를 해부하는 법을 배우기 위해 셰필드 대학교를 방문했다. 그런데 가서 보니, 조류의 생식기를 해부하는 연구가 한결같이 수컷, 혹은 질 위쪽에 있는 특정한 정자 저장 부위에만 초점을 맞춘 듯하다는 사실을 알아차렸다. 특히 오리가 주로 연구되고 있었다. 몇몇 오리 종의 음경은 강제 교미에 쓰이는 특이한 장비이기 때문이다. 그런데 질은? 브레넌은 궁금했다. 질은 이 거대한 음경에 대해 어떤 적응형질을 지니고 있을까?

그런데 누구도 답을 지니지 않은 듯했다. 연구자들은 오리의 해부구조를 조사할 때 질을 정자 저장 부위가 나올 때까지 위로 죽 절개한 뒤, 그 부위만 남기고 나머지는 살펴보지도 않은 채 그냥 버리곤 했다. 20세기 후반에 온갖 종의 (수컷) 생식기를 연구한 문헌이 많이 나왔다. 특히 곤충의 생식기는 한 세기 넘게 연구가 이루어져왔다. 그러나 질이나 그에 상응하는 생식기는 거의 연구되지 않았다.

브레넌은 그런 상황을 용납할 수가 없었다. 연구실 주변의 시골 사람들은 오리를 길렀는데 그중에 베이징오리도 있었다. 그녀는 근처 농가로 가서 (식탁에 오를 운명이었던) 베이징오리를 한 마리 구해 최초로 오리의 질 전체를 해부학적으로 검사했다.* 그녀의 발견은 과학에서 유양막류의 도입체가 아닌 생식기 쪽으로 시선을 돌리는 데에 조금이나마 기여했다. 그 전까지 질은 본질적으로 사정액을 받는 수동적인 관이라고 여겨졌다. 내가 예전에 음경을 그저 정자 전달 체계라고 강의한 것과 마찬가지였다. 그런데 오리의

* 브레넌은 〈VR 오리 생식기 탐험가VR Duck Genitalia Explorer〉 앱을 통해서 가상 오리 질 속을 자유롭게 둘러보게 하고 있다. 구글에 검색하면 나온다. 실망하지 않을 것이다. 좀 현기증을 느낄 수는 있지만.

질은? 이 질은 음경 거부 장치였다. 여기저기 막다른 골목이 되는 주머니가 있었고, 심지어 음경의 비트는 힘을 상쇄시키도록 비틀린 터널도 있었다. 침입하는 기관이 저절로 빠지도록 만든다.

오리는 성적 공격성, 강제 교미, 폭발적인 힘을 내는 긴 타래송곳 모양의 음경을 지닌 것으로 유명하다. 워싱턴 대학교 강사이자 조류 전문가인 케일리 스위프트는 오리 음경을 3분의 1초 이내에 사정할 수 있는 "기본적으로 정자를 발사하는 탄도 미사일"이라고 묘사한다. 무기를 쏘듯이 정자를 전달하기에, 오리의 행동은 가장 극심한 암수 대립의 사례다. 그러나 브레넌 연구진이 지적했듯이, 정자를 암컷의 몸에 집어넣는 것은 한 단계에 불과할 뿐이다(Brennan et al. 2008). 그 정자가 난자에게 가서 융합하지 못한다면 그 모든 폭력적 행동은 오리의 번식 성공에 전혀 기여하지 못한다.*

일부 오리 종에서 암수 사이의 '군비 경쟁'이라고 묘사되어온 것을 보면, 수컷이 선호하는 강제 교미의 전술이 바뀔 때마다 암컷에게서는 그것을 무력화하는 자연선택이 일어나고 수컷은 다시 대응 방안을 마련한다. 브레넌 연구진은 물새들의 "유례없는" 질 다양성이 바로 그 결과물이라고 말한다. 예를 들어 오리의 질에는 정자가 들어갔다가 융합할 난자는 보지도 못하고 그냥 시들고 마는 막다른 골목들과, 환영하지도 않았는데 침입한 도입체를 저절로 빠지게 만드는 역방향으로 감긴 모양의 질벽이 있다.

브레넌 연구진은 물새 16종의 질을 조사하여 질의 길이와 음경의 길이가 서로 들어맞는다는 것을 알아냈다. 성선택이 일어남을 강하게 시사하는 사례였다. 사실 연구진은 암컷의 생식관이라는 아주 바쁜 곳에서 몇 가지 선택 과정이 일어난다고 보았다. 수컷은 난자를 수정시키기 위해서 서로 경쟁할지 모르지만, 이런 구조들의 공진화를 추진하는 가장 큰 압력은 번식

* 그리고 더 끔찍한 결과를 빚어낼 위험도 있다. 데이브라는 한 불행한 오리는 국제적인 화젯거리가 되었다. 하루에 10번 이상 강제 교미를 시도하다가 입은 상처에 감염이 일어나서 결국 음경을 제거해야 했기 때문이다.

통제권을 차지하려는 암수의 경쟁에서 나올 가능성이 높다. 대개 자식이 많을수록 수컷의 성공률이 높아지지만 암컷의 성공률은 떨어질 수 있다. 암컷은 난자를 만들거나 배아를 만드는 데 에너지를 더 투입하게 되고, 육아도 한다면 그 일도 암컷이 맡을 때가 많다. 이 모든 일은 시간 및 자원을 잡아먹으므로 암컷은 나가서 다시 짝짓기를 하기가 수월하지 않게 된다.

놀랍게도 이런 강제 '혼외' 교미는 수컷에게 그다지 번식 이점을 주지 않는 듯하다. 이런 행동을 하는 오리가 구애하고, 짝을 유지하고, 합의에 따른 교미를 하는 오리보다 자식을 더 많이 얻는 것은 아니다.

역사적으로 질과 다른 수입체에 대한 관심은 음경 '열쇠'의 '자물쇠' 역할을 할 가능성을 상정함으로써 나온 것뿐이었다. 그로부터 수컷이 왜 이런 탁월하게 분화한 구조들을 지니게 되었는지 대한 설명이 나왔다. 수컷이 도입체의 온갖 다양한 생식기 장치들을 써서 교미 상대들 중 육체적으로 들어맞는 자기 종의 암컷을 고를 수 있기 때문이라는 것이다.

이 시나리오에 따르면, 열쇠가 자물쇠에 들어맞는다면 두 짝짓기 상대는 아마도 같은 종에 속할 것이며, 번식적으로 막다른 골목이 될 상대와 교미하는 데 시간과 에너지를 낭비하지 않게 된다. 들어맞지 않으면 교미도 없다. 열쇠가 자물쇠를 연다면? 오호, 그 운 좋은 녀석에게는 수정 가능한 보물이 기다리고 있다. 그러나 브레넌이 묘사한 오리 질은 정반대로 일하는 듯했다. 열쇠를 꽂지 못하게 할 수도 있는 자물쇠였다.

열쇠와 자물쇠의 문제점

사실 도입체와 수입체는 열쇠와 자물쇠처럼 행동하지 않을 때가 많다. 그 점을 생각하면 나는 좀 뻘쭘해진다. 내 해부학과 생리학 강의를 듣던 학생들에게 더 자세히 설명하지 않은 채 그저 음경이 정자 전달 체계라고만 환원적으로 설명했을 뿐 아니라, 이 열쇠와 자물쇠 모델이 도입체가 왜 그런 모양인지를 정확히 설명한다고도 가르쳤기 때문이다. 교과서에 그렇게 나와 있었으니까. 나는 선인장처럼 생긴 무시무시한 뱀의 반음경*이나 실잠자리 생식기의 이중 갈고리 모양의 끝부분을 찍은 사진을 크게 스크린에 띄우면서 이렇게 읊조렸다. "이런 특수한 구조들은 같은 종임을 인식하도록 도움으로써, 교미하는 쌍이 수정이나 생존 가능한 자식으로 이어지지 않을 행동에 불필요하게 에너지를 낭비하지 않게 막아줍니다." 그럴 때면 교실에 짜릿한 전율이 흐르는 것이 여실히 느껴졌다.

1900년대의 생물학 교육을 옹호하자면, 우리는 수십 년에 걸쳐서 분류학자들의 연구 속으로 흘러들면서 한 세기 넘게 찰스 다윈이 끼친 영향력에 짓눌려 있었다. 명석하면서 사려 깊은 사람이었던 다윈은 성선택이라는 개념을 내놓았다. 성이 때때로 자연선택의 지혜에 맞서는 방향으로 매력과 힘을 선택한다는 개념이다. 여기까지는 아무 문제 없었다. "암컷은 가장 승리하거나 가장 아름다운 수컷을 선택한다." 그러나 그 뒤에 그는 이 성선택 과정에서 생식기의 역할을 노골적으로 무시했다(Eberhard 2010).

획기적인 책†을 통해 성선택을 비로소 올바로 대우했다는 평가를 받는 인물인 윌리엄 에버하드는 우리가 열쇠와 자물쇠 개념에 의지하는 바람에 다른 거의 모든 모델을 배제하기에 이르렀다고 요약한다.‡ 무엇보다도 곤충학자인 에버하드는 분류학자들—관찰 가능한 형질을 토대로 생물을 분류하는 이들—이 한 세기 넘게 절지동물 종들을 분류하는 일에 열쇠와 자물쇠 개념을 일관되게 써왔다고 했다. 다시 말해 두 딱정벌레가 미묘하게 다른 도입체를 지니고 몇몇 다른 형질들에서도 차이가 있다면, 둘은 다른 종이라고 가정했다. 모든 사소한 분기는 오로지 서로 다르지만 아주 가까운

* 유대류와 달리 이중 질에 끼워지는 것은 아닌 듯하다.

† 『성선택과 동물의 생식기』(1985).

‡ 이 시점에서 일부 현학자들이 내게 당장 이런저런 반박 논문을 전자우편으로 보내는 일이 일어날까봐 미리 말해두는데, 여기저기에 많은 문헌이 나와 있는 것은 맞다. 나도 인정한다. 그러나 그 개념들은 널리 받아들여지지 않았고 심지어 널리 알려지지도 않았다.

친척 종들 사이의 교미를 막는 장벽으로서 생겨나고 유지된다고 보았다.

에버하드가 지적했듯이, 그 개념의 문제점은 모든 생식기 차이가 종 내의 잠재적인 변이가 아니라 신종을 시사한다고 해석된다는 것이다. 이 접근법을 좀 과장해서 말한다면, 사람 10명의 음경을 보고서 인간을 10가지 종으로 분류할 수도 있다. 음경이 완전히 똑같지가 않기 때문이다. 그러나 생식기가 종을 구별하는 열쇠와 자물쇠 조건 때문에 다른 것이 아니라 사람 사이의 음경과 마찬가지로 그저 종 내의 변이 때문에 다른 것이라면?

그 가정이 빚어낸 두 번째이자 사실을 몹시 오도하는 문제점은 수컷 생식기를 살펴보는 쪽으로 연구가 편향되어왔다는 것이다. 사실 곤충학자들은 절지동물 쌍을 조사할 때 암컷의 생식기와 생식 구조를 '세척하는' 단계를 거치곤 한다. 암컷의 다른 부위들을 더 잘 볼 수 있도록 말이다. 암컷의 구조를 씻어내는 이 행위는 생식기에서 일어나는 과정들을 알려줄 중요한 증거를 모호하게 만든다. 암컷의 생식기가 연구 대상으로 인정을 받게 된 것은 꽤 최근의 일이었으니까.* 그리고 물론 수컷의 구조가 대개 노출되어 있고 눈에 보여서 훨씬 더 쉽게 접근할 수 있었으므로, 더 폭넓은 진화 맥락에서 이런 종들과 그들의 위치를 파악하고 기술하고 연구하는 일은 대부분 수컷의 생식기에 초점을 맞추었다.†

사실 에버하드가 성선택을 다룬 걸작을 내놓기 전해에 콜린 R. '버니' 오스틴은 "교미 기구의 진화"를 개괄한 (정말로) 유용한 글을 썼다. 그는 이렇게 오로지 수컷 대 암컷의 기관에 초점이 맞추어지는 것에 한마디 했다(아마

* 내 나이에 '최근'은 지난 20~30년 전을 의미할 수 있다.

† 에버하드는 전자우편으로 내게 수컷의 생식기를 살펴보기가 더 쉽다는 점 때문에 동물을 분류하는 사람들, 즉 분류학자들이 거기에 주로 초점을 맞춘 것이 맞다고 확인해주었다. 그는 거미류가 '대조군' 역할을 한다고 지적했다. 거미류는 암컷도 단단한 외부 구조를 지닌다. 그 결과 거미 분류학자들은 "수컷뿐 아니라 암컷의 생식기도 으레 다룬다"고 말했다. 그는 어떤 요인들이 관여했든 간에 수컷 편향이 "결코 사라질 가능성이 없다"고 예측했다. 어느 정도는 "아직 기재되지 않은 수백만 종이 남아 있다"고 해도 암컷까지 살펴보며 분류를 하는 사람이 여전히 아주 적기 때문이라는 것이다. 서글프게 느껴지는 말이다.

변명하기 위해서?). "암컷보다 수컷의 기관과 행동에 더 주의가 기울여져왔다. 수컷의 형질이 더 두드러지고 동물 집단 사이에 더 큰 차이를 보이기 때문이다"(Austin 1984). 그런데 상대적으로 얼마나 구별되는지를 파악하기는커녕, 암컷의 형질을 체계적으로 살펴본 사람이 아무도 없는 듯하다는 점도 언급해두자.

이어서 버니는 암컷 생식기가 아주 조금은 흥미로울 수도 있을 가능성을 거부하는 인상적인 말을 했다. "따라서 교미기구의 진화에 관해서 이끌어낼 수 있는 추론들은 수컷 쪽을 연구함으로써 더 쉽게 얻으며,* 그 이야기의 암컷 쪽에 상대적으로 소홀함으로써 놓치게 되는 중요한 것들이 전혀 없기를 기대한다." 그의 기대는 무너졌다.

짝짓기 쌍의 양쪽을 대변하는 기준을 수컷으로 삼음으로써 암컷은 이른바 수동적인 행위자로 남게 되었다. 그 결과 "우와, 과학적 연구다!"나 "맙소사, 저것 좀 봐!" 차원을 넘어 종의 생태와 행동에서 번식과 관련해 중요한 암컷 측면에는 상대적으로 거의 주의를 기울이지 않았다. 하지만 암컷이 짝짓기 행동과 성선택에 기여하는 바를 더 깊이 이해하지 않는 한, 우리는 종의 진화 양상 중 적어도 절반을 놓치고 있는 것이다. 로레타 A. 코미어와 샤린 R. 존스가 『길들여진 음경: 여성성은 어떻게 남성성을 빚어냈는가The Domesticated Penis: How Womanhood Has Shaped Manhood』에서 썼듯이 말이다. "여성의 선택은 진화의 대안이 아니다. 진화의 일부다."†

버니의 논문이 나온 다음해는 1985년이었다(다행히도 여성의 생식기가 과학에 제공할 흥미로운 것이 전혀 없다는 주장을 전혀 모른 채 내가 고등학교를 졸업한 해다). 그 해에 에버하드는 『성선택과 동물의 생식기』를 출판했다. "놓치

---

* 그 점은 따질 수 없다. 오로지 바로 그 때문에 수컷에 초점을 맞추는 것이니까.

† 또 에버하드는 전자우편에서 내게 "능동적 남성-수동적 여성"이라는 편견이 자신을 몹시 좌절하게 만든다고 썼다. 그는 "많은 문헌"이 암컷을 찌르거나 문지르는 곤충 수컷의 구조를 다룬 반면, 암컷의 반응과 그것이 그 종의 진화와 어떤 관련이 있는지는 여전히 "철저히" 외면당하고 있다고 했다.

게 되는 중요한 것들이 전혀 없"다는 가정의 정반대편에 선 책이었다. 사실 그 이야기의 "수컷 쪽"을 이해하려면 "암컷 쪽"을 그냥 무시할 수가 없다.

생식기를 다루기 전에

내가 학생들에게 가르쳤듯이, 당신이 누구에게 묻든 간에(아무에게나 묻지 말기를) 거의 다 먼저 생식기를 교미 구조라고 분류하겠지만, 이 기관은 "내부 구애 장치"로 작동하여 교미전 선택에도 나름의 역할을 할 수 있다(Briceño and Eberhard 2015). 이미 무언가의 안에 들어가 있다면, 교미가 이미 시작되었고 교미전precopulatory이라는 말이 들어맞지 않는 양 들린다는 것을 나도 안다. 그러나 가장 엄격한 의미에서 볼 때—물론 여기서 논의할 때—교미는 물리적 접촉을 통해 한쪽 상대가 다른 쪽 상대에게 배우자를 전달하는 데 관여한다.* 그런데 도입체는 배우자 전달 이외의 목적에도 쓰일 수 있다.† 상대의 몸속에서도 그럴 수 있다. 독자는 사람이다. 독자가 음경을 수반한 성경험을 한 적이 있다면, 아마 무슨 말인지 알 것이다.‡

도입체를 내부 구애 장치로 쓴다는 것은 도입체가 순수한 번식 역할이 아니라 감각적 또는 자극적 역할을 맡는다는 뜻이다. 미학적으로 과시하기의 도입체 판본인 셈이다. 다시 말해 도입체를 구애용으로 쓰는 것은 "쿵, 탁, 자기 고마워Wham, bam, thank you ma'am"(애정 없이 거칠고 급하게 끝내는 섹스를 뜻하는 속어–옮긴이) 하는 식의 배우자 전달이라는 차원을 넘어서는 행동을 하는 것이다. 이 점을 설명하는 데 유용한 의외의 사례가 하

---

* 다른 지면에서는 나는 '짝짓기mating'라는 말을 반복해서 쓰는 일을 피하고자, 성교 행위(물론 배우자 전달을 이루고자 할 때도 많다)를 가리키는 더 일반적인 말인 '교미copulating'를 대신 쓰기도 한다. 그러나 성선택을 논의할 때에는 '교미'에 대해 이러한 더 엄격한 정의를 쓰기로 하자.

† 노래기의 시험 삼아 삽입하기가 떠오를 것이다. 아무튼 나는 그게 떠올랐다.

‡ 모른다면, 알아볼 가치가 있다.

나 있는데, 바로 체체파리tsetse fly(체체파리속*Glossina*)다.

체체파리(체체파리속에는 적어도 20종이 있다)는 피를 빠는 커다란 질병 매개체로서 대다수 곤충과 달리 한 번에 알을 한 개만 만든다. 또 다른 곤충과 달리 암컷은 포궁에서(그렇다, 가슴이 아니다) '젖샘'을 통해 먹이를 주면서 소중한 애벌레를 키운 뒤에 낳는다(Briceño and Eberhard 2015).

소에게 심한 질병을 일으키는 매개체로서 이 파리는 서양의 아프리카 식민지 건설에 나름 역할을 했다(Pearce 2000). 유럽인이 들여온 바이러스는 지역 주민들이 의지하는 소를 전멸시켰으며, 결국 그들은 굶어죽었고 식민지 세력이 들어왔다. 체체파리는 소들이 사라진 빈 초원으로 들어왔고 수면병을 퍼뜨리면서 수백만 명을 죽였다. 지금까지도 사람과 가축 양쪽에게 수면병을 퍼뜨리면서 아프리카 수십 개 국가의 경제 상황을 좌지우지한다. 이 파리는 세계의 파괴자다. 이 장의 끝에서 살펴보겠지만, 체체파리 같은 질병 매개체 동물의 교미 행동을 이해하는 것이야말로 (아마도) '엄청난 생태적 비용을 치르지 않고서도 생명을 구하는 대책을 수립하기'라는 자물쇠를 풀 열쇠가 될 수 있다.

체체파리 수컷은 생식기관을 도입체로 쓰지만 그걸로 다른 많은 일도 한다. 체체파리는 종마다 암컷에게 하는 행동이 다르며, 수컷이 표적 부위들을 제대로 건드리지 못한다면 암컷의 반응은 바뀔 것이다. 구애를 어떻게 시작하든 간에 아마 수컷에게는 그다지 가망이 없을 것이다. 암컷이 포유동물의 무언가를 먹기 위해서(깨물어서 피를 빨아먹기 위해서) 표적을 향해 윙윙거리며 다가갈 때 수컷은 공중에서 암컷을 붙든다.

그러나 일은 이제 겨우 시작되었을 뿐이다. 체체파리의 구애와 교미는 24시간까지도 지속될 수 있는 몰두 행위다. 사실 너무 오래 계속되어서 일부 종의 수컷 생식기는 교미를 할 때 암컷이 배설하는 것을 방해하지 않는 방향으로 뻗어 있다. 암컷은 변비로 고생하는 일이 없도록 교미 도중에 속을 비워야 하는 모양이다.

교미와 배설을 하고 공중에서 낮잠도 자면서 수컷은 고도로 프로그래밍된 몇 단계의 구애 과정을 수행한다. 수컷은 6가지 행동을 반복해서 수행해야 교미를 끝낼 수 있다. 첫 번째로 그는 울어야 한다. 자신의 접힌 날개를 진동시켜서 끼잉거리는 고음의 소리를 낸다. 이어서 수컷은 날개를 옆으로 펼친 뒤 윙윙거린다. 다음 네 단계는 다리와 부수적인 생식기 구조들로 암컷의 머리, 목, 배 등 여러 부위를 비비고 두드리고 비비고 두드리는 행동을 되풀이하는 것이다. 모두 암컷을 자극하는 효과를 일으키는 듯하다. 상대의 몸 바깥, 때로는 배 위에서 하는 '극적인' 리듬 운동도 이런 행동 중 하나다. 게다가 도입체를 삽입한 채 암컷 몸의 8개 부위를 표적으로 삼아서 이 모든 일을 해야 한다.

수컷이 생식기처럼 쓰는 신체 구조들은 두 범주로 나뉜다. 수컷이 주로 암컷을 촉각적으로 자극할 때 동원하는 것은 쌍꼬리cercus다. 몸 끝에 난 한 쌍의 작은 부속지인데 집게로 쓰는 것이 분명하지만 리듬 있게 움직이기도 하며, 연구자들은 이 움직임으로 수컷이 암컷을 자극한다고 해석한다(Briceño et al. 2007).* 사람의 행동 중에서 내가 떠올릴 수 있는 가장 비슷한 것은 자신의 엄지발가락을 상대의 몸 어딘가에† 걸고서 리듬 있게 죄었다 풀었다 하는 것이다.

아랫배에 있는 '5번째 배마디'라는 판 비슷한 구조 및 같은 부위에 있는 작은 파악기도 자극용으로 쓸 수 있다. 이런 구조들의 중심을 이루는 것은 음경밑부phallobase다. 수컷이 삽입하는 생식기 기구의 일부다. 5번째 배마디는 '수컷 경련male jerking'이라는 움직임이 일어날 때 작동한다. 독자가 생각하는 그런 움찔거림을 의미하는 것이 아니다(jerking은 자위를 뜻하기도 한다–옮긴이). 수컷은 몸이 경련할 때 5번째 배마디로 암컷의 몸을 '격렬

* 이 사례에서 '자극적'이 반드시 '기막힌 느낌'을 의미하지는 않으며, 배란 같은 생리적 반응을 자극하는 일과 관련이 있을 수 있다. 그래도 촉각적인 것임에는 분명하다.

† 어디를 고를지는 독자에게 맡기련다.

하게' 문지른다(Briceño and Eberhard 2009b). 마치 수컷 기구의 나머지 부위들이 한바탕 치르느라 바쁜 동안, 차고 있는 방탄복을 암컷의 적절한 스폿spot에 대고 있는 듯하다.

여러 부위들을 정교하게 촉각적으로 자극하는 이 행동이 정말로 암컷을 성적으로 자극하려는 것인지 알아보기 위해 연구자들은 투명 매니큐어를 이용했다. 꾸미기용이 아닌 가리기용 컨실러로 썼다.* 매니큐어로 수컷이 암컷과 접촉하는 부위를 덮자 암수가 교미를 완수하고 정포를 전달하는 비율이 줄어들었다(Briceño and Eberhard 2009b). 연구자들이 수컷의 접촉 구조를 변형시켰을 때에도 같은 결과가 나왔다. 그 말은 체체파리 수컷의 접촉이 교미 성공, 즉 배우자 전달에 필수적이라는 의미다. 설령 도입이 이루어지고 있다고 해도 촉각 입력이 그 뒤에 일어날 모든 일의 선결조건임을 명확히 보여주는 사례다.

매니큐어 실험으로는 부족하다 싶었는지, 코스타리카 대학교의 R. 다니엘 브리세뇨와 이미 친숙할 윌리엄 에버하드는 한 단계 더 나아갔다. 그들은 파리의 목도 베었다. 그들은 자극이 진행되는 동안 수컷에게 어떤 일이 일어나는지 알아보고자 했는데, 파리가 아직 머리를 지니고 있다면 확인하는 게 불가능하다고 여겼음이 틀림없다.

브리세뇨와 에버하드는 머리를 잘라낸 수컷의 파악기에 달린 털 같은 뻣뻣한 구조인 센털을 자극했다(Briceño and Eberhard 2015). 분명 실험을 하면서도 좀 기분이 이상했을 것이다. 자극을 하자 일부 수컷의 음경밑부(그들의 도입체)가 튀어나오면서 마치 풀무처럼 부풀었다가 쪼그라들었다가 했다. 두 사람은 이 부풀리는 행동이 체체파리의 질 안에서 두 가지 역할 중 하나를 한다고 추론했다. 도입체를 더 깊이 밀어 넣거나 암컷 생식기의 벽을 밀어 늘려서 산란 같은 생리적 반응을 촉발한다는 것이다.

* 또 연구진은 매니큐어를 파리의 몇몇 상관없는 부위에 발라서 대조군으로 삼았다.

머리가 잘린 채로 성적 자극을 받은 수컷에게서 얻은 최종 증거가 시사하듯이, 촉각 자극의 최종 목적이 암컷에게 쾌감을 일으키는 것은 아닌 듯하다. 사실 그저 암컷의 산란을 촉발하는 것일 수도 있다. 암컷이 처음부터 산란에 들어갔다면, 암컷의 관심을 계속 끌면서 따르게 만드는 이런 전희도 교미할 때의 구애 자극도 필요 없을 것이다. 이런 행동이 존재한다는 사실 자체는 이 종이 존속하려면 완화시켜야 하는 어떤 타고난 긴장 관계가 있음을 시사한다.

잘린 뒤엽

초파리의 한 종인 드로소필라 멜라노가스테르*Drosophila melanogaster*는 유전학 연구에 가장 널리 쓰이는 동물에 속한다. 또 자연선택 연구에서도 중요한 역할을 한다. 유전학적으로 잘 규명되었기에 연구자가 특정 형질의 토대를 이루는 유전자를 쉽게 조작할 수 있기 때문이다.

이 파리는 도입과 교미를 하려면 뒤엽posterior lobe이라는 구조가 필요하다.* 뒤엽은 암컷의 몸에 삽입되지도 심지어 암컷의 생식기를 건드리지도 않지만, 뒤엽이 없으면 교미 자체가 이루어지지 않는다(Frazee and Masly 2015). 그 이유가 아직 다 밝혀진 것은 아니다. 수컷은 대개 갈고리가 달려 있는 뒤엽을 암컷 아랫배의 두 몸마디 사이로 끼워서 암컷을 붙든다. 체체파리처럼 산란이나 수정 가능성을 높이는 어떤 생리 반응을 촉발함으로써 자극 효과를 일으키는 것일 수도 있다.

이 뒤엽이 도입체는 아니지만 그 크기는 수컷의 번식 성공에 중요한 역할을 하는 듯하다. 더 작고 더 단순한 뒤엽을 지닌 수컷은 번식 성공률이 낮

* 이 구조를 지닌 초파리는 4종뿐이다. 이는 진화적으로 말해서 이 구조가 잘나가는 신제품임을 시사한다.

다. 연구자들은 뒤엽을 "비도입체 생식기"*라고 부르는데, 뒤엽 형질을 만드는 유전자를 찾아낸 다음 그 유전자 서열을 조작하여 뒤엽을 이렇게 저렇게 바꿈으로써 그렇다는 사실을 알아냈다. 이 유전자의 이름은 '폭스뉴로 Pox neuro'이며 초파리의 생식기 발달에 핵심적인 역할을 한다. 호기심이 동한 연구자들은 이 유전자를 제거하여, 도입체 자체는 그대로 있지만 더 작거나 갈고리가 없는 뒤엽을 지닌 개체를 얻었다.†

뒤엽은 교미 때 암수가 계속 달라붙어 있도록 하기 때문에 대단히 중요하다는 것이 드러났다. 그런데 뒤엽이 더 작거나 뒤엽에 갈고리가 없는 수컷과 짝짓기를 한 암컷은 알을 더 적게 낳았다. 즉 그 쌍의 새끼들이 더 적었다는 뜻이다. 또 뒤엽은 교미하는 수컷이 너무 바짝 달라붙어 도입체가 너무 깊숙이 들어가지 못하도록, 즉 암컷을 다치게 하여 번식 성공률을 떨어뜨리지 못하도록 거리를 두는 뻣뻣한 버팀대 역할도 하는 듯하다. 그렇다면 이 구조는 교미전(가까이 다가가게) 선택과 교미후(너무 가깝지 않게) 선택을 다 받는 셈이다.

앞서 몇 차례 등장한 팥바구미—애벌레 때 콩 속에 숨어 있다가 다 자라면 밖으로 튀어나오는 곤충—는 생식기 구조가 교미전 선택을 받는 또다른 사례다. 이 곤충을 연구하는 이들은 교미구paramere라는 아주 작은 구조에 아주 미세한 수술을 했다(Cocks and Eady 2018). 교미구는 수컷 도입체의 옆에 있으며 끝이 뻣뻣할 때가 많다. 이 뻣뻣한 끝은 암컷의 배를 매우

---

* 프레이지Frazee와 매슬리Masly는 2015년에 합리적으로 보이는 곤충 생식기 구조의 분류 체계를 제시했다. 상대의 생식구gonopore에 직접 삽입하는 것(1차 도입체 생식기), 생식구 이외의 부위에 삽입하는 것(2차 도입체 생식기), 상대와 접촉은 하지만 삽입하지 않고 짝짓기 때 외부에 머무는 것(2차 비도입체 생식기)이다.

† 몸길이가 겨우 3밀리미터에 불과한 동물에게서 이 뒤엽의 상태가 어떠한지 꼼꼼히 조사하지 않고서도 연구자들이 그런 개체를 구별할 수 있다고 하면 좀 의아할지 모르겠다. 방법은, 해당 유전자의 제거가 성공적으로 이루어지면 흰 눈(초파리는 눈이 대개 붉다) 같은 쉽게 알아볼 수 있는 형질도 함께 나타나게 만드는 것이다. 그러면 연구자는 그저 눈이 하얀 초파리만 골라내면 된다. 해당 유전자가 없는 개체이기도 할 테니까.

유혹적으로 쓸어대는 데 쓰인다. 교미하기 전 암컷을 거부할 수 없는 유혹에 빠뜨리거나 교미 때 배를 쓸어줌으로써 계속 매혹시킨다.

교미구를 수술로 짧게 줄이면 수컷이 상대에게 삽입할 확률이 줄어든다. 그러나 교미가 이루어진다면 짧아진 교미구는 번식 성공률에 영향을 미치지 않는 것으로 드러났다. 이런 '교미전' 압력의 존재와 '교미후' 영향의 부재는 생식기의 이 특징에 교미전, 구애와 관련된 선택이 일어남을 시사한다. 짝 선택을 할 때 암컷은 멋진 길고 빳빳한 비도입체 교미구의 자극에 도저히 저항할 수가 없다.

한편 일반적으로 팔바구미에게서는 마찬가지로 삽입되지 않는 또다른 구조가 더 중요하다. 도입체에 달린 아주아주 작은 갈고리다(아주아주아주 작기에, 보려면 주사전자현미경을 써야 하며 281배로 확대해도 겨우 5밀리미터에 불과하다). 이 갈고리는 암컷의 몸에 들어가지 않으며, 초파리에게서처럼 도입체가 너무 깊이 들어가지 않게 저지하는 역할도 할지 모른다. 무슨 일을 하든 간에 수술로 제거하면 수컷은 교미를 거의 못 한다.

어둠 속의 도입체

지금까지 살펴본 일반적인 양상은 암컷의 선택이 수반되는 교미전 성선택이 비도입체 생식기의 특징들에 작용하는 경향이 있다는 것이다. 이 점은 어느 정도 납득이 간다. 이런 구조는 대개 교미를 교미답게 만드는 단계, 즉 배우자 전달 단계에는 참여하지 않기 때문이다. 삽입하여 배우자를 전달하는 구조에는 어떤 교미전 선택이 가해질까?

물론 떡 하니 내놓을 사례가 없다면 나는 그 질문을 하지 않았을 것이다. 보시라, 호텐토트황금두더지Hottentot golden mole(*Ambylsomus hottentotus*)다. 맞다, 두더지다. 독자가 두더지를 얼마나 알고 있는지 잘 모르겠지만, 두더지의 주요 특징은 어두운 곳에 살며 따라서 앞을 잘 못 본다는 것이다. 애초에 아예 못 보는 종도 있다. 굳이 볼 필요가 없기 때문이다. 그러나 어둠 속에서 빛나는 촛불과 같은 짝을 찾고자 한다면 암컷은 상대를 구별할 방법이 있어야 한다.*

연구자들은 이런 동물들의 생식기와 몇몇 다른 구조를 조사한 끝에, 수컷의 몸길이와 유달리 상관관계가 높은 것이 음경의 길이뿐임을 알아냈다.† 반면에 질의 길이는 몸집에 따라 증가하지 않았다(그렇다! 그들은 질도 쟀다!). 암컷은 도입체가 삽입된 뒤, 하지만 배우자가 전달되기 전에(즉 교미가 다 끝나기 전에) 어떤 선택을 하는 듯하다.‡

비록 연구진은 "호텐토트황금두더지 생식기에 작용하는 진화의 힘을 확실하게" 파악하기 어렵다고 인정했지만(그리고 그런 문제를 겪지 않은 사람이 누가 있겠는가?), 몇 가지 추정을 내놓았다(Retief et al. 2013). 이 작은 동물은 땅속에 살며 관찰하기가 쉽지 않지만, 암컷은 아마 수컷 몇 마리와 짝짓기를 할 것이다. 암컷은 교미가 시작되고 수컷이 사정하기 전에 음경이 충분히 길지 않다고 느끼면 그 수컷을 거절할 가능성이 있다. 본질적으로 삽입이 이루어진 뒤 교미가 완료되기 전에 이루어지는 짝 선택이다. 연구진은 완전한 어둠 속처럼 암컷이 별다른 짝 선택을 할 여지가 없는 곳에서 이런 상황이 나타날 수 있다고 제시한다.§

---

* 가설에 따르면, 동굴속 박쥐와 땅속 두더지처럼 앞을 보기 어려운 곳에 사는 동물들은 이렇게 하나의 구조를 생물 전체를 대신하는 척도로 삼는다. 적어도 두더지쥐 한 종은 뒷다리로 땅을 진동시키는 수컷의 능력('지진성 발 구르기seismic drumming'라고 한다)을 대용물로 삼는다.

† 이 상관관계는 사람에게는 나타나지 않는다. 궁금해할 테니 말해둔다.

‡ 이렇게 교미전 딱 알맞은 시점에 도입체 기관을 평가하는 것이 이 종만은 아니다. 지중해밀가루나방Mediterranean flour moth(*Ephestia kuehniella*) 암컷은 여러 수컷 중에서 하나를 골라야 하는 상황에 처하면 매우 비슷하게 행동한다(Xu and Wang 2010).

§ 아니, 사람은 이러지 않는다. 호텐토트황금두더지 함정에 빠지지 말라.

리틀 레드 콜베트

일단 도입체가 관여하면 성선택은 교미전 압력에서 교미후 선택으로 뻗어가기 시작한다. 삽입된 생식기는 이 두 압력의 사이에 끼어 있으며, 그 결과로 선택압의 옥죄는 힘을 어느 정도 느낄 수도 있다. 흰점빨간노린재 black-and-red-bug(*Lygaeus equestris*)는 검은색과 빨간색의 무늬가 선명한 곤충이다(Dougherty and Shuker 2016). 곤충판 레드 콜베트다(〈리틀 레드 콜베트Little Red Corvette〉는 프린스의 노래 제목이다—옮긴이). 날렵하면서 길쭉한 디자인의 6기통 엔진, 아니 6개의 다리가 달려 있으며, 수컷은 많은 압력을 받는 도입체를 지닌다. 좀 특이하게도 이 동물에게서 도입체의 길이는 수컷이 짝짓기에 얼마나 성공하느냐와 관련이 있다. 비록 그 구조가 교미가 시작되기 전에는 암컷과 접촉하지 않는다고 해도 말이다. 이 길이는 짝짓기 뒤에도 중요하지만, 방향은 정반대다.

길이를 평가하는 방법은 많다. 이 곤충은 몸길이의 3분의 2를 넘는 도입체를 지닌다.* 이 기관의 끝에 그 길이의 대부분을 차지하는 부위가 있다. 그들의 성선택을 아는 대다수 사람들에게 배우자를 상대의 몸속 깊숙이 집어넣는 데 쓰인다는 것을 시사하는, 감겨 있는 아주 긴 돌기다.

독자가 사람이고 사람은 으레 그런 식으로 생각하기 때문에, 길이에 관한 교미전 선택 압력이 도입체가 더 길어지도록 하는 쪽이라고 아마 추측했을 것이다. 아니다, 더 짧아지도록 하는 쪽이다. 그리고 그 선택은 독특한 사회적 상황에서 일어난다. 다른 수컷이 있는 상황에서다. 사실 수컷은 교미 전에는 이 생식기 구조를 몸속에 집어넣고 있다. 다른 노린재들은 얼마나 짧은지 볼 수도 잴 수도 없고 확실하게 알 수 있는 것이 전혀 없다. 사실 수술로 길이를 줄여도 어느 개체가 교미를 할지에는 영향을 미치지 않는 듯

* 여기서 우리가 말하는 것은 밀리미터 단위지만 그래도 엄청나다. 사람으로 치자면 음경 길이가 약 1.2미터라는 뜻이다.

하다. 그렇다면 암컷은 어떻게 길이를 토대로 선택을 하는 것일까?

몸길이로는 설명이 안 된다. 연구진이 이미 조사해봤다. 눈으로 보고서 평가하는 데 쓸 수 있을 만한 구조 중 하나는 바로 외부생식기 파악기 집합이다. 다른 아주 많은 파악기들처럼 이 파악기도 교미하기 전에 암컷의 생식 구조를 여는 역할을 한다. 수컷이 두 마리 이상 있다면 수컷들은 굳이 싸우지 않은 채 말려서 숨겨져 있는 도입체의 길이를 대신하여 파악기를 비교할 가능성이 있다. 보이지 않는 더 짧은 생식기를 선호하는 쪽으로 이 교미전 압력을 가하는 선택을 암컷이 하지 않을 수도 있다. 대신에 수컷들이 접촉하지도 않으면서 무기를 갖고 서로 싸우는 것이다.

'외상성' 정자 주입

이제 팥바구미의 한 친척 이야기를 들려줄 차례다. 이번 이야기는 좀 복잡하다. 수명, 사정액 노출, 암수 여부, 교미 횟수가 관여하는 상황을 헤쳐 나가는 이야기다(Eady et al. 2006). 그 주인공은 동부바구미*Callosobruchus maculatus*다. 동부바구미는 각 요인들을 종합하여 자신에게 최적인 상황을 찾아내야 한다. 이 투쟁의 핵심이 되는 것은 정자–상처의 교환이다. 암컷은 교미 때 생식관이 손상되지만, 교미 때 얻는 사정액에는 그 손상을 입을 만한 가치가 있을 수도 있다.

어떻게 그 손상을 겪을 만하다고 생각할 수 있을까? 동부바구미 수컷의 도입체(학술적으로 말하면 뒤집힌 내음경endophallus)는 끝이 둘로 갈라진 강철 솔과 비슷해 보인다. 센털은 뻣뻣하고 거칠므로 삽입이 이루어질 때 상대의 생식관에 손상을 입힐 것이라는 생각이 금방 떠오를 수 있다. 실제로 그렇다.

그런데도 일부 암컷은 그 뒤에 다시금 짝짓기를 한다. 수컷이 이 외상성 정자 주입을 통해 암컷이 다른 구애자들과 짝짓기하지 못 하도록 내쫓는다는 설명이 나와 있긴 하다. 그러나 암컷은 종종 전혀 개의치 않고 기꺼이 다시 정자 주입을 받는다. 교미 횟수의 영향을 연구한 이들은 두 번 교미를 한 암컷이 더 일찍 죽지만 알을 두 배 더 많이 낳는다고 본다. 진화적으로 보자면 그 암컷은 '승자'라는 줄에 선다. 더 일찍 죽긴 하지만 후대에 자신의 유전자가 차지하는 비율이 늘어나기 때문이다. 하지만 암컷에 다시 교미를 하게끔 만드는 요인이 무엇이고, 교미를 두 번 함으로써 어떻게 알을 두 배로 낳을 자원을 얻는 것일까?

혼인 선물을 기억하는지? 동부바구미 수컷은 아버지가 되기 위해서 엄청난 혼인 선물을 제공한다. 사정할 때 정액의 양은 많으면 자기 몸무게의 5퍼센트에 달하기도 한다. 그들이 체중이 80킬로그램인 사람이라면, 한 번에 약 4리터를 사정한다고 보면 된다. 이 엄청난 양의 사정액을 두 번 받으면 암컷은 영양분을 두 배로 얻는다고 가설을 세울 수도 있다. 그 풍족한 영양분 덕분에 암컷은 낳는 알의 양을 두 배로 늘릴 수 있지만, 몸에 상해를 입어서 수명이 짧아지는 것이 아닐까?

실제로 일이 그렇게 진행되는 양 보인다. 나중에 다른 연구진은 수컷 도입체에 달린 가시가 더 길수록 암컷의 생식관을 통해 몸으로 주입되는 사정액의 양이 더 많다는 연구 결과를 내놓았다(Hotzy et al. 2012). 따라서 수컷은 가시가 암컷 생식관에 확연히 상해를 입힐지라도, 늘어난 사정액을 통해 영양분을 더 많이 주입함으로써 자식을 더 많이 얻을 수 있다는 의미다. 그리고 그 자식들은 단단한 가시를 만드는 유전자 변이체를 물려받는다. 마찬가지로 암컷은 생식관 벽이 두꺼워지고* 감염을 억제하기 위해(아마도) 일부 면역 반응을 증진시키는† 등 상해에 대처하는 적응 반응을 어느 정도 보여준다(Dougherty et al. 2017).

* 맞다, 누군가 살펴보았다!

† 도허티Dougherty 연구진은 이 연구 결과가 "성적 군비 경쟁에 들어맞는다"고 말한다. "암수 형질 모두를 고려할 때에만 드러난다." 질도 포함시키는 것이 중요하다.

짝짓기 마개

거미 수컷은 삽입을 할 때면 어처구니없을 만치 더듬거린다고 알려져 있다. 앞에서 거미의 도입체가 더듬이다리라는 변형된 첫 번째 다리 쌍이라고 말한 바 있다. 거미는 더듬이다리 끝에 권투장갑이나 손모아장갑처럼 보이는 구조를 지닌다. 그래서 나는 그것에 '도입장갑'이라는 이름을 붙였다. 거미가 도입장갑으로 너무나 더듬거리며 찾기에, 거미의 더듬거림 정도를 평가한 연구자들은 삽입하려고 시도하다가 "실패하는 사례가 널리 퍼져 있다"(Eberhard and Huber 2010)고 했다. 그들이 조사한 거미 151종 중 40퍼센트에서 나타났다(독자 여러분도 한번 조사해보시길. 흥미로운 시간 때우기가 될 수 있다). 이런 거미는 제대로 삽입하는 대신에 문지르고, 긁고, 찌르고, 더듬으면서 헤맨다. 이는 단순한 실수나 탐사 과정의 일부로, 또는 실수를 거듭하는 탐사로 해석될 수 있다.*

거미가 더듬거리는 도입장갑을 쓰는 한 가지 방법은 삽입할 때 표적에 알맞은 각도로 넣으면 암컷과 맞물려 고정되도록 하는 것이다. 이런 '예비 자물쇠'는 삽입의 성공을 확보하는 한 가지 방법이다. 그러나 이 온갖 어색하게 더듬거리는 행동을 볼 때 대체로 거미 암컷은 "수컷 생식기 구조를 통해 신체적으로 교미를 강요당하지" 않는 듯하다.

수컷은 자신의 교미장갑으로 암컷을 정확히 찌르고 교미를 강요할 좋은 방법을 지니고 있지 않기에, 자연선택은 언뜻 보면 암컷보다 수컷에게 더 해를 끼치는 듯한 몇 가지 다른 해결책들을 내놓았다. 이런 전술 중 하나는 잘라내기ectomizing다. '몸에서 튀어나온 무언가를 끊어내는' 것을 의미한다. 그리고 이 사례에서는 몇몇 거미 종의 생식기가 '잘려나간다'는 뜻이다. 암컷의 몸속에서 끊어진다. 더듬이다리 전체일 수도 있고 그 일부일 수도

* '실수'가 경쟁자의 정자를 제거하는 것 같은 기능적인 역할을 할 때도 있긴 하지만.

있다. 일부 거미는 딱 맞는 지점이 끊기도록 미리 정해진 약한 부위가 있다. 어느 지점인지는 종마다 다르다.

이 해결책은 암컷보다 수컷에게 더 해로운 것처럼 보일지도 모른다. 어쨌든 수컷은 자기 부속지의 일부나 전부를 잃으며, 암컷은 몸에서 하나의(또는 몇 개의) 도입장갑 중 일부가 삐죽 튀어나온 채로 돌아다니게 될 뿐이니까.* 그러나 이런 마개는 다른 거미가 더듬어서 삽입하는 걸 방해하거나 아예 삽입하지 못하게 만들 수 있기에, 일부 연구자는 그것이 암컷에게 평생 지장을 준다고 본다. 이는 암컷이 더 번식할 기회를 잃을 수 있고 따라서 후대에 자신의 유전자가 차지하는 비율이 줄어들 수 있음을 의미한다.

암컷은 삽입될 수 있는 생식관이 두 개이므로, 한쪽만 막히고 다른 쪽은 아직 쓸 수 있는 상태로 있는 것도 가능하다. 몇몇 과학자들은 "절반의 처녀half virgin"라고 표현한다. 암컷이 양쪽으로 짝짓기를 해서 양쪽 다 마개로 막혀 있다면 "이중으로 짝짓기"를 했다고 말한다.

거미 암컷은 수컷과 만났을 때 상해를 입을 수도 있다. 전형적인 바퀴 모양의 아름다운 거미집을 짓는 것으로 유명한 몇몇 무당거미orb weaver 종의 수컷은 사실상 암컷의 생식 구조 중 일부를 갖고 달아난다. 스케이프scape라는 생식기 부속지다(암컷에게서 '달아나는 부속지e-scaping'라고 불러도 되지 않을까). 이 상해는 사실상 교미 마개와 비슷한 효과를 일으키며 다른 수컷이 암컷과 교미하지 못하게 막을 수 있다. 스케이프는 도입장갑이 정확히 표적을 겨냥하는 데 쓰는 구조 중 하나이기 때문이다.

생식기 수학: 반쪽 음경×2=음경 1개

앞서 뱀의 반음경을 생식기 진화의 열쇠와 자물쇠 가설의 사례로 든 바 있

* 흑닷거미fishing spider(*Dolomedes tenebrosus*) 암컷은 죽은 수컷을 통째로 끌고 다닌다. 수컷의 몸이 마개 역할을 한다(Schwartz et al. 2013).

다. 이제 그 반음경이 교미 때 감각기관으로 쓰이는 사례를 들어서 그때 한 말을 바로잡기로 하자.

가터뱀red-sided garter snake(*Thamnophis sirtalis*)은 북아메리카 동부 전역에 퍼져 있는 흔한 작은 뱀이다. 아름다운 빨간 줄무늬가 있지만(당연히 옆쪽에) 눈에 확 띠지는 않으며 독이 없다. 만약 이 뱀과 마주쳤는데 뱀이 달려들지 않는다면(모든 뱀이 대체로 그런다), 방해하지 말고 그냥 자기 삶을 살아가라고 놔두기를.

이 뱀의 반음경은 전반적으로 밋밋한 모양이다(반음경치고는). 각 반쪽은 길이가 약 1센티미터이고 끝에 혹들이 나 있으며 밑동으로 갈수록 가시로 덮여 있다. 각 반쪽 음경의 밑동에 있는 가시 중 하나는 완전히 자란 형태다(Friesen et al. 2014). 짝짓기를 하다가 반쪽 음경이 삽입될 때 이 가시도 함께 암컷의 총배설강으로 들어간다.

퍼트리샤 브레넌 연구진은 이 두드러진 가시의 역할에 호기심이 생겨 반음경에서 가시를 없애면 어떻게 되는지 조사했다. 가시를 제거했더니 교미하는 시간이 짧아졌고 수컷이 남기는 마개가 상대적으로 작았다. 즉 가시는 수컷이 암컷의 몸속에 더 오래 머물면서 더 큰 교미 마개를 생성하는 데 쓰이는 도구인 듯했다. 아마 그 뒤에 다른 수컷과의 짝짓기를 막기 위해서 말이다.

퍼트리샤 브레넌의 연구실에서 수행된 연구인 만큼, 연구진은 암컷의 입장에서 상황을 평가할 생각도 했다. 그들은 암컷의 총배설강을 마취시키면 암컷이 교미가 더 오래 지속되도록 허용한다는 것을 알아차렸다. 게다가 암컷의 질 근육 수축도 교미가 얼마나 오래 지속되는지에 관여한다. 이는 암컷의 신경근육계도 뭔가 할 이야기가 있다는 의미다.

이런 결과들은 교미 마개를 통해 수컷끼리 경쟁이 일어날 뿐 아니라 짝짓기 때 암수 사이에도 얼마간 긴장이 일어난다는 것을 시사했다. 생식기에 부러진 도입장갑이라는 형태의 마개가 남는 거미 암컷과 마찬가지로, 또 다른 짝짓기를 방해하는 이 장애물을 지닌 뱀 암컷은 다른 (그리고 아마도 더 나은) 짝을 선택하지 못해 대안이 줄어들었을 수 있다. 마개는 분명히 재짝짓기를 막으며 심지어 정자 덩어리에서 정자가 더 오랜 시간에 걸쳐서 방출되도록 하는 역할도 하는 듯하다. 이틀에 걸쳐서 정자가 조금씩 새어나오도록 한다. 그 기간에 암컷의 짝짓기는 본질적으로 억제된다.

모든 가터뱀 종이 똑같지는 않다. 가터뱀 암컷은 짝짓기 때 꽤 가만히 있는 반면, 오렌지색 줄무늬가 있는 평원가터뱀Plains garter snake(*Thamnophis radix*)은 몸을 꽤 움직인다(King et al. 2009). 교미를 끝낼 때가 되면 몸을 굴려서 수컷을 흔들어 떼어낸다. 교미 때 수컷은 기이하게 수동적인 모습을 보일 수도 있는데, 그럴 때에는 암컷이 먼저 움직일 것이다. 암컷이 수컷을 끌어당긴다. 우선 반음경부터.

고래 음경을 어떻게 발기시킬까? 맥주통을 쓰기를

고래의 질이 얼마나 큰지 궁금해한 적이 있는지?

음, 크다.

그리고 종마다 다른 형태와 혹과 돌기를 지닌다(Orbach et al. 2017). 아마 고래 음경의 특징들과 들어맞도록 되어 있을 것이다. 고래 음경도 크다(다음 장에서 더 살펴볼 것이다). 고래의 질벽에는 근육이 있으며 이 근육은 질 자체에까지 뻗어 있는데, 그 이유를 정확히 아는 사람은 아무도 없다. 사정이 이루어진 뒤 바닷물이 들어오지 못하게 막는 일을 할 것이라는 이론이 나와 있긴 하다. 바닷물이 닿으면 정액이 죽으니까.

고래의 음경은 언제나 준비된 상태에 있다. 튼튼한 결합조직 섬유로 되어 있다. 그런데 섬유질이기 때문에 연구실에서 음경을 뻣뻣하게 만들기가 쉽지 않다. 실험실에 마련한 고래의 질 안으로 집어넣을 수 있는 상태로 만드는 것이 목표라고 할 때 그렇다. 이 문제를 해결하기 위해서 캐나다 댈하

우지 대학교의 대라 오바크는 퍼트리샤 브레넌과 공동 연구를 했다. 연구진은 작은 맥주통을 사용해 압력을 가해서 식염수를 몇몇 고래 음경(모두 돌고래류)에 집어넣었다. 과학은 창의적인 해결책을 선호한다.

고래 음경을 발기시키기 위해 이렇게 맥가이버식 방법을 쓴 이유는 자연사한 동물들로부터 채집한, 냉동 상태에서 녹인 축 늘어진 같은 종 고래의 질을 대상으로 조사하고자 했기 때문이다. 마침내 음경이 팽창하자 그들은 같은 종의 질에 삽입한 뒤, 두 생식기를 꿰매어 붙이고 고정액에 담근 다음 컴퓨터 단층촬영을 했다.* 그들은 질과 음경이 꽤 매끄럽게 들어맞는 종도 있는 반면 그다지 잘 들어맞지 않는 종도 있다는 것을 알아냈다. 병코돌고래bottlenose dolphin(*Tursiops truncatus*)는 후자다(Orbach et al. 2017). 즉 생식기 수준에서 얼마간 긴장이 일어남을 시사한다. 후속 연구들이 보여주듯이, 병코돌고래는 음경 진입의 장벽이 되기에 충분할 만치 질에 주름이 많다(Orbach et al. 2019). 혹은 그 주름이 교미가 다른 조직들에 미칠 영향을 완충하는 역할을 하는 것일 수도 있다. 병코돌고래는 돌고래 세계의 오리다.

이어서 연구진은 고래 24종으로 연구를 더 확대했으며, 수컷 못지않게 암컷의 생식기 또한 진정으로 충실하게 조사했다(Orbach et al. 2018). 그들은 고래의 질이 "유달리" 복잡하며 빠르게 진화하는 듯하다는 것을 알아냈다. 그동안은 대개 도입체만 빠르게 진화한다고 여겼는데 말이다. 이 연구 결과는 2018년에 발표되었으므로, 고래의 질을 빚어내는 힘이 무엇이고 그 힘이 정확히 어떤 구조를 빚어내는가 같은 질문들에 답하려면 훨씬 더 많은 연구가 이루어져야 한다.

---

* 영상촬영 기술 분야에는 한 가지 법칙이 있다. 촬영하는 대상이 작을수록 장비가 더 커져야 한다는 것이다. 곤충 촬영에는 모든 생물 분야 중에서 가장 첨단 기술 장비가 필요하며, 생식기 연구는 발명의 어머니 역할을 해왔다. 작은 맥주통 해결책이 그 사실을 충분히 보여준다. 또 곤충, 편형동물 같은 종들이 등장하는 교미 동영상도 소규모 산업을 이루고 있다. 짝짓기하는 파리의 '암컷 질 이빨이 수컷 파악기와 맞물리는' 것 같은 흥미진진한 장면들도 등장한다.

질의 역습

3장에서 우리는 다양한 구조로부터 도입체 기관이 만들어진다는 것을 살펴보았다. 사실 연구자들은 얼마나 많은 구조가 도입되는 구조로 변형될 수 있는지를 보면서 경이롭다는 투로 적는 경향을 보인다. 그러나 일부 종이 기존 생식기 외에 또다른 받아들이는 구조(수입체receptomitta?)를 지닌 듯하다는 사실을 연구하거나 발표하는 데까지 나선 사람은 없는 것 같다. 맞다, 제2의 질이다.

피부밑주사형 정액 주입이 이루어지는 현장을 보러가자. 이 동물은 빈대다. 수컷이 다가간다. 피부밑주사형 도입체로 암컷을 찔러서 상해를, 아마도 치명적인 상처를 입힐 것이다(Brennan 2016b). 그러나 진화 과정에서 일부 암컷이 갑옷을 두른 배의 어딘가에 단단해진 부위를 지니게 되었고, 피부밑주사기가 그곳에 꽂혔을 때에는 그다지 문제가 심각하지 않았다. 그래서 그들은 살아남아 번식을 했고 더 단단한 지점을 만드는 유전자 변이체를 후대로 전달했다.* 이윽고 일부 암컷은 이 피부밑주사기가 수동적으로 미끄러져 들어가도록 되어 있으면서 상처도 덜 입는 표적 부위를 지니게 되었을 뿐 아니라, 거기에 질과 매우 흡사해 보이는 것을 형성하기 시작했다(Hosken et al. 2018).

빈대만이 아니다. 일부 종에게서는 주입 부위로부터 정자를 난관으로 보내는 구조까지 진화했다(Eberhard 1985). 진화는 우리에게 무시무시해 보이는 것을 취해서—빈대의 '외상성 정자 주입'을 다룬 뉴스 기사를 볼 때면 독자는 빈대를 안타까워하는 마음이 들곤 한다—비틀어왔다. 적대적인 주입처럼 보이는 것을 거부하는 대신에, 암컷이 입는 피해를 줄일 수 있으면서 번식에 더 성공적인 대응 구조를 만든다.

* 레실린resilin이라는 단백질 덕분에 더 단단해졌다.

역할 뒤집기

1985년 에버하드는 수컷이 교미를 개시하는 공격자라고 썼는데, 이는 그 혼자만의 생각이 아니다. 그러나 명백한 예외 사례들이 있다. 콜롬비아백금거미Colombian orb web spider(*Leucauge mariana*) 암컷은 두 가지 전술을 써서 수컷에 새롭게 대처한다(Hernández et al. 2018).

하나는 수컷이 남기는 짝짓기 마개를 그냥 무턱대고 받아들이지 않는 것이다. 암컷도 짝짓기 마개 형성에 나름 기여하는데, 자신이 그렇게 하기로 선택할 때만 그렇다. 자동적인 것이 아니다. 이 거미는 마개 형성, 따라서 다른 수컷과 짝을 지을지 여부를 통제하는 것 외에도 수컷을 뒤쫓아서 위턱으로 붙잡는다. 암컷이 그렇게 하지 않으면 수컷은 암컷과 짝짓기를 할 수 없다. 위턱에는 털이 있기 때문이다. 이렇게 움켜쥐는 행위를 "털 키스hairy kiss"라고 한다(Aisenberg et al. 2015).

또 암컷은 자신의 다리로 수컷의 더듬이다리를 생식기에서 쓸어내거나 턱을 벌려 "털 키스"를 그만둠으로써 원할 때 교미를 끝낼 수도 있다. 암컷이 모든 수단을 가져갔기 때문에, 이 종의 수컷은 암컷을 육체적으로 강요할 수단이 전혀 없다.

예외가 규칙을 증명한다는 속담이 있다. 따라서 '수컷이 공격적이다'라는 기본 얼개의 세 가지 예외 사례는 규칙을 증명하거나 아마도 의문을 제기하는 것이 아닐까? 콜롬비아백금거미의 털 키스가 한 예다. 다시 콩바구미는 어떨까? 알락콩바구미속*Megabruchidius*의 이 종은 암컷이 수컷보다 작지만, 암컷이 수컷을 쫓아다니며 거부하는 쪽은 수컷이다(Fritzsche and Arnqvist 2013). 연구진은 이 종이 '역할 뒤집기'를 보여준다고 말하지만, 암컷이 수컷을 찾아다닌다는 관점에서 종을 조사한 사례가 드물다는 점을 생각할 때 그 역할이 얼마나 뒤집힌 것인지는 말하기 어렵다.

이 연구 분야의 추정적인 언어가 거슬리는 것은 나만이 아니다. 2011년에 두 연구자는 "성적 갈등 연구는 진부한 성별 개념을 쓰며, 수컷이 능동적이고 암컷이 반응적이라고 정의한다"(Green and Madjidian 2011)고 했다. 그들은 어느 용어가 수컷 또는 암컷과 관련이 있는지 알아보기 위해, 발표된 논문에 쓰인 어휘들을 표로 정리했다. 그랬더니 능동적인 표현은 수컷과 관련이 있었고 반응적인 특징은 모두 암컷을 가리키는 데 쓰였다는 것이 드러났다.

이런 결과가 여성이 그 논문을 쓴 데서 나오는 편견이라고 여길까봐 말해두는데, 그 능동적 표현들에는 수컷이 언제나 이런 행동에서 "공격적"이고 암컷은 거기에 반응한다는 의미로 쓰이는 경향도 있었다. 게다가 진화적 전제들과 가장 들어맞지 않는 점은 암컷의 "반응"이 어떤 효과를 빚어내는지를 문헌들이 얼버무리고 있다는 것이다. 생식기가 오랜 세대에 걸친 요청-응답call-and-response 상호작용 속에서 진화하고 있다고 가정하면서도 말이다.

또다른 문제는 이런 연구들 중 수컷 생식기에만 초점을 맞춘 것이 너무나 많다는 점이다. 2014년의 한 보고서는 심지어 상황이 "2000년 이래로 더 악화되어"왔으며, 그 편향이 교미 때 암컷 생식기의 움직임이 없는 상태와 수컷의 주도적인 역할이라는 "끈덕진 가정"을 반영한다고 했다(Ah-King et al. 2014).

앞서 말했듯이 수컷 도입체의 빠른 진화 속도를 설명하려면 성선택 압력이 어떤 형태로든 공진화를 수반해야 함에도, 수컷은 그 모든 변화를 겪는 반면 암컷은 이른바 현상 유지를 하고 있다는 가정이 얼마나 기이한지를 언급한 사람조차 거의 없는 듯하다. 아마도 암컷이 정말로 현상을 유지하고 거의 변하지 않는 것은 아니며, 그저 충분히 연구를 하지 않아서 모르는 것일 수 있다.

에버하드가 성선택과 암컷 선택의 역할을 논의한 책을 낸 지 30여 년이 지난 2016년에도 한 연구진은 암컷 생식기를 더 많이 연구해야 한다고 요청했다(Langerhans et al. 2016). 연구진은 "사소하지 않은" 암컷 생식기 다양성이 존재하며 "다양한 메커니즘이 암컷 생식기의 급격한 다양성을 낳을 수 있다"라고 썼다. 세상은 응답을 기다린다.

우리는 기다린다

아니, 세상의 **일부**가 기다린다. 세상의 다른 이들은 생식기를 동영상으로 찍고 스캔하고 맥주통에 연결하는 이 모든 일이 엄청난 돈과 시간의 낭비라고 생각하는 듯하다. 팥바구미 질의 흉터나 체체파리 구애의 세부 사항에 정말로 누가 신경을 쓰겠는가? 과학이 아니라 경영학 학위를 지닌 한 미국 상원의원은 자기 딴에 가장 우스꽝스럽고 낭비처럼 보이는 연구에 몇 년 동안 '황금양털상Golden Fleece Award'* 을 수여하기까지 했다. 그 뒤로 다른 이들이 그 연례 망신주기를 계속 추구해왔다.

이런 냉소주의자들은 그들이 지구에 홀로 살지 않는다는 사실을 알면 놀랄지도 모르겠다. 지구에는 우리 외에도 수십억 종이 산다. 이런 기초 연구†는 직접적으로 인간을 돕는다는 명백한 목적을 갖고 이루어지는 것이 아니라고 해도, 그 방향으로 나아가는 새로운 문을 계속 열어왔다. 온갖 종의 온갖 생식기를 연구하는 퍼트리샤 브레넌은 당신의 연구에 왜 정부가 연구비를 지원하냐고 비판하는 산탄총 공격을 받아왔다. 그녀와 동료 연구자들은 이런 연구를 하는 과학자들을 위해 기개 넘치는 방어와 대응 계획을 제시하여 응전했다(Brennan et al. 2014). 생물 연구로부터 얻은 깨달음이 인간의 신경학, 기생충 박멸, 국가 안보, 심지어 항공 안전‡에 이르기까지 다양한 성과와 관련된 발견으로 이어져왔다는 것이다.

---

* 연구자가 납세자로부터 '빼앗는다fleecing'는 의미를 염두에 두고 이름 붙인 상

† 발견을 위한 연구.

‡ 철새 이주의 세부 사항을 이해하면, 항공기가 이주하는 철새를 피하는 데 도움을 줄 수 있다.

우리가 다루고 있는 사례는 곤충의 성, 특히 암컷의 선택을 이해하는 것이 시급히 필요함을 잘 보여준다. 모기가 지카, 황열병, 뎅기열, 치쿤구니아바이러스를 옮기는 지역에서 공중보건 당국과 연구자들은 이런 바이러스를 옮기는 곤충의 수를 줄일 방안을 찾아왔다. 한 가지 방법은 형질전환 모기를 써서 번식을 중단시키는 것이다(Evans et al. 2019). 그 유전자를 지닌 모기는 항생제인 테트라사이클린을 투여할 수 있을 때에만 생존이 가능하다. 모기는 대개 항생제를 먹지 않으므로* 이런 형질전환 모기들은 보통 모기 집단으로 침투하여 암컷과 짝짓기를 할 것이고, 그러면 그 자식들은 테트라사이클린이 없으면 발달할 수 없으므로 집단이 붕괴할 것이라는 개념이었다.

이렇게 변형한 곤충을 방사하자 처음에는 해당 지역의 모기 개체수가 급감했다. 그러나 형질전환된 모기의 자손 중 일부가 살아남아 번식에 성공했고, 집단은 다시 커지기 시작했다. 그중에는 형질전환 모기로부터 물려받은 유전자를 지니면서도 완벽하게 살아가는 후손 또한 섞여 있었다.

연구자들은 처음 방사가 이루어졌을 때에는 형질전환된 수컷이 아주 많아서 암컷이 그들과 짝짓기를 했다고 본다. 어디에나 있었으니까. 그러나 집단 크기가 줄어들자 암컷은 형질전환 모기나 그 잡종 자손과 남아 있는 야생형 수컷을 더 잘 구분할 수 있게 되었고, 연구자들은 암컷이 야생형 수컷을 선호했다고 생각한다. 그 결과 야생형 수컷 쪽이 더 많이 짝짓기를 했고 형질전환 모기와 그 잡종은 버려졌으며, 모기 집단은 거의 정상적인 수준까지 다시 커졌다.

이런 모기에게서 암컷이 어떤 선택을 하는지를 이해하는 것은 분명 중요하다. 겉으로는 정상으로 보이는 형질전환 모기나 그 잡종 대신 야생형 수컷을 고르는 데에 암컷은 어떤 단서를 사용하는 것일까? 이 종의 암컷은

* 항생제를 투여한 사람의 피를 빤다면 항생제를 접할 수도 있겠지만.

단 한 차례만 짝짓기를 하며, 왜 야생형 수컷을 짝으로 고르는지는 아직 전혀 모른다. 암수의 음향신호 일치와 관련이 있을 수도 있지만, 확실히 아는 사람은 아무도 없다.

한 기초 연구(Aldersley and Cator 2019) 덕분에 우리는 암컷 모기가 수컷이 그리 마음에 들지 않으면 내친다는 사실을 안다. 그 발견은 2019년에 발표되었고 연구실에서 키운 모기에 초점을 맞추었기에, 야생에서 암컷이 짝을 고를 때 어떤 요인들이 관여하는지는 아직 불분명하다. 야생의 암컷들이 어떻게 선택을 하는지 안다면, 즉 암컷의 선택과 그 결과를 더 상세히 연구한다면 왜 야생에서 암컷이 형질전환 혹은 잡종이 아닌 수컷을 선호하는지를 어느 정도 알아낼 수도 있다.* 그러고 나면 이런 형질전환 생물 방사 계획을 더 잘 수행할 수도 있을 것이다. 그리고 사람의 목숨도 구할 수 있을 것이다. 세상은 기다리고 있다.

* 나는 형질전환 수컷이나 잡종 수컷의 도입체를 연구한 사람을 찾지 못했다. 그러니 그런 구조의 역할도—있다고 한다면—불분명하다. 그 질문도 기초 과학이 대답할 수 있을 것이다.

6
내가 더 커

사람들이 음경 이야기를 할 때 공통된 주제 중 하나는 크기 비교다. "그들 중에서 누가 가장 클까?" 사람들은 궁금해한다. 그 답이 흡족하지 않다면(즉 어떤 식으로든 인간을 돋보이게 하지 않는다면) 기준은 옮겨가기 시작한다. 영장류 같은 특정한 동물 집단 내에서 가장 큰 몸집이나 가장 큰 키나 가장 무거운 체중 같은 것들로다. 이 장에서는 가장 큰 음경 상을 받을 만한 종을 찾아낼 방법들을 살펴보고 진정한 우승자를 가리기로 하자. 미리 말해두지만, 인간은 수상식에 참석조차 못한다.

음경 포스터

레이건의 집권이 끝날 무렵, 물리학자였다가 화가가 된 짐 놀턴은 전국 잡지들에 「동물계의 음경들Penises of the Animal Kingdom」이라는 포스터를 팔겠다고 광고를 싣기 시작했다. 폭넓게 실은 것도 잘 그린 것도 아니었지만, 그 포스터는 다소 얌전을 빼던 시대에 격렬한 논쟁을 불러일으켰다. 『플레이보이』에서조차도 논란이 있었고 자유주의적 출판물인 『더 네이션』에서도 놀턴의 광고를 실을지 여부를 놓고 발행인(반대)과 직원들(찬성) 사이에 거의 싸움이 벌어질 뻔했다. 그 와중에 놀턴의 포스터는 해마다 수천 부씩 팔려나갔다. 지금 같으면 일어날 리가 없는 시나리오다. 평판 좋은 뉴스 매체조차도 연방대법관 지명자와 도널드 트럼프의 음경이 어쩌고저쩌고 하는 기사를 싣는 시대니까. 예전의 그 소동은 지금 보면 너무나 기이하다.

당연하지만 아이슬란드 음경 박물관에는 그의 포스터가 걸려 있다. 찾을 수 있는 모든 음경을 찾아서 모아놓은 작은 박물관이다. 그곳에서 인간의 음경이 가장 오른쪽, 즉 가장 작은 쪽에 놓여 있다는 농담이 떠돈다. 물론 사실이 아니다. 아무튼 초파리도 존재하며, 인간의 음경은 많은 영장류의 것보다 더 크니까. 그러나 그 포스터의 매력과 그것이 촉발한 논쟁은 인간이 거대한 음경에 깊은, 그러나 모순되는 감정을 갖고 있음을 시사한다.

자신의 것보다 더 큰 동물 음경들을 보고 싶다면(그렇지 않다면 재난 영화를 보는 심정으로) 아이슬란드 음경 박물관으로 가기를. 바다에 인접한 아이슬란드에 있기에, 박물관을 설립한 큐레이터인 시귀르뒤르 햐르타르손의 수집품 중 상당수는 고래의 음경이다. 맞다, 진짜로 길고 무겁다. 고래의 음경은 엄청나다.

가장 인기 있는 소장품은 향유고래의 음경으로 길이가 약 1.8미터다. 아니, 그 길이는 음경의 일부다. 원래 음경의 끝자락일 뿐이다. 음경 전체는 훨씬 더 길고 무게가 320킬로그램은 되었을지 모른다. 인상적임에는 분명하지만, 거기에 보존된 코끼리 음경이 더 작긴 해도 더 압도적인 인상을 준다. 벽에 박혀서 마치 도전하듯이 관람자를 굽어보고 있기 때문이다.

그러나 별 특징 없는 이 거대한 음경을 그냥 보기만 해도 코끼리 수컷이 싸움꾼이 아니라 사랑꾼임을 알 수 있다. 적어도 짝짓기를 할 때면 그렇다. 이 음경에는 '장갑판' 같은 것이 전혀 없다. 사실 언제나 그런 것은 아니지만 큰 크기는 적은 '장갑판'과 짝을 이룰 때가 많다. 둥근귀코끼리African forest elephant(*Loxodonta cyclotis*)는 음경의 평균 길이가 91센티미터로 육상 포유류 중에서 가장 큰데, 이 관계를 한 단계 더 끌어올린다.

1914년 코끼리의 구애 과정을 추적한 연구에 따르면, 수컷은 자신의 짝을 "애무한" 뒤 코를 엇갈려서 서로의 입에 갖다 댄다(Pycraft 1914). 수컷은 짝짓기하기 전에 암컷과 협조하면서 화학적 표본 조사를 한다. 그런데 연구자들은 일단 짝짓기가 끝나면 그 코끼리 집단의 다른 구성원들이 주변에 모여 암수 양쪽에게서 화학물질 표본을 취하고 그 행복한 쌍에게 일종의 교미후 축하를 한다는 것도 알아냈다. 코끼리에게 성교는 단체 활동이다.

'내가 더 커' 경쟁에서 한 가지 문제는 '거대함'이 여러 방식으로 정해질 수 있다는 것이다. 무게, 길이, 굵기, 몸집에 대한 비율 등이다. 길이라면 그 영예는 대왕고래에게 돌아간다. 음경의 길이가 평균 243센티미터다. 그러나 비율로 따지면 대왕고래의 희열은 따개비에게 돌아갈 것이다. 대왕고래의 음경 길이는 몸길이의 10분의 1밖에 안 되는 반면, 일부 따개비는 음경이 몸보다 8배 더 길다.

따개비가 대왕고래만 하다면, 음경은 평균 195미터가 될 것이다. 따개비 음경의 능력에 가장 경외심을 보인 사람은 찰스 다윈이었다. 그는 따개비의 음경이 "경이롭게 발달했다"고 했다. 진화생물학의 아버지가 한 말 치고는 정말로 대단한 찬사였다.

때로 고래는 세 마리가 짝짓기를 하기도 한다(Gibbens 2017). 쇠고래는 수컷 두 마리와 암컷 한 마리가 그렇게 하곤 한다. 쉬운 일은 아니다. 서로 몸을 굴리고 비벼대곤 하면서 꽤 에너지를 소비한 뒤에, 수컷은 지느러미로 '억지로' 암컷에게 교미 자세를 취하게 만들려 하지만 암컷은 뻣뻣한 지느러미로 막곤 한다. 사실 암컷은 며칠 동안 막을 수도 있다. 암컷은 몸을 굴려서 등을 들이댐으로써 이 메시지를 (적어도 시각적으로) 전달한다. 고래는 배를 맞대고 짝짓기를 하기 때문이다. 이 행동이 명확한 의사 전달이라고 상상하는 데에 어려움을 느낄 독자는 없을 것이다.

고래 암컷은 애초에 왜 두 수컷이 관여하는 상황을 만들까? 한 수컷은 다른 수컷이 짝짓기를 하는 동안 지느러미발—그리고 버팀목—역할을 하면서 둘이 역할 교대를 하는 것일 수도 있다. 이런 식으로 수컷들은 짝짓기 때 서로 싸우는 대신에 협력한다.

위대한 다윈

앞서 말했듯이 다윈은 따개비에게 이루 말할 수 없는 매력을 느꼈기에 두꺼운 종속지 논문을 네 권이나 썼다.* 또 그는 어디에 사는 누구든 간에 따개비에 관해 뭔가 안다는 단서가 조금이라도 있다면 서신을 보내어 정보를 얻으려 모든 노력을 다 했다. 그가 진정으로 강박적일 만치 관심을 보였다는 사실은 따개비의 마법 같은 교미 행위를 관찰한 지인에게 보낸, 질문이 가득한 서신에 적힌 단어들에서 잘 드러난다. 삽입이 "행위를 통한 강간 사례"인지 아닌지를 포함하여 그의 놀라운 정보 요청 목록 중에 다음과 같은 것도 있었다.

> 긴 주둥이형 음경이 두 개체 이상에게 삽입되었나요? 얼마나 오래 삽입되었나요? 껍데기의 어느 쪽 끝에, 얼마나 깊이 삽입되었나요? 특히 삽입되어 있는 동안 그 개체는 자신의 만각을 계속 내밀고 있었나요? 음경을 받아들이는 동안 덮개를 활짝 열고 있었습니까? 나는 이런 행동이 수용자가 기꺼이 받아들이는 불륜의 사례인지 아니면 본질적으로 강간의 사례인지를 몹시 알고 싶습니다. 수용자가 아주 활기 찬 상태라면, 동의 없이 무언가를 삽입하기가 불가능할 것이라고 봅니다. 그 표본들이 삽입 때 물속에 잠겨 있었나요? (Hoch et al. 2016에서 인용)

다윈은 오랫동안 애타게 기다리지 않아도 되었다(당시의 기준으로 볼 때 그렇다는 것이다. 아무튼 전자우편이 아니었으니까). 그의 친구가 곧 그 정보를

* 한 주제를 깊이 연구하는 일에 몰두한 다른 모든 사람처럼 그도 좌절을 느끼고 따개비를 증오한 순간이 있었다. 1852년 10월에 보낸 편지에는 이렇게 썼다. "나만큼 따개비를 증오한 사람은 지금까지 없었을 겁니다. 느리게 항해하는 배의 선원보다도 더요." 그는 그 편지에 아내 이야기도 했다. "엠마가 늦게까지 일한다고 매우 차갑게 대해서 우리는 1년 넘게 아이가 없었지요."

다윈에게 전해주었다. 지인은 그의 질문들에 체계적으로 꼼꼼히 답했다. 지인이 안타까워한 것은 딱 한 가지였다. "그 과정을 더 세밀하게" 관찰하지 않았다는 것이다. 그러면서 그는 "따개비의 호색적 성향의 반복적인 탐닉"을 관찰할 기회를 다시금 갖기를 바란다고 했다. 한편 이 서신을 통해 다윈은 삽입 깊이("내가 판단하는 한 깊지 않음"), 동의 여부("수용 개체는… 침입자가 환영받는 손님이라는 증거를 보여주었음"), 삽입이 겨우 몇 초 동안 이루어진다는 사실 등을 알아내며 몇 가지 측면에서 호기심을 충족시킬 수 있었다.

"꼬마 친구" 찾기

1835년 1월 중순, 당시 겨우 25세였던 다윈은 칠레 남서부 앞바다에 있는 과이테카스제도의 해안을 걷고 있었다(Castilla 2009).* 그와 비글호에 탄 사람들은 허리케인 위력의 강풍을 피해 며칠째 피신해 있었는데, 다윈은 날씨가 잠깐 좋아진 틈을 타서 자신이 가장 좋아하는 일을 하는 중이었다. 두 번 다시 보지 못할 가능성이 높은 이 자연 세계를 탐사하는 것이다. 예리한 눈을 지닌 자연사학자답게 그는 칠레전복Chilean abalone(*Concholepas concholepas*; 진짜 전복은 아니고 이름만 그렇게 불린다)의 좀 밋밋한 껍데기를 발견했는데, 거기에서 뭔가 이상한 점을 알아차렸다. 그 껍데기는 본토에서 본 껍데기들과 달랐다. 이 껍데기에는 작은 구멍이 수백 개 나 있었다. 역시, 이런 사소한 것들을 집어내려면 독자는 다윈이 되어야 한다.

흥미를 느낀 다윈은 표본을 비글호로 가져와, 구멍을 막대기로 쿡쿡 쑤시는 호기심 많은 인류의 장엄한 전통에 따라 바늘로 그 구멍을 콕콕 쑤셔

* 이 절의 출처는 산티아고에 있는 칠레 가톨릭 대학교의 저명한 해양생물학자 후안 카를로스 카스티야가 한 연구다. 아마 사람을 자연 환경에 두면 어떤 일이 일어나는지를 살펴본 연구로 가장 잘 알려졌을 것이다. 그는 칠레전복의 애호가이자 전문가다. 이 동물은 그 지역에서 그냥 "조개loco"라고 불리며 칠레 요리에 흔히 쓰인다.

대면서 현미경으로 관찰했다. 그는 기뻐했을 가능성이 높다. 구멍들에서 아주 작고 노르스름한 동물 수십 마리를 꺼냈으니까. 껍데기가 없었지만, 다윈은 이 동물이 따개비처럼 생겼다는 것을 알아보았다. 이상한 점은 또 있었다. 따개비라면 원래 무언가에 단단히 달라붙고 딱딱한 껍데기로 몸을 감싸고 있어야 마땅했다. 즉 따개비는 다른 동물의 껍데기에 난 구멍 속에 숨어 사는 벌레 같은 동물이 아니었다. 그러나 살펴볼 것들이 많고 아직도 여행길이 멀기에,* 다윈은 소중한 표본들을 잘 보존하여 선반에 놓은 뒤 다른 것에 관심을 돌렸다.

그러나 이 따개비처럼 생긴 동물은 그의 마음에 남아 있었다. 그렇다고 누가 그를 탓하겠는가? 그는 영국으로 돌아오자마자 그 생물을 다시 살펴보았다. 다윈은 그 동물이 좀 가볍고 매우 재미있다고 생각해서 "아르트로발라누스 씨Mr. Arthrobalanus", 즉 "꼬마 친구"라고 불렀다.

10년 뒤 다윈은 원대한 따개비 연구에 착수했다. 1846년부터 몰두하기 시작하여 1854년까지 계속했으며, 연구 결과를 총 네 권의 논문집으로 펴냈다. 총 1200쪽이 넘는 분량에다가 따개비 수백 종의 도판이 적어도 한 점 이상 들어 있었다. 그가 따개비에 그렇게 몰두한, 아니 더 나아가 강박적으로 매달린 이유 중 하나는 칠레 앞바다 섬의 해안에서 발견한 "꼬마 친구" 때문이었다. 이 작은 것이 정확히 무엇인지, 따개비의 원대한 체계에 어떻게 들어맞는지를 이해할 필요성을 느꼈기에, 그는 따개비를 하나하나 조사하게 되었고 서서히 따개비 집단 전체를 살펴보기에 이르렀다. 철저히 하지 않으면 결코 다윈이 아니었다.

우연히도 흔한 대상에서 특별한 뭔가를 알아보고 그 뒤에 자신이 발견한 것에 관한 모든 지식을 최대한 알아내려 애쓴 끝에, 그는 우리에게 두 가지 중요한 통찰을 안겨주었다. 첫째, 해양생물학자 후안 카를로스 카스티야

* 비글호는 1836년 10월에야 영국으로 돌아왔다.

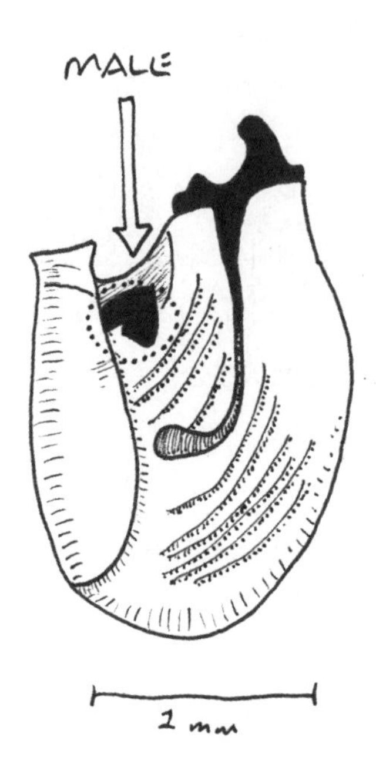

그림 6.1 크립토피알루스 미누투스 암컷에 붙어 있는 꼬마 친구 수컷(점선 원 안쪽). 다윈(1854)의 자료를 토대로 W. G. 쿤즈가 그림.

의 주장에 따르면, 다윈은 엄청나게 큰 동물 집단인 따개비를 이해하고 분류하기 위해서 체계적인 방법을 쓸 수밖에 없었는데 이 연구 방법이 『종의 기원』에서 분류를 논의할 때 도움이 되었다.* 따라서 먼 나라의 해안에서 이루어진 우연한 발견이 사반세기 뒤에 역사상 가장 중요한 과학책 중 하나로 이어진 것이다. 자연의 선택이 어떻게 동물 집단의 변화로 이어질 수 있는가 하는 원리와 증거를 정립하는 데까지 이어졌다. 고마워, 꼬마 친구!

우리가 얻은 두 번째로 중요한 통찰은 "꼬마 친구"로부터 나온다. 다윈은 이윽고 아르트로발라누스 씨가 따개비이긴 하지만 별도의 새로운 (당시

* 비록 카스티야도 "이 연구가 그토록 많은 시간을 들일 가치가 있었는지" 의구심을 피력하긴 했지만.

에는 새로웠다) 강에 속한다고 판단했다. 아르트로발라누스 씨는 크립토피알루스 미누투스*Cryptophialus minutus*라는 신종이 되었다. 또 그는 그것에 새로운 성별도 할당해야 했다. 그가 껍데기를 쑤셔서 빼낸 "꼬마 친구들"은 사실 암컷이었기 때문이다. 이 동물은 알려진 따개비 중 가장 작으며, 수컷은 몸집이 더 큰 암컷에 붙어 있다. 대개 수컷 2~7마리가 암컷 알 수십 개를 수정시킨다.

또 꼬마 친구는(그리고 찰스 다윈은) 인류에게 가장 크면서 가장 작은 선물을 제공했다(Hoch et al. 2016). 지구의 동물 중에서 몸집에 비해 가장 큰 음경이다. 몸집의 9배까지도 달한다. 수컷*은 몸집이 겨우 3분의 1밀리미터도 안 되므로, 음경도 절대 크기로 보면 거의 현미경으로 봐야 할 수준이다. 3밀리미터도 안 된다. 이 따개비가 사람만큼 커진다면, 혹등고래만 한 음경을 지닌 셈이다. 거추장스럽기 그지없을 것이다.

리막스의 클라이맥스

다음 출연자, 즉 은메달 수상자는 '세부 특징' 면에서 동일하다. 리막스속*Limax*의 민달팽이다. 이 동물의 음경은 몸길이보다 7배까지 클 수 있다(Hoch et al. 2016). 즉 몸길이가 12센티미터도 안 되는 만달팽이가 약 84센티미터의 음경을 지닌다는 의미다. 과시하는 양 비친다면, 이 민달팽이가 그것으로 무엇을 하는지 알 때까지 기다려보기를.

리막스속의 종마다 이 비율이 다르다. 예를 들어 리막스 레디이*Limax redii*는 최고 기록 보유자인 듯하며, 리막스 코르시쿠스*Limax corsicus*는 그보다 좀 짧다. 그리고 큰민달팽이leopard slug(*Limax maximus*)가 있다. 민달팽이 중에서 가장 큰 종이다. 음경 크기 면에서는 다른 종들에게 밀린

---

* 이 따개비류는 암수한몸이 아니다.

다. 음경이 몸길이만 하지만 말이다. 그래도 음경을 가장 놀라운 방식으로 (그리고 가장 놀라운 장소에서) 쓴다는 점에서 특별상을 받을 자격이 있다.

큰민달팽이는 반점이 있고(그래서 표범leopard이라고 불린다), 끈적거리고, 민달팽이답게 서두르는 기색이 전혀 없다. 그러나 한 마리가 유혹하는 냄새를 풍기는 점액 흔적을 나뭇가지에 남겨서 다른 개체를 꾈 때면 마법이 일어난다. 먼저 그들은 서로 뒤얽힌다. 끈적거리는 몸으로 끈적거리는 몸을 감싼다. 계속 뒤엉켜서 꿈틀거리다가 그들은 엉긴 채로 반들거리는 진한 점액 끈에 매달려서 아래로 늘어뜨려지기 시작한다. 19세기 연대기 편찬자인 라이어널 E. 애덤스의 표현을 빌리자면, 이때 "서로의 몸에서 나온 점액을 먹어치우느라 바쁘다"(Adams 1898). 내려가면서도 이들은 몇 달 동안 헤어졌다가 다시 만난 연인처럼 계속 서로 몸을 맞댄 채 움직이고 구부리고 비틀어댄다.*

점액 밧줄에 매달려 회전하는 동안, 각자는 머리 옆에서 길고 굵고 투명하면서 파란 음경을 꺼내어 탐색하는 더듬이처럼 허공으로 치켜들어서 휘젓는다. 그 와중에도 몸을 꼬고 회전하는 행동을 계속한다. 음경은 때로 끝이 주름 장식처럼 되어서 서로 탐색하고 뻗다가 마침내 서로를 감싼다. 두 마리가 함께 음경을 내밀어서 뒤얽는다. 마치 별개의 동물 두 마리가 서로 짝을 짓는 양 보인다.

사실 두 음경이 너무 꽉 얽혀서, 짝짓기하는 쌍 아래에 매달린 하나의 빛나는 전구처럼 보인다. 이 뒤엉킨 음경 덩어리는 오랜 시간에 걸쳐 부풀며 불룩해져서 마치 구름처럼, 보는 사람에게 다양한 해석을 하게 만들지만, 사실 이 형태 변화는 매우 틀에 박힌 순서에 따라 진행된다(그림 참조).

일이 다 끝나면 음경은 다시 줄어들며, 한 마리는 점액 밧줄에 매달려 있고 다른 한 마리는 몸을 풀어서 그냥 바닥으로 툭 떨어진다. 떨어진 쪽은

* 이렇게 서로 뒤엉킬 때 이들은 늘 시계 반대 방향으로 몸을 돌린다.

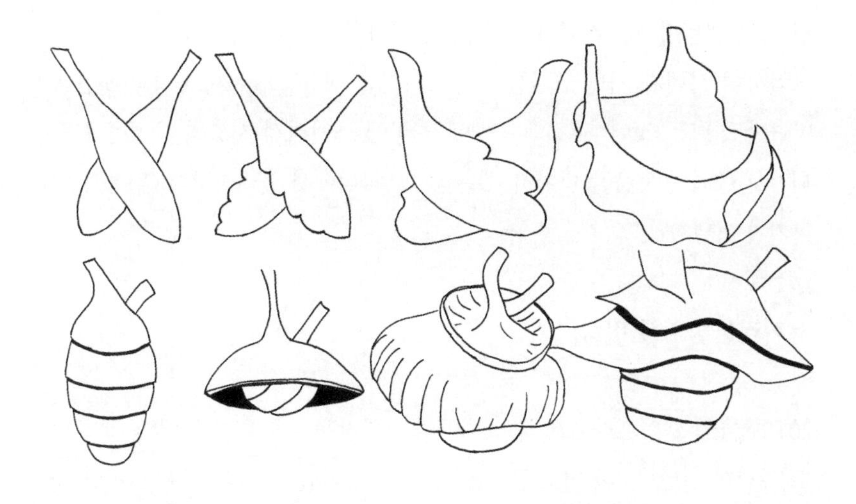

그림 6.2 순서는 왼쪽에서 오른쪽으로, 위에서 아래로. 교미 때 큰민달팽이 음경이 내밀어져서 뒤엉키는 과정. 애덤스(1898)의 원래 그림을 토대로 W. G. 쿤즈가 그림.

15분까지도 꼼짝하지 않은 채 그대로 있다. "지쳐서 움직일 힘도 없는 양" 보인다.* 아직 매달려 있는 쪽은 점액을 먹어치우면서 기어오르기 시작한다. 그것으로 끝이다. 애덤스는 헛간의 튀어나온 들보에 매달려서 짝짓기하는 쌍을 보았다고 했다. 그 말을 듣고 나면 그 헛간이나 다른 어떤 헛간에 들어갈 때 잠시 멈칫할 수도 있겠다.†

여기서 이들이 왜 굳이 매달려서 짝짓기를 하는지 궁금해질 수도 있다. 그냥 정상적인 민달팽이처럼 바닥에서 짝짓기를 하면 안 될까?‡ 이들의 음

---

* 이 책을 쓰는 과정에서 나는 동물들의 교미를 찍은 동영상을 많이 보았는데, 큰민달팽이의 동영상이야말로 월등히 가장 기이하고 가장 기억에 남았다는 점을 언급하고 싶다. 별점 5개.

† 영국 자연사학자들은 자신들의 지하실과 배수구에 이 민달팽이들이 살아가도록 놔두는 관대함을 보여주었다. 그들을 집 안의 어두컴컴한 곳에 사는 "가장 쓸모 있는 거주자"라고 보았다. "도관에 쌓인 기름과 지방"을 먹어치워서 배수관을 깨끗하게 유지하는 데 도움을 준다는 것이다.

‡ 민달팽이는 이야기할 것이 아주 많다. 민달팽이에게 '정상적'이라는 것은 아예 찾아볼 수 없기 때문이다.

경 크기 때문이라는 가설이 나와 있다. 엇갈려서, 즉 서로 휘감아서 정자를 교환하여 상대가 지닌 난자를 수정시키려면 매달림으로써 중력의 도움을 받아야 한다는 것이다. 점액 끈으로 허공에 매달려서 서로의 음경을 꽁꽁 휘감고 중력의 도움을 받아서 하는 섹스? 파티에서 들려줄 최고의 음경 이야기가 아닐까?

코끼리물범의 한바탕

2019년 1월 포인트라이스 국립 해안의 주차장을 뒤덮은 것들에 동네 주민들은 깜짝 놀랐다. 한 번도 본 적이 없는 광경이었다. 그런 일이 일어난 것은 그 해안의 관리를 맡고 있던 연방 정부가 35일 동안 문을 닫는 바람에 주차장과 주변 지역이 방치되어서 침입할 수 있는 상태가 되었기 때문이다.

그러나 지난 150년 동안 주민들이 그들에게 가했던 위협에 비하면, 침입자들이 끼칠 법한 위험은 사실 미미했다. 19세기에 사냥당해서 거의 멸종 위기까지 내몰렸던 이 북방코끼리물범northern elephant seal(*Mirounga angustirostris*) 집단은 그저 자신들의 영토를 요구하고 있었다. 주차장과 아스팔트로 포장된 곳부터 태평양까지 뻗어 있는 드레이크스 해안의 모래밭을 말이다. 이 물범들은 100마리도 채 안 되는 수준까지 줄어들었다가 살아남은 개체들의 후손이다. 나머지는 모두 인간의 살육에 희생되었다.

이렇게 점령당하기 전에는 해안 공원 관리인들이 사람들이 모이는 해변과 탐방 안내소로 다가오지 못하게 이들을 쫓아내곤 했다. 사람과 물범 사이의 원치 않는 접촉을 막기 위해서였다. 결코 접촉이 좋은 방향으로 이루어질 리가 없기 때문이다. 코끼리물범 수컷은 매우 공격적이며 몸무게가 2.5톤까지 나갈 수 있고 암컷도 거의 1톤까지 나간다. 이 무리는 수컷 한 마리가 암컷 50마리를 이끌고 있었고, 그 주위로 수컷 몇 마리가 얼쩡거리고 있었다. 그들은 예산이 통과되지 않아서 연방 정부가 폐쇄되는 바람에 인적이 줄어든 것을 기회로 주차장과 해변을 점령했다. 이윽고 새끼도 40마리가 태어났다.

주차장과 해변이 완전히 폐쇄된 기간이 지난 뒤, 공원 당국은 다시 방문객들을 조금씩 들여보내기 시작했다. 방문객들은 포인트라이스 국립 해안 내에서 철저히 통제를 받으면서 물범들에게 일정 거리까지만 다가갈 수 있었다. 사람이 북방코끼리물범을 이렇게 가까이에서 볼 수 있게 된 것은 수십 년만에 처음 있는 일이었다. 당연히 우리 가족도 보러 가야 했다.

얼음 바늘이 섞인 모래가 얼굴을 할퀴어대고 있다고밖에 묘사할 수 없는 세찬 바람을 맞으며 서서, 우리는 북방코끼리물범이 짝짓기하는 모습을 지켜보았다. 암컷 한 마리가 갑자기 위험을 경고하고는 어색하게 몸을 돌려서 바다를 향해 기어가기 시작했다. 울타리 뒤에서 지켜보던 우리는 앞쪽에 솟아 있는 모래톱이 꼭 죽은 코끼리물범처럼 보인다는 것을 알아차렸다. 우리는 정말로 죽은 물범인지를 놓고 약 15분 동안 논쟁을 벌였다. 논쟁하는 사이에 우두머리가 아닌 수컷 두 마리가 갑자기 벌떡 일어나더니 달아나는 암컷을 향해 허겁지겁 달려가는 모습도 보였다. 사람이 알아차릴 수 없는 어떤 신호에 반응한 모양이었다.

암컷은 자신에게 다가오는 두 수컷을 피해 달아나기 위해 최선을 다했다. 암컷이 앞으로 기어가는 동안 수컷들은 서로 뒤에서 올라타려고 시도했다. 암컷은 강풍을 뚫고 들릴 만큼 커다랗게 소리를 질러댔다. 암컷이 강제로 짝짓기를 하게 되는 상황은 오로지 두 수컷이 갑자기 서로를 향해 몸을 돌려서 목숨을 건 싸움처럼 보이는 행동을 시작했기에 유예되고 있는 듯했다.

명백하게 암컷에게 섹스를 강요하려고 시도하는 상황을 지켜보고 있자니 마음이 불편했고, 두 수컷의 관심이 서로에게 향하자 안도했다. 그런데 바로 그 순간에 우리 앞에 있던 모래톱에서 폭발이 일어나듯이 모래들이 확 퍼지더니, 거대한 코끼리물범 수컷이—진짜 물범이었고 죽은 것이 아니었다—암컷을 향해 마구 달리기 시작했다. 내가 보기에는 사람조차도 따라잡을 수 없는 속도였다. 아무튼 암컷이 따라갈 수 없는 속도임에는 분명했다. 파도가 들이치는 지점에서 수컷은 암컷을 따라잡았고 교미임이 분명한 행위가 이루어졌다.

우리는 떠나기 직전에 공원 관리인과 이야기를 나누었는데, 그녀는 바로 전날에도 주차장의 쓰레기통 옆에서 매우 비슷한 일이 일어났다고 했다. 그녀는 당시 싸움을 묘사했다. "사방으로 피가 튀었어요. 아이들은 비명을 질러댔고요."

북방코끼리물범은 기각류다. 물범, 바다사자, 바다코끼리를 포함한 집단이다. 이들은 우두머리 수컷이 암컷들을 차지하고, 그 아래 수컷들은 지위가 낮아짐에 따라서 암컷들로부터 점점 더 멀리 떨어진 곳의 영토를 차지한다. 이는 우두머리 수컷이 마찬가지로 짝짓기를 하고 싶어하는 다른 수컷들에게 위협을 받으며, 암컷은 이 포효하는 짐승들 사이에 끼어서 피할 수 있는 여지가 거의 없다는 의미다.

구애 같은 것은 전혀 없으며, 짝짓기 과정 전체는 오로지 수컷이 몸집과 몸무게 그리고 이따금 이빨로도 암컷을 위압하는 방식에 의지하는 듯하다(Leboeuf 1972). 이 모든 것을 고려할 때 코끼리물범 음경이 무기화한 지배의 상징이라고, 아니 적어도 놀라울 만치 단단하고 길며, 달아나려고 애쓰는 암컷을 붙잡아 둘 수 있지 않을까 추측할 것이다.

그러나 기각류 전문가들은 고분고분하지 않은 암컷은 결국 달아날 것이고, 고분고분한 암컷은 훨씬 더 수동적으로 가만히 꼼짝하지 않고 엎드린 채 심지어 도입이 쉽도록 엉덩이를 들어올리기까지 한다고 말한다. 삽입이 이루어지면 암컷은 자세를 조정하여 협력하는 듯하며, 수컷은 포유류의 교미에서 전형적으로 나타나는 찔러대기를 한다.

해변에서 지켜보던 우리에게는 끔찍해 보였지만, 그 과정은 코끼리물범을 연구한 논문들에 묘사된 것과 거의 동일하다. 암컷은 우두머리가 아닌 수컷의 교미 시도에 행동과 소리로 반응한다(Cox and Le Boeuf 1977). 그럼으로써 다른 수컷들의 주의를 끌며, 몰려온 수컷들끼리 싸움이 벌어진다. 그리고 가장 우위에 있는 수컷이 짝짓기를 한다. 다시 말해 암컷은 수컷끼리 싸움을 붙여 짝 후보들 중에서 고르는 것일 수도 있다. 즉 수컷끼리의 싸움은 암컷의 선택을 돕는 수단이다.

수컷에게 저항하는 암컷은 소리를 질러서 다른 수컷들에게 경고하고 달려드는 수컷의 얼굴에 모래를 뿌리는 등 다양한 거부 전술을 쓴다(나는 우리와 다른 동물들 사이에 때로 놀라운 유사점이 있다고 고백하지 않을 수 없다). 또 암컷은 발정기에 있는지, 번식할 준비가 되었는지 여부에 따라서 저항할 때도 있다. 발정기가 아닌 암컷은 자기에게 올라타려는 수컷들의 모든 시도에 저항하지만, 발정기가 진행되고 끝나갈 즈음까지 암컷들은 점점 더 수동적으로 가만히 있는 경향을 보인다.

따라서 비록 우리가 그날 해안에서 본 광경이 암컷에게 마음의 상처를 입히는 듯 보였더라도(차를 몰고 집으로 올 때 인간의 관점에서 그 경험을 털어놓던 우리에게는 분명히 그랬다), 암컷은 우리가 알아차린 것보다 더 주도권을 쥐고 있을 수도 있다. 암컷은 자신이 지닌 도구들—음성, 모래 뿌리기, 결코 허약하지 않은 궁둥이를 좌우로 흔들어대기—을 써서 수컷을 거부하고 그 거부에 도움이 될 수컷도 끌어들인다. 그렇게 도움을 부르는 행동은 일종의 솎아내기 역할도 한다. 수컷들 사이에 싸움을 붙여 누가 우두머리가 될지 알아냄으로써다.

이 종의 수컷은 코끼리의 것과 비슷한 거대한 코proboscis를 지닌다(Dines et al. 2015). 이 코를 부풀려서 귀청을 찢을 만큼 커다란 소리를 낼 수 있다. 그 소리와 몸집과 공격성은 암컷에게 접근하는 도구로 쓰이며, 다른 수컷들과 겨루는 용도로도 쓰인다. 이들은 교미 자원을 이런 교미 이전에 쓰이는 형질들에 많이 투자하므로, 생식기 같은 교미후 표적에 투입할 자원이 적다.

따라서 수동적으로 받아들이는 암컷에게만 쓸 수 있는 듯이 보이는 기각류 음경이 상대적으로 무기처럼 보이지 않고 비무장에다가 우리에게 꽤 친숙한 모양의 분홍색을 띤 기관이라고 해도 놀랄 이유는 없을 것이다.

코끼리물범은 기각류 중에서 음경뼈가 아주 기다란 축에 속한다(Dixson 1995). 약 28센티미터다. 음경의 길이도 어느 정도 이 뼈에 비례한다. 이들보다 음경이 더 긴 기각류는 바다코끼리뿐이다. 53센티미터를 넘는다. 그러나 몸무게에 대한 비율로 따지면, 코끼리물범의 음경뼈는 기각류 중에서 짧은 편이다. 센티미터당 약 81킬로그램이다.* 일부 연구자는 음경뼈가 길면 땅 위에서 교미를 할 때 눌려서 부러질 위험이 크다는 가설을 제시한다.† 따라서 설령 동물의 몸집이 거대해도 음경뼈와 그것을 감싼 음경은 작다(그러나 사람의 것보다는 크다).

고래류의 감각

따라서 기각류가 비록 몸집은 거대해도, 음경으로는 어떤 상도 받지 못한다. 그래도 사람의 음경보다는 크지만. 몸집이 거대한 다른 해양 포유류, 즉 고래(고래류)는 어떨까?

먼저 그들의 볼기뼈를 살펴보자.

그렇다, 고래도 볼기뼈가 있다. 볼기뼈에 달린 다리는 보이지 않지만. 그래서 이런 질문이 나왔다. 볼기뼈가 왜 있을까? 모든 특징에서 적응형질을 보지 않으려 하는 이들은 그냥… 있다고 주장할 것이다. 사람의 맹장처럼 그냥 남은 흔적이라고. 물론 맹장이 '흔적'기관이라는 것은 낡은 견해이며, 맹장이 면역계에 나름의 역할을 한다는 증거가 나오면서 새 견해로 확실하게 대체되었다.

---

* 비교하자면 남성의 음경 평균 길이는 약 16.5센티미터이며 몸무게는 평균 77킬로그램이므로, 센티미터당 4.7킬로그램이다.

† 음경뼈가 가장 긴 바다코끼리는 대개 물속에서 짝짓기를 한다.

내가 아는 한 고래의 골반은 고래의 면역계에서 중요한 역할을 하지 않는다. 그런데도 현생 고래 94종 중 92종에게 있다(Dines et al. 2014).* 이는 그 뼈가 존속할 어떤 이유가 있음을 시사한다. 비록 너무 작아서, 골반을 이루는 뼈들을 확실하게 구별할 수 있는 사람은 없겠지만.†

연구자들은 고래가 다루기 버거운 아주 무거운 연처럼 음경을 움직이는 능력이 이 골반에서 나온다는 것을 보여주었다. 어떤 골반을 지녔든 간에 말이다. 아마 연 날리는 사람이 묘기를 부리기 위해 조작할 수 있는 종류의 연을 본 적이 있을 것이다. 그런 연을 다루려면 중앙에서 연을 조절하는 왼쪽과 오른쪽 양쪽의 끈이 필요하다. 필요할 때 이쪽이나 저쪽으로 기울여서 빙 돌리거나 뚝 떨어지게 하거나 비틀 수 있는.

고래 음경은 연이 아니지만, 철도 차량만 한 짝과 함께 움직이면서 교미해야 하므로 물에서 꽤 기이한 각도를 취해야 한다. 고래 볼기뼈는 연을 날리는 사람이 연을 조작하는 것처럼 음경을 조작할 수 있는 근육이 붙는 자리 역할을 한다. 이쪽을 당기고 저쪽을 누르고 옆으로 젖히면 원뿔 모양의 섬유질 음경이 가야할 곳으로 움직인다. 이 근육들은 다른 포유동물에게도 중요하다. 사람의 몸에 있는 이 근육을 마취하면 발기가 잘 안 된다. 더욱 놀라운 점은 쥐에게서 이 근육이 제 기능을 못하면 쥐는 '음경 젖히기penis flip'(음경을 위쪽으로 홱 움직이는 행동)를 못해서 질에 삽입할 수가 없다.

또 이런 음경뼈는 연구자에게 고래의 잘 파악하기 힘든 번식 행위에 관해 좀 알려줄 수 있다. 지금까지 연구된 종들에서는 성선택이 강할 때—즉 암컷이 둘 이상의 수컷과 교미할 기회가 있을 때—음경뼈는 좀더 튼튼하고 음경도 더 큰 경향이 있다(Dines et al. 2014). 연구자들은 갈비뼈를 대조군으로 삼아서 이 크기 관계가 단지 전반적인 몸집의 문제가 아님을 확인했다

---

* 다른 두 종에게는 경골이 아닌 연골이 들어 있다.

† 고래 골반은 궁둥뼈, 엉덩뼈, 두덩뼈로 이루어져 있다.

(즉 몸집과 관계 없다). 또 이 고래들은 고환이 더 큰 경향이 있었다. 이는 심한 교미 경쟁의 대비책으로서, 경쟁에서 이기려면 정액을 다량 뿜어내야 한다는 것을 시사한다.

이런 발견이 중요한 이유를 곧바로 짐작하기 어려울지도 모르겠다. 고래의 음경뼈는 다른 어떤 것에도 붙어 있지 않다. 다른 일은 전혀 하지 않는다. 오로지 음경을 움직이는 일만 한다. 이는 본질적으로 음경뼈가 음경의 윙맨, 생식기의 확장판임을 의미한다. 그리고 음경과 관련하여 선택되는 것이 이 뼈에 반영될 수도 있음을 의미하며, 실제로 그런 듯하다.

고래는 왜 곡예를 부리는 음경이 필요할까? 앞서 말했듯이 일부 암컷은 수컷이 추파를 던지고 있을 때 배를 위로 돌려 수면으로 내밀어서, 생식기 입구를 탐색하는 음경으로부터 그 입구를 멀리 떼어놓는 회피 행동을 보인다. 반면에 골반으로 연처럼 제어하는 음경을 지닌 수컷은 어떻게든 교미를 할 수 있을 만치 음경의 각도를 조절할 수도 있을 것이다.

어느 고래가 음경이 가장 클지 독자가 정말로 궁금해하리라는 것을 알기에, 고래 음경에 관한 이런저런 사실들을 (우리가 아는 고래들로부터) 몇 가지 제시해보자.

북태평양참고래North Pacific right whale(*Eubalaena japonica*)는 고환이 아주 크다. 한 쌍의 무게가 약 1톤에 달한다. 그리고 음경은 길이가 약 2.75미터다. 음경 대회 우승자인 대왕고래의 음경(길이가 3.65미터에 지름이 30센티미터)에 비하면 작은 편이다. 그래도 북태평양참고래는 대왕고래보다 고환이 약 10배 더 무겁다.

몸집에 대한 음경 길이의 비율로 따졌을 때, 참고래와 북극고래bowhead whale(*Balaena mysticetus*)의 음경은 몸길이의 14퍼센트를 넘는다 (Brownell and Ralls 1986). 몸길이에 비해 음경이 가장 긴 고래다. 몸길이에 비해 음경이 길다는 것은 이 고래 종들이 번식 경쟁을 더 많이 겪는다는 점을 확인해준다고 여겨진다. 다른 고래들은 비율이 약 8~11퍼센트다.

에어백 도입체

내가 박사과정 때 연구한 동물은 붉은귀거북red-eared slider turtle이었다. 나는 이 동물 생식계의 다양한 측면들을 5년 동안 연구했다. 어떤 생물의 번식을 연구하는 데는 시간이 많이 걸린다. 따라서 거북 음경을 찍은 동영상이 있다는 말을 들으면, 당연히 봐야 한다. 때로는 보고서 후회하곤 한다.

그러나 매혹적이기도 하다. 이들의 음경은 우리 관점에서 보면 그다지 음경 같지 않을 수 있다. 예를 들어 붉은다리거북red-footed tortoise(*Chelonoidis carbonarius*)은 커다랗고 긴 자주색 음경을 지니는데, 이 음경은 끝이 일반적인 커피잔 크기의 잔처럼 생겼다. 이 잔은 마치 공기를 삼키듯이 열렸다 닫혔다 한다. 음경을 내놓은 아주 화난 땅거북 수컷의 동영상에서 직접 볼 수 있다. 이 음경은 미친 듯이 헐떡거리면서, 작은 붉은 발이 인쇄된 파란색의 멍멍이용 장난감 공에 삽입하려고 필사적으로 시도한다. 공의 무언가를 보고서 이 화난 거북이 공을 암컷이라고 생각했거나, 그냥 몹시 흥분해서 맹목적으로 달려드는 듯했다. 이윽고 거북은 공에서 굴러 떨어져서 뒤집어졌다. 이 거북은 몸길이가 기껏해야 30센티미터쯤일 텐데, '꽃대에 달린 벌어진 꽃' 같은 음경은 몸길이의 약 절반이었다.* 땅거북은 아주 잘 타고나는 듯하다.

뒤지지 않겠다는 양 푸른바다거북green sea turtle(*Chelonia mydas*)도 음경 길이를 뽐낸다. 몸길이는 150센티미터지만 음경 길이는 평균 30센티미터에 달한다. 그들이 사람만 하다면 183센티미터인 사람이 35센티미터를 넘는 음경을 지닌다는 의미가 된다.

매우 기이하게도 거북은 성별을 알기가 쉽지 않다. 쓰지 않을 때 음경을 몸속에 잘 집어넣고 있기 때문이다. 일부 거북은 음경을 방어용으로 꺼내기

* 이들은 음경을 쓰지 않을 때에는 반으로 접어서 총배설강 안에 집어넣고 있다.

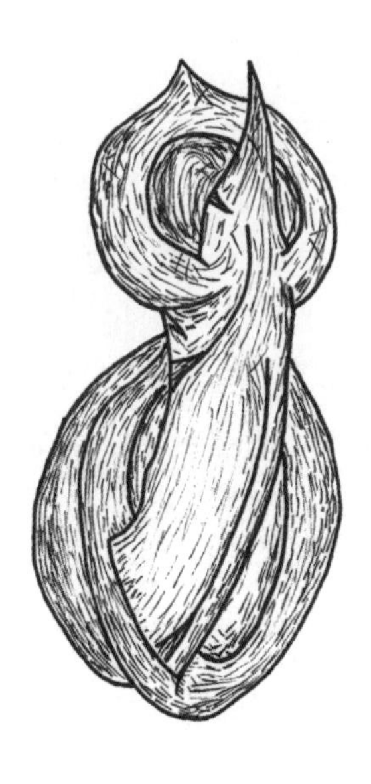

그림 6.3 거북의 전형적인 음경. 생어 등(Sanger et al. 2015)의 자료를 토대로 W. G. 쿤즈가 그림.

도 한다. 마지막으로 남은 양쯔강대왕자라 수컷의 음경이 손상된 이유가 그 때문일 수도 있다.

악어류의 음경은 본래 늘 뻣뻣한 상태다. 음경을 통제하는 근육이 이완되면 에어백처럼 그냥 불쑥 튀어나온다. 이렇게 빠르게 튀어나온다니 움찔할 수도 있다. 그러나 아마 독자의 예상보다 크기가 작을 것이다. 겨우 몇 센티미터에 불과하다. 악어류는 음경 크기 경연대회에서 어떤 메달도 받지 못한다.

인간의 탄탄한 데이터

사람의 음경 크기에 관한 진정으로 탄탄한 데이터도 있다. 적어도 콘돔 제작을 위해서 미국의 남성들을 측정한(따라서 아마 자신의 음경 크기에 대한 편견의 영향을 덜 받은) 데이터가 있다. 다른 한 연구에서는 사람들에게 자신의 음경 측정치가 얼마라고 생각하는지 물었더니, 길이는 평균 약 14센티미터, 둘레는 약 12센티미터라고 나왔다(Herbenick et al. 2014). 둘레가 길이보다 좀더 일관성을 보였는데 이는 길이에 비해 둘레가 좀더 강하게 선택을 받음을 시사한다. 그러나 이 연구는 남성들의 자기 보고를 토대로 했다. 즉 설문 대상자들이 온라인으로 입력한 정보를 모은 데이터다.

이 연구에서 좀 감안해야 할 부분이 또 있다. 측정하기 전에 짝에게서 오럴 자극을 받았다고 적은 남성들이 자극을 위해 야한 상상을 했다고 적은 남성들보다 음경 길이가 더 길다고 입력했다는 점이다. 내밀한 접촉을 준비해두기를. 그러면 실제로 더 크게 발기할 수도 있다!

음경의 평균 크기는 연구 자료마다 다르며 이 차이 중 일부는 음경을 어떻게 다루었느냐에서 비롯된 듯하다. 공동으로 논문을 쓴 두 연구자(Shah and Christopher 2002)는 음경 크기와 신발 사이즈가 비례하는가라는 중요한 의문을 조사했다(비례하지 않는다. 그리고 음경이 그 자체로 그다지 믿을 수 없는 신호라면 굳이 비례할 필요가 어디 있겠는가?). 그들은 적어도 다른 한 연구의 결과와 차이가 나는 "늘어난 음경 길이" 중앙값을 얻었는데, 그 이전 연구에서는 측정을 위해 귀두를 "3번 잡아당겼"기 때문에 차이가 난 것일 수 있다고 설명한다. 궁금할 테니 말해두는데, 이 '발-음경' 연구에서 음경 길이 중앙값은 13센티미터였다.

인간의 음경은 '과시자shower' 혹은 '성장자grower'가 될 수 있다. 늘어진 음경—우리 모두가 벌거벗고 돌아다닌다면 으레 보게 될 형태—의 크기로 대개 발기한 음경이 얼마나 클지를 반드시 예측할 수 있는 것은 아니다. 영국 국립보건청이 한 연구(왜 했을까? 나는 모르겠다)에서는 늘어진 음경이 더 짧은 남성들이 발기할 때 '성장자'가 되는 경향이 있다고 나왔다. 즉 그들은 늘어진 음경이 더 긴 남성보다 발기할 때 더욱 성장한다.

멕시코 살티요에 사는 로베르토 에스키벨 카브레라는 현재 기록상 가장 긴 음경을 지닌다고 주장해왔다. 그가 스스로 잰(동영상으로 찍으면서 쟀다) 길이는 48센티미터다. 그 기사를 실은 타블로이드판 신문은 그 주장이 의심스럽다고 했다. 그 길이 중 일부는 카브레라가 여러 해 동안 무거운 물건을 매달아서 음경꺼풀을 비롯해 유연한 조직을 잡아당겨 늘린 결과일 수 있다는 것이다. 현재 비공식적으로 인정된 세계기록 보유자는 뉴욕 시의 조너 팰컨이다. 그의 (검증되지 않은) 음경 길이는 발기했을 때 34센티미터라고 한다. 기네스 세계기록 측은 현명하게도 이 방면의 기록 경쟁은 취급하지 않는다. 음경 길이는 어떤 문턱값을 넘어서면 단점이 될 수 있다(유달리 긴 음경을 지닌 이들이 하는 말을 토대로 할 때). 그 점은 인간의 음경이 점점 더 길어지는 쪽으로 선택이 일어났다는 증거가 적은 이유를 설명하는 데 도움이 될 듯하다. 그런데 굵기의 순위를 놓고 경쟁하는 사례는 전혀 없다. 사람 자체는 논외로 하고 오직 음경만 따졌을 때 '여성이 원하는 것'의 목록에서 가장 상위에 놓이는 특징 중 하나인데도 말이다.

물론 음경을 지니고 세상(적어도 주변 지역)을 돌아다닌 사람이 수십억 명에 달하기에, 길이든 굵기든 간에 실제로 누가 가장 큰 음경을 지니는지(또는 지녔는지) 알기란 불가능하다. 그러나 사람의 것도 포함하여 유달리 큰 음경은 오랜 세월 주목을 받아왔고 고대 로마에서는 대중의 인기까지 끌었다. 로마 시인 마르쿠스 발레리우스 마르티알리스(Marcus Valerius Martialis, 38~41년에서 102~104년)는 이렇게 썼을 때 자신의 주인공을 아마 비꼬았을 것이다. "목욕탕에서 환호성이 들린다면, 이는 마로의 음경이 등장했다는 뜻이다"(Moreno Soldevila et al. 2019에서 인용).*

* 이 인용문은 마르티알리스의 유명한 풍자시 중 하나다. '마로Maro'라는 이름은 로마의 다른 시인들을 뻔뻔스럽게 언급한 것일 수도 있고, 어원학적으로 '번쩍이다, 반짝거리다, 빛나다'를 뜻하는 동사와 관련이 있을 수도 있다. 따라서 커다란 음경을 과시하는 사람에게 딱 맞는 이름인 셈이다. 로마인들은 다층적인 의미를 좋아했다.

7
작지만, 칼처럼 장엄한

2019년이 저물 무렵, 많은 출판물들은 통상적인 '연말' 목록을 실었다. 『버슬Bustle』의 「2019년 가장 혁신적인 섹스 토이 17가지The 17 Most Innovative Sex Toys of 2019」(Chatel 2019)도 있었다.* 독자가 나처럼 아주 작은 도입체를 관찰하면서 많은 시간을 보낸다면, 이 목록에서 친숙해 보이는 것들도 있음을 알게 된다. 손에서 윙윙거리는 기구들 중 상당수는 절지동물과 갑각류의 도입체에 붙은 장비(특히 갈고리발톱처럼 생긴 한 기구의 이름은 "쥐가오리manta"이며 "음경을 바이브레이터로 만든다")나 표면에 오돌토돌 혹이 나 있으면서 한꺼번에 두 부위를 자극할 수 있는 특징을 떠올리게 한다.

이 17가지 섹스 토이 목록에서 아예 빠진 게 하나 있는 듯한데? 고전적인 의미에서의 딜도는 모양이나 종류를 가릴 것 없이 빠져 있다. '3D 인쇄된 파란색 곡물 저장탑'도 마찬가지로 없다. 목록에 실린 모든 기구는 작고

* 이런 혁신을 누가 이루어내고, 그들은 어떻게 해마다 새롭게 혁신을 이룰 창의력을 발휘하는지 궁금하다고? 아마 착상을 얻기 위해 곤충을 살펴보는 듯하다(이 책에서 살펴보았듯이 곤충은 기발한 착상을 자극할 수 있다. 독자의 취향에 따라서는 우려를 자극한다고도 할 수 있고).

적절한 모양을 하고 있거나 구부러지도록 되어 있어서 음핵과 항문을 포함하여 그 주변 부위를 자극할 수 있다. 유일한 예외 사례는 사용자가 흡착력을 이용하여 붙인 뒤 돌리면서 자극할 수 있는, 크기를 조절할 수 있는 흡착컵 달린 딜도다. 『버슬』에는 이렇게 실려 있다. "이것은 어느 방향으로든 돌릴 수 있는데, 나는 음경을 지닌 대다수 사람들이 그렇게 할 수 없을 것이라고 본다."* 아무튼 이것은 상대를 자극하고자 할 때 자신이 무엇을 하고 있는지를 아는(또는 더 많이 알기를 원하는) 어른들을 위한 섹스 토이 목록이다. 그리고 전하려는 내용은 명백하다. 섹스에서 중요한 것은 토이의 크기가 아니라 알맞은 부위를 자극하는 능력이다.

놀라운 벼룩

철학자 로버트 보일(1627~1691)은 자연의 위업(그리고 그에게는 신)에 관한 글에서 자신이 코끼리를 보는 것보다 "해부된 두더지"를 보는 것을 더 좋아한다고 했다. 비록 어떤 이의 눈에는 두더지가 크기 때문에 '남루해' 보일지 몰라도, 보일은 자신의 "경이가 자연의 시계보다는… 자연의 손목시계를 향한다"고 썼다. 지구의 생물들이 지닌 작은 도입체를 상세히 연구한 자료들은 큰 동물보다 작은 동물의 것이 더 경이롭다는 이 견해가 옳다고 확실히 말해준다. 우리 주변의 곤충과 거미, 달팽이와 민달팽이, 작은 포유동물들은 생식기에 관한 작은 경이들을 안팎으로 지니고 있어서, 이들을 만약 인간 크기로 키우면† 우리는 자만심이 대폭 줄어들면서 경외심으로 가득찰 것이다.

벼룩을 예로 들어보자. 이 기생충이 지닌 경이로움은 인간에게 놀라울

---

* 그렇다. 우리는 돌고래가 쓰는, 돌리면서 애무하는 파악기를 갖고 있지 않다.

† 앞서 언급한 섹스 토이들을 갖고 하는 게 바로 이런 일들일 것이다.

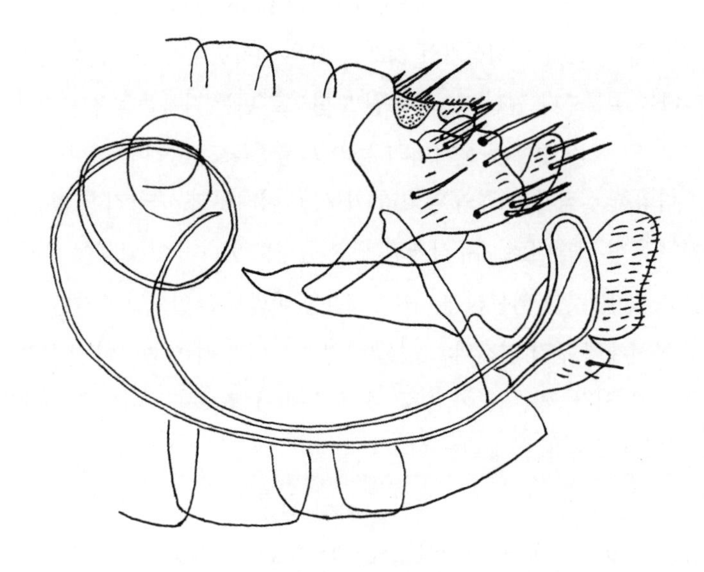

그림 7.1 벼룩의 투명한 뒤쪽 절반에 들어 있는 길고 말리고 꼬인 음경. 치텀(T. B. Cheetham 1987)의 자료를 토대로 W. G. 쿤즈가 그림(아이오와 주립대학 곤충학 자료).

만치 긍정적인 다양한 반응들을 촉발해왔다. 벼룩 전문가 미리엄 로스차일드(1908~2005)는 자신의 부유한 귀족 은행가 가문의 영국 박물관에 있는 벼룩 소장품에 관하여 쓴 글에서 이렇게 추정했다. "그런 환상적으로 비실용적인 기구를 객관적으로 살펴보는 공학자는 그것이 작동하지 않으리라는 쪽에 내기를 걸 것이다. 놀라운 사실은 그것이 작동한다는 점이다." 직접 알아보자.

콜롬비아계 호주 화가 마리아 페르난다 카르도소(1963~)는 벼룩과 그 생식기에 매우 흥미가 동해서 아예 벼룩을 박사 연구 과제로 택했다. 과학자들이 벼룩의 '경이로운' 생식기에 대단히 집착한다는 사실로부터도 어느 정도 영향을 받았다. 그녀는 심지어 실제 벼룩 서커스단까지 만들었다. 서커스단은 1995년 샌프란시스코 과학관에서 첫 선을 보였다. 그 뒤인

2012년에 그녀는 '교미기관 박물관The Museum of Copulatory Organs'을 설립했다. 곤충의 생식기와 정포를 찍은 전자현미경 영상들을 꼼꼼하게 결합하여 실물보다 훨씬 크게 3차원 모형으로 만든 작품들을 전시한다.

그녀의 작품 중에는 통거미의 놀라운 음경들도 있으며, 팥바구미 도입체,* 다양한 실잠자리 종의 갈고리 기구들, 여태껏 조사된 적이 없는 한 지역에서 흔한 달팽이의 메두사처럼 생긴 음경도 있다.† 이 달팽이 음경은 아름답고, 많은 것을 떠올리게 하며, 그것을 바라보고 있으면—자연의 이 작은 손목시계에 우리 인간의 시선을 주면—우리가 다른 종들의 생식기를 그토록 많은 시간, 많은 단어, 많은 돈을 들여서 조사하는 이유를 깨닫게 된다…. 그리고 독자가 이 책을 읽는 이유도.

물론 또 한 가지 이유는 이런 것들이 건축학적으로나 미학적으로나 놀랍기 때문이다. 우리는 계산을 하든(벼룩의 음경은 몸길이보다 2.5배 이상 길며, 사람으로 치면 음경 길이가 4.6미터가 될 것이다), 음경의 갑주를 묘사하든, 그들의 섹스 동영상을 보든, 생식기들이 악수를 할 때의 상호작용을 조사하든 간에 곤충과 그 생식기에 매료된다. 그래서 평소에 냉철한 과학자들도 "벼룩은 곤충 세계에서 가장 복잡한 교미 기구를 지닌다"(Humphries 1967)고 최상급의 찬사를 내뱉곤 한다. 우리는 이미 그 세계의 몇몇 놀라운 사례를 살펴보았으므로 그 말이 얼마나 과감한 것인지 짐작할 수 있다.

전반적으로 아주 과감한 주장이다. 우리가 지금까지 그럭저럭 관찰할 수 있었던 세계는 극히 일부에 불과하기 때문이다. 카르도소는 박사 논문 주제를 연구하다가 호주에서 사실상 주변 어디에나 있는 것에 관심을 갖게 되었다. 시드니항 주변 습지에 사는 도토리만 한 흔한 해양 고둥이었다. 그녀는 호주 박물관의 현미경학과에서 연구를 하던 중에 그것을 보았다. 이

---

* 뒤에서 다시 나오겠지만, 팥바구니 음경이 더 주목받을 가치가 있음을 알아차린 사람이 카르도소만은 아니다.

† 그녀는 자신의 연구에 꽃가루도 포함시켰으니, 식물 애호가들도 기뻐해도 좋다.

그림 7.2 팔로메두사 솔리다의 음경. 카르도소(2012)의 박사 논문 「번식 형태의 미학The Aesthetics Of Reproductive Morphologies」 그림 112를 토대로 W. G. 쿤즈가 그림.

흔한 작은 고둥은 현재 팔로메두사 솔리다*Phallomedusa solida*—예전에는 살리나토르 솔리다*Salinator solida*—라는 학명을 지니고 있다. 이 흔한 작은 고둥이 너무나 기이하고 예상치 못한 음경을 지니고 있었기에, 학명을 바꾸자고 제안한 세 분류학자 중 한 명인 로즈마리 골딩은 그것이 그냥 기생충일 수도 있다고 생각했다(Golding et al. 2008).* 고둥 전문가가 왜 고둥의 음경을 기생충이라고 착각한 것일까? 직접 보고서 판단하시라.

카르도소는 이 음경의 모습에 너무나 매료되어서 즉시 더 큰 모형을 제

* 또 연구자들은 자신들이 팔로메두사라고 분류한 종이 뒤집기를 통해서 밖으로 내밀기보다는 고정점을 중심으로 회전시켜서 생식기를 내밀며, 말미잘처럼 생긴 부속지들이 교미 때 견인력을 일으키는 듯하다는 것도 발견했다.

작하기로 결심했다. "나는 팔로메두사 솔리다의 음경이 정확히 어떤 모습인지를 가능한 한 정확히 세상에 알릴 필요가 있다고 느꼈다"(Cardoso 2012). 그리고 이제는 독자도 분명 동의할 것이다.

광선검

곤충의 생식기를 크게 재현하여 주목을 받은 사람이 카르도소만은 아니며,* 모든 미술가가 팔로메두사 솔리다처럼 모호한 것만을 작품 소재로 삼지도 않는다. 영국 미술가 조이 홀더(1979~)의 작품은 곤충의 도입체를 토대로 만든 '사람만 한 딜도'다.† 그중에는 팥바구미 도입체도 있다. 그녀는 「정자 유도관의 진화The Evolution of the Spermalege」라는 전시물을 만들었다. 피부밑주사형 정자 주입을 받는 동물에게서 발달할 수 있는 온갖 기이한 생식기 모형에 붙인 멋진 제목이다.

홀더의 전시물 중 하나는 팥바구미 도입체를 반짝이는 금으로 도금하여 커다랗게 만든 모형이다. 그 모형은 끝의 양쪽으로 불룩 튀어나온 부위에 달린 강철 솔, 교미에 중요한 듯이 보이는 교미구 '윙맨', 교미에 반드시 필요한 갈고리를 갖추고 있다. 홀더의 온라인 작품 전시회를 보면,‡ 주변의 벽 전체를 뒤덮을 만치 거대하게 확대한 2D 사진을 배경으로 '사람'만 한 크기의 3D 인쇄물들이 걸려 있다. 〈스타워즈〉 영화에서 거대한 전함인 스타 디스트로이어가 X윙 스타파이터 전투기에 다가가는 것처럼, 사방에 걸려

---

* 다른 종들의 생식기도 관심을 받아왔다. 캐럴 K. 브라운Carol K. Brown은 1988년에 게인스빌에 있는 플로리다 대학교에서 포유동물 4종류(돼지, 고양이, 소, 양)의 음경을 아주 크게 확대한 모형으로 전시회를 열었다. 마침 그곳에는 생식기 연구의 세계적인 연구진이 있었으니 딱 어울리는 장소이기도 했다.

† 『바이스Vice』와 인터뷰를 할 때, 홀더는 이런 식으로 만든 작품을 개인적으로 쓴 적은 없지만 작품들이 "피부에 안전한" 실리콘으로 제작되었고 "분명히 쾌감을 얻기 위해서도 쓸 수 있다"고 말했다. 우리는 정말로 별난 종이다.

‡ 작품의 맞춤형 모형을 이베이에서 구입할 수도 있다.

있는 생식기들이 위협적으로 관람객을 향해 모여드는 듯한 몰입감을 일으킨다.

불행히도 연구실에서 이 딱정벌레를 연구하는 사람들은 크기를 실제보다 크게 확대한 뒤 조작하면서 실험하는 대안을 쓸 수가 없다. 그래서 팥바구미 도입체에 붙은 뾰족한 턱 같은 구조가 어떤 일을 하는지 알아내고자 한 연구자들은 레이저 총 비슷한 것을 쓰는 방향으로 나아가야 했다(Van Haren 2016). 바로 레이저 수술이다. 동부바구미의 칙칙한 친척인 밤바라땅콩바구미를 연구하는 네덜란드 연구진은 그 표본을 들고서 수술을 받으러 파리까지 멋진 여행을 했다. 그들은 뾰족한 구조의 가시들을 일부 잘라낸 뒤 교미 성공률에 어떤 영향이 있는지를 알아내겠다는 목표를 갖고 있었다.

흔들리지 않으면서 섬세한 조작을 하는 손이 필요한 양 들리지만, 실제로 필요한 것은 도입체를 완전히 밖으로 내민 채 가만히 있는 작은 땅콩바구미다. 가만히 있도록 만들고자 연구진은 그 곤충들을 마취시켰다. 음경을 내밀도록 하기 위해서 연구진은 진공관, 작은 튜브, 작은 피펫 끝으로 만든 음경 펌프(고래 음경에 썼던 맥주통과 정말 대조를 이루는)를 이용했다. 이 불운한 땅콩바구미들이 발기한 채로 가만히 있는 상태가 되자 컴퓨터 기술이 나머지 일을 했다. 연구진은 레이저 광선을 조준하는 컴퓨터 프로그램을 써서, 자를 지점을 가리키는 특수한 마우스 포인터로 땅콩바구미의 아랫도리를 겨냥한 뒤 딸깍 눌렀다. 가시가 튀어나온 부위였다. 이런 방법으로 연구진은 가시를 원하는 만큼 아주 빨리 잘라낼 수 있었다.

5장에서 살펴보았듯이 동부바구미는 생식기 갈고리를 잃으면 교미 성공 가능성이 완전히 사라진다. 그러나 밤바라땅콩바구미는 레이저로 가시를 잘라도 번식 성공에 아무런 영향이 없는 듯했다. 이 레이저 수술을 받은 수컷과 짝짓기한 암컷이 알을 더 적게 낳긴 했다. 땅콩바구미의 가시는 상처를 입히지만(이 '턱'은 암컷의 몸속에 흉터를 남긴다) 번식 '성공률'을 높이는 듯한 구조의 또다른 사례다. 상처보다 성공을 더 중요시하는 셈이다. 이 곤충에게 중요한 또 한 가지는 수컷이 '혼인 선물'을 얼마나 주며 암컷이 교미가 끝난 뒤 얼마만큼 버리냐다.

난 왼쪽이 더 멋져

사람은 오른쪽과 왼쪽이 있고 양쪽이 완벽하게 일치하지는 않는다. 양쪽 가슴은 크기가 서로 다를 때가 많고 고환도 마찬가지다. 절지동물의 생식기도 이렇게 비대칭을 띠어서 도입체의 양쪽이 서로 다를 수 있다. 거미에게서는 그런 사례가 드물다(Huber and Nuñeza 2015). 앞서 살펴보았듯이 거미는 절반의 처녀가 아니라 이중으로 교미를 하는 것이 '목표'이므로 대개 양쪽 더듬이다리가 다 도입 능력을 지녀야 한다.*

곤충은 거미보다 이런 형태 비대칭의 사례가 더 흔하다. 거미는 생식기를 쌍으로 지닌 반면, 곤충은 그저 한쪽으로 치우칠 수 있을 뿐이니까.† 곤충이 해야 할 일은 그저 도입체를 짝의 적합한 부위에 집어넣는 것이다. 그들로서는 도입체가 도입되도록 서로의 배를 비롯한 신체 부위들을 적절한 위치에 놓는 것이 중요하다.

곤충 종들의 비대칭에 관한 가설 중 하나는 열쇠와 자물쇠 개념을 따른다. 앞서 살펴보았듯이 곤충의 모든 생식기 차이가 종을 정의한다는 가정에는 한 가지 문제가 있다. 그런 가정은 한 종이 어느 정도 개체별 차이를 보일 가능성을 배제하기 때문이다. 또 이 가설은 일부 곤충에게는 들어맞지 않는 듯하다. 일부 곤충들은 생식기에 차이가 있어도 완벽하게 달아올라서

---

* 그러나 다음 장에서 살펴보겠지만, 거미는 전문가들의 표현에 따르자면 때로는 말 그대로 "대칭 깨기break symmetry"를 한다.

† 포유동물도 비대칭을 보일 수 있다. 쇠돌고래는 생식기가 비대칭이다. 수컷은 암컷이 호흡하기 위해 수면으로 떠오를 때 늘 왼쪽에서 암컷에게 접근한다. 직각으로 삽입을 하고 음경 끝에 있는 작은 갈고리로 포궁목을 붙잡기 때문에 왼쪽에서 접근한다. 음경이 표적에 접근하려면 12번 이상 접혀 있는 질의 주름을 뚫고 들어가야 한다. 그것은 합의 없이 교미가 시도되는 일이 잦음을 시사한다.

어느 정도 종간 교배 행동을 하는 듯하다.

사마귀를 예로 들어보자. 키울피나속*Ciulfina*의 사마귀 수컷은 한 가지 흥미로운 특징을 지닌다. 생식기가 오른쪽 방향dextral 아니면 왼쪽 방향sinistral을 향해 있다는 것이다(Holwell and Herberstein 2010). 이 속의 사마귀 종별로 이 방향을 비교하자 양쪽이 서로의 거울상임이 드러났다. 오른쪽 방향의 생식기는 왼쪽 방향 생식기의 거울상처럼 보였다.

더 조사하니 이 속의 사마귀 종들이 생식기의 방향에 전혀 개의치 않는다는 것도 드러났다(Holwell et al. 2015). 즉 암컷은 오른쪽이 아닌 왼쪽으로 향한 다른 종의 수컷과도 쉽게 짝짓기를 했다. 이 도입체의 방향은 '열쇠와 자물쇠' 개념에 그다지 들어맞지 않았다. 이유는 잘 모르겠지만 사마귀는 과감하게 나서서 '반대 방향'의 생식기를 지닌 짝과도 짝짓기를 하면서 시간을 낭비했다. 연구진은 더 나아가 서로 다른 방향이 번식 성공에 영향을 미치는지도 조사했는데, 전혀 영향을 미치지 않는다고 나왔다. 연구진은 거울상 생식기가 진화적 혜택이나 불이익이라는 측면에서는 중립적일 수 있다고 결론지었다. 아마 반적응론자의 편을 드는 듯하다.

죽을 때까지 미친듯이 섹스를

또다른 당혹스러운 적응 수수께끼는 섹스에 미쳐서 사실상 굶어 죽을 지경에 이른다고 알려진 설치류처럼 생긴 유대류다(Naylor et al. 2007). 안테키누스속*Antechinus*의 이 동물들은 거의 죽음에 이를 때까지 교미에 몰두한다. 곰에게 먼저 먹히지 않는 한 알을 낳은 다음에 죽는 연어처럼 이 작은 동물은 평생을 한 중요한 순간을 위해 살아가며, 연어와 유사한 적응 양상을 보인다고 말할 수 있다.

안테키누스속의 수컷은 생후 1년이 채 안 되는 무렵까지 자신이 만드는 정자를 계속 모은다. 쏟아놓을 곳을 계속 찾으면서다. 교미할 의향이 있는 암컷을 찾으면 수컷은 몇 시간 동안(평균 6~8시간) 계속 교미를 할 것이다. 탄트라 섹스의 대가에 필적할 수준이다. 안테키누스 수컷은 목숨이 다할 때까지 이 상대 저 상대를 찾아다니면서 오로지 짝짓기만 한다. 그러다 보면 이윽고 털도 다 빠지고 출혈도 일어나고 조직이 썩어 문드러지기 시작한다. 죽는 순간까지 이 쓰러져가는 돈 후안들은 싫다는 암컷들을 계속 치근덕거린다. 그리고 생후 1년이 되기 직전에 위장이 텅 빈 상태에서 마침내 죽음을 맞이한다. 몇몇 암컷에게 자신의 새끼를 임신시킨다는 목표를 향해 매진하다가 장렬히 전사한다.

연구자들은 안테키누스 수컷들을 광란의 섹스 마라톤에 빠지게 만드는 요인이 무엇인지 대체로 밝혀냈다. 단 한 차례 겪는 짧은 번식기가 다가올 때면 일상생활 습성에 한 가지 변화가 일어난다. 마치 들리지 않는 어떤 공고문에 반응하는 양 수컷들은 자신의 영역을 지키는 것을 포기하고 모여들기 시작한다. 암컷들은 모이는 대신에 계속 먹이를 찾아다닌다. 짝짓기를 하면 어떻게든 태아를 품어야 하니까. 그러면서 주기적으로 수컷들이 모인 곳에 가서 짝짓기를 한다. 앞서 보았듯이 개구리도 비슷하게 수컷들이 모여 있는 곳으로 암컷이 방문하는 양상을 보인다. 생물학자들은 그렇게 모인 장소를 **렉**이라고 한다. 따라서 안테키누스는 이 방면에서 지극히 포유동물답지 않은 행동을 보인다.

길어야 2주에 불과한 번식기는 정확한 신호와 함께 시작된다. 낮 길이의 변화 속도가 안테키누스에게 번식기가 시작되었다고 알리며, 낮의 길이가 얼마나 늘어났을 때 반응하는지는 종마다 세밀하게 맞추어져 있다. 안테키누스 아길리스*Antechinus agilis*는 낮의 길이가 하루에 127~137초씩 증가하면 번식기가 시작된다. 안테키누스 스투아르티이*Antechinus stuartii*는 그 문턱이 97~107초다. 이들은 초 단위까지 재는 자연의 손목시계인 셈이다. 일단 촉발되면, 안테키누스는 마라톤을 시작한다.

이 작은 동물을 짝짓기 광란으로 내몰아서 결국 죽게 만드는 내부 요인은 두 가지다. 호르몬인 테스토스테론과 코르티솔이다. 테스토스테론이 왈칵 분비됨으로써 짝짓기 충동이 일어난다. 스트레스 호르몬인 코르티솔의 급증은 최종 죽음을 가져온다. 사실 이런 효과들을 기술한 문헌에 실린 그래프에는 코르티솔 농도가 가파르게 증가하다가 갑작스럽게 끊기며, 거기에 '수컷 죽음'이라는 말이 붙는다.

코르티솔은 면역과 염증 반응을 억제하기에 이 작은 유대류 수컷은 스트레스를 받는 상황에서 질병과 감염에 노출되고, 먹지도 않고, 탐욕스럽게 발정한 채로 계속 살아간다. 죽은 수컷은 위장이 텅 비어 있을 때가 많다. 마지막 며칠을 오로지 교미만 하면서 보냈음을 시사한다.

높은 수준의 스트레스 호르몬, 텅 빈 위장, 죽을 때까지 짝짓기하는 행동에 어떤 적응적 이점이 있을까? 이 동물의 삶의 궤적은 강을 거슬러 올라가서 알을 낳고 무력하게 죽는 연어를 떠올리게 한다. 그리고 사실 안테키누스 연구자들은 이 유대류가 일회번식semelparity이라는 이 번식 전략을 쓰는 소수의 포유류에 속한다고 본다. 연어처럼 안테키누스 수컷도 나름 꽤 오래 살다가 한 차례 짝짓기 기회를 얻고, 그 기회를 최대한 활용한다.

안테키누스는 주머니고양잇과의 유대류다. 그 과에 속한 디블러Dibbler(*Parantechinus apicalis*)라는 종은 이런 매우 특이한 동물들 중에서도 독특하다(Woolley and Webb 1977). 음경에 의외의 부속지가 달려 있기 때문이다. 호주 사람들은 이 작은 동물을 "디블러"라고 부르며, 디블러는 음경dingle에 부속물dangler이 붙어 있다.

더 조사하자 음경에 부속지가 달린 동물이 디블러만이 아님이 드러났다. 보통 음경과 마찬가지로 그 기관도 발기되는 조직을 지닌다. 비록 연구자들은 디블러를 비롯한 안테키누스 종들에게서 그 부속지가 도입체로 쓰이는지 확인할 수 없었지만, 안테키누스의 친척인 쿠올quoll에게서는 그런 식으로 쓰이는 것을 관찰했다.

그렇다고 해도 이 종들이 짝짓기를 할 때 같은 구멍에 동시에 두 개의 도입체를 삽입한다는 의미는 아니다. 아니, 음경 부속지는 곧창자로 삽입되는 듯하다.* 연구자들은 이 배치가 요도 음경urethral penis, 즉 배우자를 전달하는 음경이 제 위치로 들어가도록 돕는다고 추정한다(Woolley et al. 2015). 디블러와 그 친척들은 그럼으로써 엉뚱한 곳을 찔러대지 않는다.†

구기

음경 부속지를 곧창자에 삽입한다는 말이 별로 놀랍지 않다면, 진드기 오럴섹스는 어떨까? 많은 진드기 종은 일종의 오럴섹스를 한다. 수컷은 구기로 암컷의 생식기 안을 문질러서 입구를 느슨하게 만들어 벌어지도록 한다. 이 단계가 끝나면 정포를 안에 떨군다. 이 구기는 진드기가 우리를 물어서 착 달라붙을 때 쓰는 바로 그 입이다.

구기를 짝짓기의 한 단계에서 쓰는 작지만 대단한 동물이 결코 진드기만은 아니다. 일부 거미는 더듬이다리를 도입체로 쓰기 전에 철저히 닦고 문지르는 꼼꼼함을 보여준다(Eberhard and Huber 2010). 아마 거미가 위생에 신경을 쓰는 것은 아닌 듯하므로(그리고 아무튼 부속지를 핥는 건 그다지 위생적이지 않다) 이 부지런함은 도입 때 더듬이다리가 진입하기 쉽게 만드는 일과 관련이 있을 수 있다. 성적 윤활제 사용이 인간과 절지동물의 공통점이라고는 아마 예상하지 못했을 것이다.

이윽고 도입을 진행할 때 일부 통거미 종은 도입체를 암컷의 생식기뿐 아니라 구기에도 삽입하며(Fowler-Finn et al. 2014), 한 거미 종(유령거미에

---

* 2019년 최고의 섹스 토이의 몇몇 부위와 비슷해 보인다.

† 안테키누스 연구는 파티에서 어색한 적막을 깨기 좋은 이야깃거리만 제공하는 것이 아니다. 이 동물들은 아밀로이드(뇌에 쌓여서 판plaque을 만들며 다양한 종류의 치매와 관련이 있다고 여겨지는 물질)를 몸에 축적하며, 자연적으로 판을 만들므로 이런 판이 어떻게 형성되고 그것을 표적으로 한 치료법들이 어떤 효과가 있는지를 검사할 수단을 제공한다. 매우 기이한 점은 형질전환 생쥐를 제외할 때, 현재 우리가 이 목적에 쓰는 실험동물은 한 연어 종뿐이다. 그 종도 자연적으로 이 판을 형성한다.

속하는)은 도입한 상태에서 자신의 눈자루를 암컷의 구기에 찌른다(Huber and Nuñeza 2015). 이의 한 가지 결과는 눈자루가 성선택의 대상이 된다는 것이다. 따라서 이 눈자루는 아주 길고 갈고리와 털로 장식되는 등 눈자루에 흔치 않은 특징들을 갖추고 있다. 암컷의 입이 수컷의 눈자루를 빚어낸다.

한 해양 편형동물은 상대에게 입을 맞추는 행위를 교미후에만 한다. "이 벌레들은 **빤다**These Worms *Suck*"라는 쉬운 부제목의 논문에서 연구자들은 한 빠는 편형동물 종을 기술했다(Schärer et al. 2004). 더 자세히 살펴보자면 이 작고 투명한 벌레들(길이 1.5밀리미터)은 실험실 환경에서 '쉽게' 교미를 마친다. 이 과정에서 이들은 원을 그리고 빙빙 돌고 음양 기호 같은 것을 만들기도 한다. 이들이 빙빙 도는 동안(물론 찍은 동영상이 있다*) 이 암수한몸 벌레들의 암컷 생식기 입구에는 정포가 달라붙는다. "얼굴에 뾰루지가 났다"가 완전히 새로운 차원으로 올라선 셈이다. 그러면 벌레는 입구를 향해 몸을 구부려서 이 "뾰루지"를 빨아들임으로써 제거한다. 연구자들은 빨아들인다*sucking*는 말을 이탤릭체로 강조했다. 그들은 빨아들이는 횟수도 통계를 냈다. 교미 횟수 885번 중에서 두 마리 중 적어도 한쪽이 빨아들이는 횟수가 67퍼센트에 달했다.

연구진은 이들이 이렇게 빨아들이는 이유가 가능한 한 많은 정포를 취하기 위해서라고 설명한다. 한마디로 정자를 먹어치운다는 것이다.† 연구진은 다른 종들도 그렇게 하며 또 정자를 몸속에 들이는 특수한 방법도 지닌다고 말한다. 투명한 해양 화살벌레인 스파델라 케팔롭테라*Spadella cephaloptera*는 암컷의 몸 바깥에 그냥 정자를 바른 뒤 정자가 알아서 입구로 이동할 수 있도록 한다. 거머리의 일종인 플라코브델라 파라시티카*Pla-*

---

* "these worms suck"로 검색하면 금방 찾을 수 있다.

† 2019년 연구의 저자들은 이 행동이 사정물을 제거함으로써 그것을 통제하는 암컷의 "대항적응"이라고 주장했다. 빨아들이는 성향을 낳는 유전자 발현을 발견했기 때문이다. 즉 그것이 진화적 선택의 표적임을 시사한다(Patlar et al. 2019).

*cobdella parasitica*도 정자를 짝의 몸에 바르며 정자는 체벽을 녹여서 안으로 들어간다. 상대가 정자를 먹는 것을 선호할 이유가 명백해 보이는 듯도 하다.

외상 상쇄

아주 많은 동물들은 '외상성 정자 주입'이라는 방법을 써서 배우자를 짝에게 전달한다. 이 방법이 별로 충격적이진 않다고 생각할지도 모르겠다. 빈대는 상대의 배 갑옷을 꿰뚫고, 팥바구미는 상대의 생식기 벽을 훼손하고, 갯민숭이는 가시가 달린 이중 음경을 지니며, 달팽이는 수용성을 높이는 물질을 전달하기 위해 큐피드처럼 짝 후보들에게 "사랑의 화살"을 날린다(Lange et al. 2013).* 별것 아니라고?

각 사례에서 우리는 화살이나 피부밑주사기나 강철 솔의 표적이 피해를 입는다고, 따라서 그 상호작용에는 비용이 든다고 추론한다. 그러나 앞서 살펴보았듯이, 변화하거나 모습을 유지하는 구조를 고려하면 상대의 입장에서는 정액 영양소나 수정을 위한 배우자 같은 혜택을 더 얻을 수도 있다. 이런 동물의 감각 경험이 어떤 것인지 우리 자신의 감각 경험으로는 사실 판단할 수 없다.

그렇다면 서로의 머리에 피부밑주사 방식으로 정자를 주입하는 갯민숭이가 있다는 말은 들어보았는지(Lange et al. 2014)? 암수한몸 갯민숭이인 시폽테론속*Siphopteron*의 5종은 피부밑주사 방식을 쓴다. 그러나 주사하는 장소는 종마다 다르다. 한 종은 그냥 무차별적으로 아무데다 막 찌르고 다른 두 종은 머리 뒤쪽을 주로 찌른다. 그러나 특히 아직 이름이 없는 한 종은 일관되게 "늘 짝짓는 상대의 눈 주위"를 찌른다. 이때 도입체를 "깊이

* 화살을 쏘는 어느 달팽이 종은 한 화살로 상대방들을 평균 3311번 찌른다(Chase 2007b).

삽입하며, 심지어 뺐다가 다시 삽입하기"도 한다.

이 동물들이 주사하는 것은 전립샘 분비물이므로 이 과정은 "머리외상성 분비물 전달cephalo-traumatic secretion transfer"이라고 불려왔다. 이 말이 무시무시하게 들린다는 것은 안다. 그러나 실제로는 아주 아름다운 과정이다(물론 동영상이 있다*). 그밖에는 알려진 것이 없는 이 "시폽테론 종 1"은 새하얀 몸통에 가장자리가 샛노랗고 새빨간, 화려한 색깔의 갯민숭이다. 짝짓기를 시작할 때 두 마리는 회전하면서 서로 뒤엉킨 뒤, 둘로 갈라진 거의 투명한 도입체를 내민다.

도입체의 한쪽은 상대의 머리 부위를 향하고 다른 한쪽은 생식기 입구로 뻗는다.† 머리를 더듬는 구조의 끝은 압핀 끝처럼 뾰족하다. 그 사이에 짝짓기를 하는 쌍은 천천히 회전하면서 때로 서로의 등을 물곤 하는데 공격적으로 보이진 않는다. 마지막으로 서로의 도입체가 천천히 거의 부드럽게 상대의 몸속으로 들어가며, 상대는 삽입된 도입체를 중심으로 몸을 구부린다. 도입체가 삽입되면 투명한 벽을 통해 정액이 흘러드는 광경을 쉽게 관찰할 수 있다. 동영상에서는 동물이 삽입 지점 바로 옆에 눈을 갖다 댄 모습도 볼 수 있다. 아마 경계하면서 지켜보는 듯하다.

이 시점에서 둘의 빙빙 도는 행동은 멈추어 있다. 아무것도 흘리고 싶지 않아서일지 모른다. 정액 전달이 끝나면 도입체의 양쪽 부위를 다 빼낸다. 전체 과정은 1시간까지도 지속된다. 연구자들은 세 마리가 이런 식으로 짝짓기를 하는 광경도 한 차례 목격했다.

연구진은 종 1이 그렇게 일관되게 상대의 두 눈 사이에 도입체를 찔러 넣는 이유가 머리의 한 신경다발이 전립샘 분비물의 표적이기 때문이라는 가설을 세웠다. 신경계에 어떤 효과를 미친다는 것이다. 그럼으로써 일부

---

* "Siphopteron sp. 1 mating with head injections"로 검색하면 된다.

† 마찬가지로 몇몇 2019년 최고의 섹스 토이를 떠올리게 한다.

기생충이 숙주의 행동을 통제하는 권한을 획득하는 것과 비슷한 효과를 일으킨다고 본다. 머리외상성 분비물 전달을 통한 마인드 컨트롤이다. 물론 전혀 섬뜩하지 않다.

우리에 갇힌 부드러운 갑각류

앞서 변형된 다리인 더듬이다리를 쓰는 거미를 만난 바 있지만, 서문에서 살펴본 우리의 좋은 친구인 바닷가재는 어떨까? 바닷가재도 다리를 써서 정자를 전달한다(Austin 1984). 생식구gonopore에서 정액을 뽑아서 배다리pleopod 또는 헤엄다리swimmeret라는 부속지 중 첫 번째와 두 번째 쌍에 채운다. 이 다리를 도입체로 삼아 정자고랑sperm groove을 따라서 정자를 흘려보낸다. 요각류라는 다른 작은 갑각류도 다리를 쓰는데, 몸의 아래쪽에 있는 것만 쓴다.

일부 바닷가재 종은 오줌을 뿜는 별난 행동을 할 뿐 아니라, 생식기로 쓸 별도의 구조도 지니지 않고 변형된 다리에도 의지하지 않는다. 대신에 그들은 나름의 수정관vas deferens—정관절제술 때 싹둑 자르는 바로 그것—을 '음경'으로 삼아서 정포를 전달한다(Bauer 1986). 다른 바닷가재와 몇몇 게는 겉뼈대의 작은 주머니에 정포를 보관한다.

몇몇 게와 가재도 주사기 형태의 도입체를 써서 정자 덩어리를 전달한다. 한 다리 쌍의 밑동으로 삽입하는 나름의 사정관을 지닌다. 그리고 그들은 다른 다리 쌍을 플런저로 삼아 주사기 안으로 밀어 넣어서 사정액을 밖으로 밀어낸다. 갑각류의 다리에 새롭게 존경심을 품게 만든다.

그렇다면 다음 동물은 존경하고픈 마음이 들까? 주황톱날꽃게orange mud crab(*Scylla olivacea*)는 교미에 성공하기까지 며칠간 이어지는 단계를 거친다. 암수는 교미전 자세를 취하는데 그 상태를 60시간 넘게 유지할 수도 있다. 수컷이 다리를 세워서 자기 몸 아래에 동의하는 암컷을 둠으로써 일종의 '우리에 가두는' 식이다. 그들은 심지어 이렇게 몸을 겹친 자세로 먹이를 먹기도 한다. 수컷은 자신의 다리 우리 안에 든 미녀에게 구애하려는 다른 수컷들을 내쫓는다.

그 단계가 끝나면 암컷은 허물을 벗는다. 그렇다, 자신의 짝을 알게 된 지 60시간쯤 지난 뒤에야 겉뼈대를 벗는다. 때로 수컷은 집게발로 암컷이 허물을 벗는 걸 돕기도 한다.* 약 5시간에 걸쳐서 허물을 벗은 뒤(이 게의 생애에서 마지막 허물을 벗는 단계다) 암컷은 교미할 준비가 된다. 교미를 할 수 있을 만치 새 겉뼈대가 부드럽고 나긋나긋하기 때문이다. 수컷이 암컷을 뒤집으면 암컷은 배딱지를 열어서 삽입 지점(생식구)을 드러낸다. 수컷은 도입체 다리를 삽입하고 정자를 전달한다. 교미가 이루어졌다는 것은 모두가 알 수 있다. 수컷이 암컷을 원래대로 다시 뒤집으니까.

교미는 6시간 넘게 지속된다. 교미가 끝난 뒤에도 수컷은 반나절 동안 머문다. 적어도 막 교미한 부드럽고 취약한 암컷을 지키기 위해서다(Waiho et al. 2015). 암컷의 겉뼈대가 단단해지면 수컷은 암컷을 풀어준다. 그러나 이 과정이 진행되는 동안 허물을 벗었을 때처럼 취약한 상태에서 암컷이 죽기도 하는데, 그러면 수컷은 암컷을 포기하고 다른 수컷들이 몰려와서 암컷을 먹어치운다. 갑각류는 사람에게 최상의 모델이 아니다.

끊어내는 다리

쥘 베른은 『해저 2만 리』에서 가장 문어답지 않은 행동을 하는 문어를 묘사했다(실은 문어가 아니라 집낙지argonaut octopuse다. 저자는 집낙지의 이름에 octopus가 들어가기 때문에 문어를 언급한다-옮긴이). 이 집낙지속*Argonauta*의 동물들은 보통 문어처럼 대체로 혼자 해저의 바위 위를 미끄러져 다니면

---

* 갑각류에서는 이렇게 '허물벗기molting를 기다리는' 사례가 흔하다.

서 틈새와 구석을 파고드는 대신에, 몸을 감싸고 있는 '돛'을 이용해 수면에 뜬 채로 수백 마리씩 몰려다니는 듯했다. 암컷의 첫 번째 팔 한 쌍에서 분비되는 이 '돛'은 아주 얇은 앵무조개 껍데기처럼 보여서, 일부에서는 이 동물을 "종이앵무조개paper nautilus"라고 부르기도 한다(Finn 2013). 사실 수면 가까이에서 위아래로 까딱까딱 움직일 때 이 낙지는 앵무조개와 매우 비슷해 보인다. 유사점은 그것만이 아니다.

종잇장 같은 껍데기 안에 틀어박힌 집낙지 암컷은 그 안의 공기량을 조절하여 부력 조절 장치로 삼는다.* 아주 무시무시한 존재로는 보이지 않는다. 이들은 대형 문어가 아니다. 암컷은 껍데기까지 더해서 길이가 30센티미터쯤 된다. 그러나 수컷은 몸길이가 겨우 약 2.5센티미터에다가 몸무게는 암컷의 600분의 1에 불과하다. 그래서 거대한 애인에게 정자를 전달하려고 하는 수컷은 좀 위험한 상황에 놓인다. 암컷이 수컷을 그저 간식거리로밖에 보지 않기 때문이다.

그러니 좀 거리를 둔 애인이라고 해야 할 것이다. 먹히지 않으면서 번식 욕구를 충족시키기 위해 수컷은 정말로, 정말로 대단한 '세 번째 다리인 음경'을 지닌다. 모든 문어류처럼 집낙지도 팔이 8개다. 그리고 모든 문어류처럼 그 팔 중 하나에 붙어 있는 빨판은 좀 다르다. 정자 덩어리, 즉 정포를 내뿜을 수 있는 작은 홈이 나 있다. 이 팔은 끝이 음경처럼 부풀어 오를 수 있다. 그래서 수컷은 이 매우 특수한 부속지를 암컷의 몸에 삽입할 수 있다. 말 그대로 암컷에게 팔을 쭉 뻗은 상태에서holding her at arm's length(거리를 두고서) 정자를 전달할 수 있다.

여기에다가 수컷은 이 종 특유의 비법을 하나 더 지닌다. 교접완hecto-

---

* 베른은 같은 문단에서 이 행동도 적었다. "그러다가 웬일인지 몰라도 집낙지들은 갑자기 두려움에 사로잡혔다. 어떤 신호가 떨어진 양, 모든 돛이 갑자기 꺼지면서 팔이 움츠러들고 몸이 줄어들었으며 무게중심이 바뀌면서 껍데기가 뒤집혔다. 그리고 함대 전체는 수면 아래로 사라졌다. 순식간에 일어난 일이었다. 어떤 함대도 이보다 더 일사불란하게 기동할 수 없을 것이다."

cotylus*이라는 부속지를 암컷의 몸에 찔러 넣은 뒤 자기 몸에서 끊어낸 다음 날쌔게 안전한 곳으로 달아날 수 있다. 잘린 팔은 꿈틀거리면서 정자를 전달하는 위험한 일을 계속한다(Austin 1984). 암컷들은 이런 교접완을 두 개 이상 지닌 채 돌아다니곤 한다. 사실 초기 자연사학자들은 이 지렁이처럼 생긴 것에 너무 혼란스러워한 나머지 끊긴 팔이 기생충일지 모른다고 생각했다. 아니다, 그저 끊겨나간 상태에서도 번식이라는 힘겨운 일을 충실히 해내는 도입체일 뿐이다.

도입체 끊어내기는 집낙지만 쓰는 비법이 아니다. 사실 민달팽이부터 거미에 이르기까지 많은 작은 종들은 어떤 형태로는 음경을 찔러 넣은 뒤 끊어내는 방법을 써서, 짝짓기에 수반되는 치명적인 위험에 대처한다. 암수한몸인 바나나민달팽이banana slug는 서로의 몸속에 도입체를 삽입하면 빼내지 못하기에 한쪽이 도입체들을 물어서 끊는다고 알려져 있다(Reise and Hutchinson 2002). 이 음경물어뜯기apophallation를 한 뒤 민달팽이는 자기 몸에 박혀 있는 음경을 먹어치운다. 영양소를 얻기 힘든 곳에 사는 동물에게는 먹어도 죽지 않는 것은 모두 다 먹이가 된다.

크릴의 비법

크릴이라는 작고 투명한 갑각류를 언급하면 으레 고래가 이들을 엄청나게 걸러 먹는 장면이나 크릴 집단이 붕괴하여 해양 먹이사슬이 무너지는 광경을 떠올리곤 한다. 이 붕괴와 바다의 건강 사이에 놓인 중요한 것 중 하나는 크릴의 번식이다. 그러나 아주 최근까지도 크릴이 어떻게 번식하는지를 파헤친 사람이 사실상 아무도 없었다. 정말 안타까운 일이다. 크릴은 정말로 비법을 지니고 있기 때문이다. '크릴 비법krill drill'은 크게 5단계로 이루어

* 이 팔은 처음에 수컷의 왼쪽 눈 가까이에 있는 주머니 안에서 발달한다. 따라서 처음에는 팔이 7개만 있는 양 보일 수 있다. 이 8번째 팔을 쓴 뒤에는 정말로 팔이 7개가 된다.

진다. 뒤쫓기, 탐색하기, 껴안기, 구부리기, 밀기다. 그리고 그 단계들 중 어딘가에서 정포가 전달된다.

짝짓기 중인 크릴을 생포하기란 쉬운 일이 아니다. 적어도 남극크릴 Antarctic krill(*Euphausia superba*)은 그렇다. 이 작은 동물은 아주 추운 바다의 밑바닥 근처에서 평생을 보낸다.* 그러나 이 동물을 연구하는 일은 대단히 중요하다. 이 바다 생태계 전체의 토대를 이룰 가능성이 높기 때문이다. 이들은 지구의 다세포생물 중 가장 큰 생물량을 차지한다(Kawaguchi et al. 2011).† 따라서 크릴을 연구하는 것은 중요하며 그런 수고를 할 만한 가치가 있다.

남극 연구자들은 크릴 비법의 작동을 포착하기 위해서 아주 깊은 바다 밑의 추위와 물과 수압을 견딜 수 있는 자동 비디오카메라를 해저 16곳에 설치했다(비록 당시에는 크릴 비법이 무엇인지를 몰랐지만). 꽤 좋은 영상을 얻자, 그들은 일반 사람들이 무슨 일이 일어나고 있는지를 알아볼 수 있도록 크릴이 비법을 쓰는 방식을 철저하게 추적했다(그렇다, 동영상이 있다).

이 연구 결과가 나오기 전까지 사람들은 크릴의 짝짓기가 매우 밋밋할 거라고, 좀 얕은 바다에서 이루어질 것이라고 생각했다. 그러나 전혀 밋밋하지 않으며 언제나 얕은 곳에서 이루어지지도 않는다. 그래서 심해 카메라 촬영으로 이어졌다.

알을 가득 밴 암컷은 꽤 불룩한 모습이다. 많은 임신한 동물들의 모습과 마찬가지다. 수컷은 이런 임신한 암컷을 쫓아다닌다(크릴 비법 1단계). 이 시점에서 수컷은 도입체가 '충전되어' 있지 않을 가능성이 높다. 다시 말해 헤엄다리의 첫 쌍에 있는 **교미기**petasma라는 구조가 충전되지 않았다는, 즉 정포를 전달할 준비가 되지 않았다는 의미다. 쫓아다닐 때 충전되어 있다

---

* 몸길이는 약 5센티미터다.

† 크릴목에는 약 85종이 있는데 그들의 번식 행동은 거의 알려진 것이 없다. 야생에서는 더욱 그렇다(이 점은 중요하다. 그들이 포획된 상태에서도 야생에서와 똑같은 방식으로 번식 행동을 할까?).

면, 아마 움직이는 속도가 느릴 것이다. 다리에 막대사탕 같은 정자 덩어리를 달고 있다면 짝을 뒤쫓지 않는 편이 낫다.

그러나 일단 추적이 끝나면 다음 단계로 넘어갈 때다. 탐색과 포옹이다. 포옹 때 아마 수컷의 헤엄다리에 있는 교미기는 닫혀서 충전되어 있을 것이다. 수컷이 이 다리로는 포옹하지 않기 때문이다. 수컷은 교미기 하나를 써서 자신의 생식기 구멍에서 정포를 꺼내어 다른 교미기로 옮길 수 있다. 한쪽 손으로 신발을 벗어서 다른 손으로 옮기는 것과 비슷하다. 이어서 크릴은 그 교미기의 갈고리를 써서 암컷의 가슴에 있는, 가야 할 곳으로 정포를 찔러넣는다.

'껴안기'와 '구부리기'(수컷이 배를 구부리는 것) 사이를 넘어가는 단계에서 이 전달이 이루어진다. 이 기간은 약 5초이므로, 바다에서 크릴의 삶은 아주 빠르게 진행되는 셈이다.

크릴 비법의 최종 단계는 밀기다. 여타 단계들은 새우 그리고 다른 비슷한 갑각류도 거치지만, 밀기는 크릴만이 한다. 수컷은 자신의 머리로 암컷을 들이받아서 T자를 형성한다. 이때 몸이 조금 회전한다.

연구자들은 이 '밀기'가 암컷의 몸속에서 정포가 터져 정자가 방출되도록 돕는 것이라고 추측한다. 따라서 정액이 든 풍선을 암컷의 몸에 집어넣은 뒤 머리로 들이받아서 그 풍선을 터뜨리는 셈이다.

크릴의 이 비법 전체는 약 12초가 걸린다. 이 몇 문장을 읽는 데 걸리는 시간에 많은 일을 성취한다.

부러지는 벌

짝짓기를 위해서 작지만 굉장한 칼—그리고 자신의 목숨—을 제공하는 것보다 더 큰 희생이 있을까? 꿀벌 수컷의 비행은 일종의 고공비행 섹스의 환상으로 시작하지만, 곧 죽음의 추락이 된다. 수벌은 엄청난 수가 무리지어서 날아오른다. 이 무리를 '수벌 혜성drone comet'이라고도 부른다. 이들에게 끌려 처녀 여왕은 벌집에서 날아올라 윙윙거리는 수벌 무리를 향해 곧장 날아간다. 운 좋은(?) 수벌들은 한 마리씩 여왕벌과 짝짓기를 할 것이다.

각 수벌은 짝짓기를 끝낼 때 정액이 뿜어지는 힘의 반작용으로 여왕벌에게서 떨어져나간다. 이때 도입체는 여왕벌의 몸에 박힌 채로 분리된다. 여왕은 계속 날아다니고, 수컷은 사망한다. 그러면 다른 수벌이 즉시 그 자리를 대신하여, 전임자가 남긴 부러진 음경을 저리 치우고 짝짓기를 한다. 이런 폭발적인 짝짓기를 잇달아 하면서 여왕벌은 필요한 모든 정자를 저장한다. 나중에 알을 낳을 때마다 정자를 선택하여 사용할 것이다.

꿀벌 수컷의 음경은 아주 작다. 전자현미경을 써야 가장 잘 보인다. 그러나 사정하는 힘은 작은 꿀벌을 뒤로 탁 밀어낼 만큼 강하다. 꿀벌은 작은 음경의 예기치 않은 힘을 보여주는 수많은 사례 중 하나다.

후손을 위해 자신을 희생하는 동물이 꿀벌 수컷만은 아니다. 이 사례에서는 스스로 치명적인 상처를 입는다고 말할 수 있다. 비록 이 작은 꿀벌은 날고 있는 애인이 방출하는 페로몬의 영향으로 제정신이 아닐 가능성이 높지만.

꿀벌의 이 행동은 좀 의아하다. 남겨진 도입체는 경쟁 관계에 있는 다른 수컷의 교미를 막는 것도 아니고, 교미하는 수컷의 번식 성공률을 더 높이는 것도 아니기 때문이다. 꿀벌의 친척인 뒤영벌속*Bombus*의 벌들은 다르다.* 이 벌은 마개를 남겨서 암컷이 다시금 짝짓기를 하지 못하게 막는다. 꿀벌도 예전에는 그런 식이었지만, 어쩐 일인지 몰라도 나중에 그런 효과가 사라졌을 가능성도 있다(진화는 어떤 형질을 잃는 쪽으로도 일어날 수 있고 그런

* J. K. 롤링의 해리 포터 시리즈에 나오는 인물 중 두 명의 이름은 토머스 하디가 『캐스터브리지의 시장The Mayor of Casterbridge』에 쓴 뒤영벌 이야기에서 따온 듯하다. "이윽고… 그녀는 더이상 '덤블도어'라고 말하지 않고 '험블 비'라고 말하게 되었고… 잠을 설쳤을 때 다음날 아침 하인들에게 '해그리드'였다고 이상하게 말하는 대신에 '속이 불편했다'고 말하게 되었다."

사례들이 많다. 독자는 아마 꼬리가 없을 것이다).

마치 예상했다는 듯이 도입체를 끊어내는 또다른 종은 암수한몸인 아름다운 붉은망사갯민숭달팽이(*Chromodoris reticulata* 또는 *Goniobranchus reticulatus*)다. 짙은 빨간색의 그물(망사)로 덮인 듯한 모습이다. 주름 장식을 두른 채 어기적거리며 움직이는 물속 황소처럼 보인다. 머리에는 냄새를 맡는 뿔처럼 생긴 촉각rhinophore이 한 쌍 있고, 꽁무니에는 허리받이처럼 생긴 나풀거리는 아가미가 있다.*

이 동물은 교미 때 도입체의 일부를 끊어낼 수 있고 그 뒤로 두 번 더 끊어낼 수 있다고 연구자들이 발표함으로써 국제적인 명성을 얻었다(Sekizawa et al. 2013). 이 도입체는 쓸 준비가 될 때까지 나선형으로 말려서 몸속에 압축되어 들어 있으며, 끊긴 끝은 서서히 발달하여 다시 음경으로 쓸 수 있게 된다.

한편 이 끊김은 이전 경쟁자의 정자를 제거하는 데에도 기여할 수 있다. 연구자들은 이 동물이 이러한 도입체 외상성 사건을 겪은 뒤 다시 교미에 나설 수 있으려면 하루가 필요할 것이라고 말한다. 더 점진적이고 덜 갑작스러운 사건처럼 보이는 사례들도 있는데, 몇몇 고둥과 따개비는 번식기가 지나면 음경이 떨어져나갔다가 다음 번식기에 새 음경이 자란다(Dytham et al. 1996).

올해의 거미, 1억 년 전

거미도 때로 도입체 또는 도입체의 일부를 끊어낼 수 있다. 이 전술은 많은 거미 수컷이 교미를 시도할 때 짝이 자신을 궁극적인 혼인 선물로 여겨 먹

---

* 나는 『포브스』 온라인판에 이들에 관한 기사를 쓸 때 비슷한 용어를 쓴 바 있다(「이 갯민숭달팽이는 자신의 음경을 써서 경쟁자의 정자를 긁어낸다This Sea Slug Uses Its Penis To Scrape Out Rival Sperm」라는 기사다—옮긴이).

어치우려 하는 위험한 상황에서 출현할 가능성이 높다. 그것은 지속성을 띤 한 문제의 오래된 해결책이다. 2015년 올해의 거미로 선정된 종이 잘 보여준다. 개인 연구실에서 수십 년 동안 거미 화석을 연구한 스파이더맨 외르크 분더리히는 죽은 표본에 이 영예를 안겨준 바로 그 사람이다.

부르마딕티나 엑스카바타*Burmadictyna excavata*는 2015년에 올해의 거미로 선정되었지만, 현재의 미얀마에서 1억 년 전에 살았다. 길이가 2.8밀리미터에 불과한 이 작은 동물은 무당거미류의 멸종한 종이다. 분더리히가 이 동물을 올해의 거미로 고른 이유는 삽입기embolus 때문이다. 도입체인 더듬이다리(도입장갑)의 끝에 있는, 암컷에게 정자를 전달하는 구조 말이다.

분더리히는 현생 무당거미류의 행동을 토대로 이 거미가 1억 년 전, 수액에 갇혀서 짧은 생애를 마감하기 전에 어떻게 살고 번식했는지를 추정한다. 그는 이 종의 삽입기가 '아주 특이한 구조'를 지닌다는 것을 발견했다. 이 구조는 12개의 나선으로 이루어진 원통이며 쭉 펼쳐지면 거미 몸길이보다 3.5배 더 늘어난다. 거미의 구조에 일가견이 있는 분더리히는 그것이 밑동으로 갈수록 좁아진다고 했다. 오늘날의 무당거미류는 도입장갑에서 끊기는 지점이 미리 정해져 있으며, 짝짓기가 끝난 뒤 암컷의 몸에 일부가 남겨진다. 분더리히는 자신이 뽑은 올해의 거미도 좁아지는 부위가 끊겼을 것이라고 결론지었다.

분더리히는 이 거미의 표본을 세 점 갖고 있었는데, 자신의 결론을 토대로 그 표본들이 모두 삽입기를 잃지 않은 상태이기에 짝짓기를 하지 않았다고 판단했다. 세 마리 모두 더듬이다리는 온전했고 끊기는 지점도 뚜렷했다. 즉 그들은 교미를 하기 전에 나뭇진에 갇힌 것이다.

그런 교미 마개는 현생 거미류에 흔하지만, 분류학자들은 예전에 그 마개 사용 비율을 과소평가했다. 다른 구조를 잘 보기 위해서 으레 암컷의 생식관을 '세척'했기 때문이다(Eberhard and Huber 2010). 이 과정에서 교미 마개는 '씻겨나갔다.' 도입장갑 조각들도 대부분 씻겨나갔을 가능성이 높다.

꼬마거미류인 티다렌 쿠네올라툼*Tidarren cuneolatum*은 짝짓기가 일어나는 지점에 다다르기도 전에 도입장갑을 완전히 끊어낸다(Knoflach and van Harten 2000). 스스로 끊어낸다. 즉 몸집이 훨씬 더 큰 암컷과 짝짓기를 하기 위해, 접촉하기도 전에 자신의 더듬이다리를 자른다.

스스로 생식기를 절단한다니 몹시 고통스러운 것처럼 들린다. 먼저 수컷은 더듬이다리와 다리를 세게 비벼대어 청소한다. 그런 뒤 더듬이다리 하나를 높이 치켜드는 '특수한 자세'를 취한다. 이어서 다른 더듬이다리로 치켜든 다리를 붙잡은 뒤, 치켜든 다리로 거미줄을 잡은 다음, 8~15번 몸을 돌린다. 그러면 더듬이다리가 거미줄에 칭칭 감기다가 끊어진다. 한 번 시도했는데 잘 안 되면 될 때까지 계속 시도한다.*

이제 암컷의 차례다. 암컷은 몸을 떨어대고 '2번 다리로 줄 튕기기'라는 과정을 통해서 접근을 받아들이겠다고 신호를 보낸다. '2번 다리'로 튕기는 것은 수컷이 만든 짝짓기 줄mating thread이다. 조금 지체한 뒤 수컷은 암컷의 다리에 거미줄을 붙인 뒤 허둥지둥 떨어져서 그 줄을 홱 잡아당긴다. 암컷은 그 잡아당김을 거부하지 못하는 듯하며 다리를 양옆으로 벌리면서 구애 자세를 취한다. 수컷은 몸을 겹쳐 더듬이다리를 삽입하면서 교미를 한다. 이 과정에서 배를 47~246번 부풀리곤 한다. 그러면서 점점 오그라든다. 몸에서 생명이 빠져나간다.

암컷은 교미가 끝났다고 느끼면 수컷을 밀어낸 뒤 거미줄로 칭칭 감고서 몸속에 남은 체액을 빨아먹는다. 이런 행동을 관찰한 연구자들은 말한다. "수컷은 전혀 저항하지 않는다. 지쳐서 죽은 것이 분명하다." 교미 도중

---

* 이렇게 절단하는 이유는 더 빨리 더 오랫동안 달릴 수 있도록 몸무게를 줄이기 위한 것인지도 모른다. 더듬이다리가 한 개밖에 없는 수컷은 두 개인 수컷보다 거의 50퍼센트 더 빨리 그리고 300퍼센트 더 먼 거리까지 달린다. 수컷들은 짝을 찾기 위해서 수직으로 멀리까지 오르내려야 할 때가 많다.

에 죽는 수컷도 있다.

한편 암컷은 교미에 쓸 생식기 입구가 하나 더 있으며, 첫 번째 수컷을 먹는 일을 마무리하면서 다른 짝짓기 줄을 튕겨 다음 짝짓기를 시작하기도 한다. 붉은등과부거미*Latrodectus hasselti* 수컷은 그 정도는 희생도 아니라는 양, 교미하는 동안 곡예를 부리듯이 몸을 돌려서 암컷의 입에 더 가까이 갖다 댄다. 자기를 먹기 더 쉽도록 말이다. 궁극적인 혼인 선물이 아닐 수 없다.

8

음경이 없는 사례에서 경계가 모호한 사례에 이르기까지

지금까지 우리가 접한 음경들은 한 종의 둘 이상 개체들 사이에서 구애와 교미가 어떻게 이루어지는지 단서를 제공하곤 한다. 무장이 되어 있든 아니든, 장식이 있든 밋밋하든 간에, 음경의 특징들은 그것이 어떻게 쓰이는지 정보를 제공한다. 질에 관한 정보도—음경에 비하면 매우 부족하다—마찬가지로 활용한다면 그 종이 구애를 어떻게 하는지 단서를 얻을 수 있을 것이다. 그러나 정자를 여전히 몸속에 넣어야 함에도 도입체가 미흡하거나 아예 없다면 또는 도입체를 암컷이 지닌다면 어떻게 될까? 이 장에서 알게 되겠지만, 이런 사례들에서 짝들이 서로 친해지려면 복잡한 안무, 어떤 새로운 기술, 그리고 여기저기에 달린 특수한 장비가 필요할 수도 있다.

장엄한 배아 발달 단계

헨리는 많은 일을 겪었다. 그는 세계기록 보유자다. 수십 년 동안 확실하게 독신으로 지낸 뒤에 아버지가 되었다. 그는 유명세를 얻어서 왕자(영국의 해리 왕자)도 만나기까지 했다. 아무튼 그는 세계에서 가장 유명한 투아타라다. 자기 계통의 유일한 종인 스페노돈 푼크타투스의 일원이다. 이 도마뱀처럼 생긴(그러나 도마뱀은 결코 아니다) 집단은 중생대(2억 5200만~6600만 년 전)에는 40종에 달했지만, 현재 투아타라만 남기고 모두 사라졌다.

헨리와 그의 투아타라 친척들도 뉴질랜드라고 이름 붙여질 지역에 인류가 들어온 뒤로 멸종 위기에 내몰렸다. 인류는 통제되지 않는 다양한 포식자와 경쟁자도 들여왔기 때문이다. 그렇게 수백 년을 힘들게 버틴 지금, 이 장수하는 색다른 파충류가 살아남아 있는 것은 오로지 포획번식 계획 덕분이다. 헨리가 세계적인 명성을 얻은 이유도 그 때문이다.

그는 1970년 70을 넘긴 나이에 포획번식 계획에 참여하게 되었다. 한 세기 넘게 살 수 있는 동물이니 중년이라고 할 수 있었다. 그 뒤로 39년 동안 사람들은 헨리를 다양한 매력을 지닌 암컷들과 함께 지내게 했는데, 헨리는 암컷들을 무시하거나 공격하곤 했을 뿐* 결코 짝짓기를 하지 않았다.

그러다가 2008년 110세가 되는 해에 헨리에게 무언가 변화가 일어났다. 생식기 밑에 난 종양을 제거하는 수술을 받고 나자 갑작스럽게 암컷에게 더 관대해진 듯했다. 앞서 사람들이 밀드레드라는 암컷과 합사했을 때 헨리는 그 암컷의 꼬리를 물어뜯는 반응을 보였다. 그러나 2009년에 밀드레드와 다시 합사하자 이번에는 매력을 느꼈는지 짝짓기를 했다(Marks 2009).†

그렇게 여러 개월이 지난 뒤(투아타라는 부화기가 길다) 그와 밀드레드는 새끼 11마리의 부모가 되었다. 투아타라는 새끼를 돌보지 않으며 때로 먹어치우기도 하므로, 새끼들은 따로 키웠다. 그러나 새끼들은 사람들의 보살핌을 충분히 받으면서 컸다. 그중 한 명인 투아타라 전문가 린지 해즐리‡는 응급 상황에 대비하여 휴일에도 대기했다.

---

* 헨리가 너무 성깔을 부렸기에 사람들은 헨리를 "괴팍한 노친네"라고 불렀고 다른 투아타라들과 격리시켰다.

† 밀드레드는 인내심의 본보기다.

‡ 해즐리는 헨리가 사는 사우스랜드 박물관에서 수십 년째 투아타라 번식 전문가로 일했다. 번식 계획으로 불어난 투아타라 105마리는 지역 마오리족 지도자들의 협조 아래 대부분 인근 섬들의 자연 환경에 풀어놓을 예정이지만, 헨리는 박물관에 그대로 머물 것이다.

수컷인 헨리는 그 어떤 도입체도 쓰지 않은 채 자식을 낳았다. 음경도, 남근도, 삽입기도, 입술혀도, 배다리도, 교접완도, 더듬이다리도, 위남근pseudo-phallus도, 정포도, 산정관도, 피부밑주사기도, 사랑의 화살도, 머리 장식도, 음경형 기관도 쓰지 않았다. 대신에 그와 밀드레드는 체내수정의 비도입 형태인 '총배설강 키스'를 통해서 번식에 성공했다. 그는 총배설강을 지닌다. 그녀도 총배설강을 지닌다. 그 총배설강으로 어떻게 한다는 것인지 추측해보기를.

총배설강을 맞댄 뒤 수컷으로부터 암컷에게로 정액을 전달하는 데에는 겨우 몇 초가 걸린다. 사실상 키스보다는 뽀뽀에 가깝다. 쪼오오옥! 이런, 끝났네.

투아타라의 짝짓기 습성과 이 동물이 전반적으로 아주 고대의 특징을 지니고 있다는 점에 착안하여, 연구자들은 이 동물의 도입체가 없는 모습이 유양막류에게 음경이 진화하기 이전의 상태를 나타내는 것이라고 여겼다. 사실 앞서 말했듯이, 투아타라가 음경이 없는 조상 계통에서 발달했다는 가정은 음경이 다른 유양막류 계통들에서 두 번 이상 출현했다는 의미를 함축했다. 그리고 헨리가 번식을 할 당시에 일어난 일련의 사건들이 없었더라면, 우리는 지금도 그렇게 생각했을 것이다.

100년 동안의 비밀

20세기가 다가올 무렵 영국의 동물학자이자 탁월한 발생학자 아서 덴디*는 캔터베리 대학교에서 강사로 일하기 위해 뉴질랜드 크라이스트처치로 갔는데, 그곳에서 해면동물†과 몇몇 발톱벌레(뒤에서 다시 이야기할 것이다)의 목

* 1865년 1월 20일 영국 맨체스터에서 태어나 1925년 3월 24일 런던에서 '만성 맹장염' 수술을 받은 뒤 사망했다.

† 실제로 그는 그 지역에서 거의 2000점의 표본을 동정하면서 해면동물문을 완전히 재편했

록을 작성하는 일을 계속했다. 그러다가 이후에 또다른 학구적인 '충동'에 사로잡혀서 투아타라를 살펴보기 시작했지만, 당시에는 시시하다고 제쳐버렸다.*

댄디는 몇몇 호주 도마뱀의 배아를 살펴본 뒤에야 비로소 투아타라가 살펴볼 가치가 있다고 판단했다. 투아타라를 보고서 도마뱀을 떠올리지 않을 사람이 누가 있겠는가? 그렇게 추정한 것은 도마뱀 배아에 있는 '두정안 parietal eye'을 보고서였다. 뇌 뒤쪽 한가운데에 있는 눈처럼 생긴 구조인데, 그는 투아타라에게도 이것이 있다는 것을 알아차렸다.†

흥미를 느낀 덴디는 스티븐스섬의 한 의욕 넘치는 등대지기를 고용했다. 투아타라가 주로 출현하고 그 동물을 위한 '보호구역'으로 지정된 곳이었다. 보호구역이라고는 해도 투아타라가 살 수 없는 곳들도 많았다. P. 헤너건이라는 등대지기는 가족과 함께 가축을 기르며 살았는데, 덴디를 위해 투아타라 알 수백 개를 모으고, 투아타라의 굴을 무너뜨리고, 둥지를 부수는 등 그 동물에게 해가 될 짓들을 했다.‡ 그들은 이미 충분히 피해를 입고 있었다. 섬을 돌아다니는 소들의 발에 짓밟힐 위험은 말할 것도 없이, 사람들이 들여온 마구 불어나는 생쥐 및 포식자에게도 시달렸으니까. 그럼에도 뉴질랜드 정부는 헤너건이 덴디를 위해 투아타라 알을 모으도록 승인했다.

다. 그럼으로써 이 동물에 관한 세계적인 전문가가 되었다(B. Smith 1981). 또 그는 밝은 곳을 피해서 찾기 어려운 동물들을 가리키는 '은거성cryptozoic'이라는 용어도 창안했다고 한다.

* 덴디는 매우 흥미를 느껴서 나중에 자신의 투아타라 연구 경험을 담은 걸작을 썼다. 『회고록: 투아타라의 발달 개요Memoirs: Outlines of the Development of the Tuatara, *Sphenodon (Hatteria) punctatus*』를 썼다.

† 덴디는 이 '두정안'을 연구한 논문을 발표하게 된다. 뇌의 같은 부위에 있는 솔방울샘의 기능과 관련된 눈처럼 생긴 구조다(M. Jones and Cree 2012).

‡ 한번은 등대지기가 덴디에게 이렇게 편지를 썼다. "내 조수 한 명이 양 우리로 향하는 비탈 옆으로 길을 팠어요. 길을 파다가 도마뱀의 둥지를 파헤친 것이 분명했지만, 당시에는 그 사실을 몰랐어요. 1월 중순의 어느 날 우리가 도축할 양을 끌고서 이 길로 가고 있을 때, 우리 아이가 깎여나간 옆으로 알이 삐죽 튀어나온 것을 보았어요. 살펴보니까 거기에 둥지가 있었던 거예요." 투아타라의 입장에서는 바람직한 일이 아니었다.

그 계획은 아마 철저히 심사숙고한 것이 아닌 듯했다. 처음에는 채집한 많은 알들을 6주마다 바다 건너 본토로 옮겼는데, 알이 살아남지 못하는 다양한 방식으로 포장을 했다. 투아타라 알이 살아남지 못할 날씨에 옮겨서 몇 차례 실패한 뒤, 사람들은 섬의 모래를 채운 주석 깡통에 담는 것이 가장 나은 듯하다는 사실을 알아냈다. 그래도 모래가 너무 축축하거나(곰팡이) 너무 마르면(쭈그러들기) 알이 파괴될 수 있었지만. 사실 처음에 운송된 알 중에서 "상당히 가치가 있는 충분히 좋은 상태"의 배아는 단 하나뿐이었다.

덴디는 어느 "독일 채집가"와 알을 놓고 좀 심각한 경쟁을 벌였다. 그 채집가는 자신에게 우선권이 있다면서 섬에 개인적으로 방문하여 먼저 알을 채집하겠다고 주장했다. 자신의 실망을 적은 글에서 덴디는 결과를 이야기할 때 좀 고소해하는 심경을 드러냈다. "그 여름에 발견된 다른 알들만 그가 가지기로 되어 있었다. 그런데 운송 과정에서 모조리 썩었다는 말을 들었다." 그 이름 모를 독일인과 덴디가 옥신각신하는 동안, 투아타라 알은 누구의 손도 확실하게 들어주지 않았다.

그러나 이읏고 몇 계절에 걸쳐서 덴디는 다양한 발생 단계의 배아가 들어 있는 유용한 알을 약 170개 모았다. 그는 알파벳을 써서 발달 단계를 분류했다. 알을 훔치는 친구인 등대지기와 서신을 교환하면서 덴디는 투아타라의 자연사도 아주 많이 배웠다.

투아타라는 그 지역의 땅에 둥지를 짓는 새들이 만든 그 복잡한 땅속 둥지를 차지하고, 그곳에 알을 낳고, 그곳에 살면서, 때로 새의 새끼도 잡아먹었다(M. Jones and Cree 2012). 이 불운한 관계를 통해서 새가 어떤 혜택을 보는지는 전혀 알려져 있지 않다. 또 덴디는 다양한 발생 단계에 있는 배아들을 얻기 위해서 헤너건에게 둥지에서 시차를 두고서 알을 채집하도록 했다. 한 세기 남짓 뒤에 투아타라를 연구한 연구자들도 그가 요구한 이 사항의 덕을 많이 보게 된다.

덴디는 "장엄한 배아 발달 단계"를 보여주는 표본 네 점을 골라서 하버드 발생학 소장품 학예사인 찰스 마이넛(1852~1914)에게 보냈다. 마이넛은 그 표본이 중요하다고 여겨, 현미경으로 들여다보고 그림으로 그리기 위해서 약품을 넣고 자르고 하는 과정을 거쳐 슬라이드로 만들었다. 그런데 그 과정을 거쳐서 만든 슬라이드들은 웬일인지 구석에 처박히는 신세가 되었다. 한 세기 동안 아무도 살펴보지 않은 채 처박혀 있었다.

21세기에 들어섰을 무렵에도 생식기를 연구하는 이들은 유양막류에게서 음경이 몇 번이나 진화했는가라는 문제를 아직 해결하지 못한 상태였다. 옛도마뱀목의 유일한 생존자인 투아타라는 기저 상태를 나타내는 듯했다. 그래서 연구자들은 도입체가 없는 것이 원시적이거나 조상 상태라고 가정하게 되었다. 총배설강 키스 방식으로 체내수정을 하는 이 동물의 특징은 옛 방식이 그러했다고 주장하는 듯했다. 그리고 그 말은 음경을 지닌 다른 유양막류 계통들에서(또는 대체로 음경을 잃은 조류에서) 음경이 몇 차례에 걸쳐 독자적으로 진화했다는 의미가 되었다.

이 질문에 답할 한 가지 방법은 그저 투아타라의 배아 발생 과정을 살펴보는 것일 터였다. 배아 발생 단계가 진화 역사를 온전히 반영하는 것은 아니지만 폭넓은 지표를 얼마간 제공한다. 예를 들어 사람도 배아 발생 단계 초기에 동물 꼬리의 기본 체제를 따라서 꼬리가 생겼다가 사라진다. 이는 우리가 꼬리를 지니고 있지 않지만, 원래 우리 조상들에게는 있던 꼬리가 그 뒤에 사라지는 쪽으로 선택이 이루어져 나타난 적응의 결과임을 시사한다. 자연의 선택은 대개 어떤 구조를 만드는 기구를 통째로 없애는 방식으로 이루어지지 않으며, 배아에 일어나는 일은 우리의 가장 깊은 역사에 관한 단서를 제공한다.

그런데 투아타라의 운명은 20세기에 들어설 때 위태위태했다면, 21세기에 들어설 즈음에는 칼날 위에 서 있는 것과 같았다. 그래서 알을 닥치는 대로 수집하는 행태를 막는 가장 엄격한 법이 시행되고 있었다. 아니, 알 수집을 아예 금지했다. 투아타라는 몇 년에 한 번씩 번식하기에 번식 속도가 느리며(헨리와 밀드레드를 보라) 성적으로 성숙하는 데 오래 걸렸기에(약 14년) 포획번식 계획을 추진한다고 해서 갑자기 개체수가 확 늘어나지는 않았다. 생식기 발달을 연구하기 위해 투아타라의 배아를 손에 넣을 길은 전혀 없었다.

아니, 있지 않았던가? 1992년 하버드 비교동물학 박물관은 예전에 마이넛이 모았지만 제대로 관리되지 않은 채 뒤섞여 있던 배아 표본들을 정리하기 시작했다. 정리를 하니 덴디가 거의 한 세기 전에 보냈던 표본들에서 마이넛이 제작했던 슬라이드들도 발견되었다. 기록을 조사한 플로리다 대학교의 토머스 생어, 마리사 그레들러, 마틴 콘은 새로운 문이 열렸음을 알아챘다. 투아타라 발생의 중요한 시점에 생식기에 어떤 일이 일어나는지를 보여주는, 발생 시기와 구조가 완벽하게 들어맞는 배아가 하나라도 있다면?

네 표본 중에서 단 하나, 1491번 표본이 좋은 후보였다. 그런데 각도가 좀 옆으로 치우쳐서, 관심을 갖고 지켜보려는 부위를 가릴 것처럼 팔다리싹이 가까이 놓여 있었다. 그러나 생어 연구진은 현대 기술로 이 문제를 해결했다. 컴퓨터 단층촬영법으로 대상의 단면을 촬영하여 3D로 재구성하듯, 그들은 배아 슬라이드들을 디지털화하여 3D로 배아 전체를 재구성했다.

그렇게 한 뒤 팔다리싹을 제거하고 굽은 배아의 몸을 쭉 폈다. 그러자 그것이 있었다. 다른 유양막류에게서 나타났다가 이윽고 생식기로 발달하는 것과 똑같은 한 쌍의 생식융기genital swelling가 있었다(Sanger et al. 2015). 투아타라 배아는 처음에 음경을 만들지만, 부화하기 전의 어느 시기에 발생 프로그램이 음경을 다시 없앤다. 이 오래된 계통에서 음경은 조상 형질이었다. 그 말은 음경이 모든 유양막류의 조상 형질이었을 가능성이 아주 높다는 의미다. 배아 발생 코드에 적혀 있고, 자연이 이용하든 말든 간에 계속 보존되어 있었다. 120년 전에 수정되어 운송된 투아타라 배아 하나에 운 좋게 난 융기가 유양막류의 계통도를 다시 쓰게 했다.

삽입 대신에 티드비팅

100여 년 전에 만들어진 슬라이드를 통해 투아타라 배아가 생식융기를 지닌다는 것이 드러났고, 이 발견은 우리가 조류에 관해 이미 알고 있는 사실과 들어맞는다. 2장에서 살펴보았듯이, 음경이 없는 조류 종의 97퍼센트도 그 투아타라 배아에서 발견된 것과 매우 흡사한 싹을 배아 발생 때 만들기 시작한다. 그 뒤에 유전자 프로그램이 작동하여 그 싹을 없앤다. 그래서 음경이 없는 수탉이 나온다.* 연구자들은 투아타라에게서도 비슷한 프로그램이 작동할 것이라고 추정한다.

또 투아타라처럼 닭을 비롯하여 도입체가 없는 새들도 총배설강 키스를 통해서 상대의 몸속으로 정자를 전달한다. 키스는 겨우 몇 초 사이에 끝나지만, 그 키스가 이루어지기까지는 제인 오스틴의 소설에 묘사된 그 어떤 격식을 차린 춤도 따라오지 못할 복잡한 과정을 거쳐야 한다.

체내수정이 친밀하고 무해한 접촉을 통해 이루어져야 할 때 동물이 얼마나 기나긴 과정을 거치는지 살펴보기로 하자. 무당거미 수컷이 더듬이다리를 끊어내어 준비를 하고 자신의 생명을 빨리는 것과는 다른 방식이다. 적어도 바깥에서 인간이 바라볼 때, 감각적이면서 더 부드럽고 다정한 행동을 거쳐 신체적인 합의에 이른다.

먼저 수탉부터 살펴보자. "티드비팅tidbitting"(Cheng and Burns 1988)이라는 용어를 설명하기 위해서다. 수탉이 자신이 원하는 암컷 앞에서 아주 잘 짜인 춤을 추면서, 맛 좋은 먹이나 먹이가 아닌 것(주변에 무엇이 있든 간에)을 물었다 떨어뜨렸다 하면서 제공하는 행동이다. 암컷이 이런 행동에 넘어가서 쪼그려 앉기를, 그래서 자신이 올라탈 수 있기를 바라면서다.

---

* 우리는 음경이라는 단어를 새와 연관짓곤 하는데(이를테면 수탉을 뜻하는 영단어 cock에는 속어로 음경이라는 뜻도 있다–옮긴이), 실제로 새들은 거의 다 음경을 지니고 있지 않으니 정말로 역설적이다.

순서는 이러하다. 수컷은 열정의 대상에게 접근할 때 먼저 춤을 추고서 한 걸음 다가간다. 그런 뒤 루이 14세의 궁전에서 귀족이 춤을 청하듯이 날개를 낮게 펼치면서 고개를 숙인다. 이때 암컷은 웅크리는 쪽을 택할 수도 있다. 관심이 있다는 뜻이다. 아니면 옆으로 비켜서거나 후닥닥 달아날 수도 있다. 구애자의 춤이 얼마나 마음에 안 드는가에 따라 다르다.

암컷이 호의적이면 고무된 수컷은 걷고 숙이고 걷고 숙이고 하는 행동을 몇 차례 더 한 다음 올라타려고 시도할 것이다. 암컷의 등에 발을 댄 뒤에 올라타서 날개를 움켜쥔다. 성공하면 두 발로 꽉 누른 채 마치 가상의 자전거를 타고 달리듯이 몸을 낮추었다 들었다 하면서 두 차례 총배설강 키스를 한다. 수컷의 꽁무니가 구부려져서 암컷의 꽁무니에 닿으면 확실히 성공한 것이다.

이제 투아타라를 살펴보자. 투아타라도 닭처럼 총배설강 키스라는 전략을 써서 교미한다(Gans et al. 1984). 양쪽의 총배설강이 맞닿아야 정자 전달이 일어난다고 한다면, 양쪽이 평소처럼 총배설강을 대개 거의 바닥에 질질 끌고 다니다시피 하는 상황에서는 그냥 재빨리 달려들어서 총배설강을 쪽 맞춘다는 것이 불가능하다고 상상할 수 있다. 운 좋게도 우리는 (당연히) 많은 동영상과 더불어 연구자들이 그 과정이 진행되는 순간을 하나하나 지켜보면서 잘 기록하여 그 소식을 초조하게 기다리는 세상에 알린 유용한 논문 덕분에, 그들이 정확히 어떤 행동을 하는지 잘 안다.

연구자들은 투아타라 쌍의 구애 행동을 추적하기 위해 암수를 투아타리움tuatararium*에 넣고서 조명을 조절하여 저녁이 왔을 때의 분위기를 조성했다. 그 전까지 그들은 6시간 동안 꼼짝도 안 했지만, 가짜 '저녁' 신호가 오자마자 몇 초 이내에 수컷은 암컷에게 한 발짝쯤 떨어진 곳까지 다가가서 과시 행동을 시작했다. 수탉의 행동과 매우 흡사하게 몸을 들어올리고

---

* 맞다, 내가 만든 용어다.

등줄기에 난 볏을 세웠다. 그런 뒤 연구자들이 "뽐내면서 걷기ostentatious display walk"라고 묘사한 행동을 했다. 연구진은 그 행동에 "자랑스럽게 걷기stolzer Gang"라는 독일어 용어를 붙였다. 수컷은 한쪽 다리를 돌리면서 몸 앞쪽을 치켜든 채 뽐내며 걷는다. 날개가 있었다면, 날개를 흔들고 몸을 숙였다가 뽐내며 걷는 수탉의 행동과 매우 비슷해 보였을 것이다. 네 다리를 차례로 움직인다는 점만 빼고 말이다. (이름이 알려지지 않은) 이 수컷은 1분에 25.8번이나 이런 행동을 했고 그러면서 점점 암컷에게 다가갔다.

이 암컷은 처음에 수컷의 온갖 걷기 작업에 넘어가지 않았고 눈에 띌 정도로 후다닥 달아났다. 수컷은 뒤를 따랐고 이번에는 몸을 던져서 목을 문 뒤 다시 뽐내면서 걷기를 했다. 놀랍지도 않지만 암컷은 다시 달아났다. 이 한쪽이 구애하고 상대가 피하는 행동은 12번 진행되었다. 투아타라는 자신들이 정말로 오래 살며 삶의 속도도 그에 맞추어야 한다는 사실을 나름대로 아는 것이 틀림없다.

13번째에는 분명 매력이 통한 듯했다. 돌진한 수컷이 암컷을 무는 대신에 뒤쪽으로 기어올랐기 때문이다. 암컷은 앞으로 기어갔다. 수컷은 올라탄 채 매달렸다. 그녀는 작은 원을 그리면서 계속 기었다. 그는 미끄러졌다가 다시 기어올랐고 그렇게 8번을 한 뒤에야 암컷은 멈추었다. 그제야 수컷은 암컷과 어깨를 맞추며 작은 팔로 암컷을 감싸고 다리로 옆구리를 감은 다음, 꼬리를 암컷의 꼬리 아래로 쑤셔 넣어서 총배설강 키스를 했다. 15초 뒤 일은 끝났다. 둘은 서로 투아타리움의 반대쪽 끝으로 떨어져서 2시간 동안 가만히 있었다. 아마 자신이 옳은 선택을 했는지 곱씹고 있었을 것이다.

특수한 정포 전달

우리는 이 책에서 줄곧 정포를 만났지만, 정포 전달은 어떤 형태로든 간에 언제나 도입체를 수반했다. 여기서는 머리 위에 떠 있거나, 바닥에 달라붙거나, 흡수하거나 먹으라고 짝에게 철썩 던져지는 것 등 도입체에 얽매이지 않은 정포 전달을 살펴보자. 도입체가 필요 없는 정포다.

그런데 이런 사례들에서는 세심한 안무에 따른 짝짓기 춤이 필요할 때가 많으며, 때로는 암컷이 주도한다.

톡토기 정포 삼바

사실 톡토기는 지구에서 가장 수가 많은 동물 집단일지도 모르지만(Hopkin 1997), 아마 톡토기를 제대로 본 적이 없는 독자도 있을 것이다. 톡토기는 우리 눈에 잘 띄지 않는다. 우리는 관찰하는 능력에 한계가 있는 크고 굼뜬 생물인 반면, 톡토기는 작고(0.18밀리미터), 톡톡 튀는(그래서 톡토기다), 거의 현미경을 들이대야 보이는 세계에서 노는 동물이다.

비록 톡토기가 수컷을 완전히 배제하는 것(뒤에서 더 다룰 것이다)을 포함하여 몇 가지 번식 전술을 쓰지만, 정포를 쓸 때면 트렌디한 스타일을 따른다. 박치기를 하고 스윙 댄스를 아주 많이 추기도 하지만, 그것도 나름의 스타일이다. 그리고 물론 그들의 번식을 찍은 동영상이 있다. 정말로 흥겨운 동영상이다.

동영상의 주인공은 2002년 폴란드 바르샤바에서 구애 중에 포착된 데우테로스민투루스 비킨크투스*Deuterosminthurus bicinctus*라는 톡토기 종이다(Kozlowski and Aoxiang 2006). 연구진은 옛날 춤 동작—왈츠, 차차차—의 용어로 구애 의례를 묘사했다. 그 모든 의례를 거치면서 수컷은 정포를 떨구는데, 댄서 프레드 애스테어Fred Astaire 같은 민첩성으로 암컷이 제대로 집을 수 있도록, 딱 맞는 각도로 떨군다. 수컷의 한 가지 문제는 암컷이 자신보다 더 크기 때문에 정확하게 그 일을 해야 한다는 것이다.

저자들이 말했듯 이 전체 구애 과정에서 "가장 극적인 순간"은 수컷이 정포를 떨굴 때 암컷이 어떻게 하느냐다. 그것은 암컷이 자기 몸 안으로 "받아들일지 말지"의 문제가 아니다. 암컷이 **어디로** 받아들이느냐의 문제다.

일은 수컷이 암컷에게 다가가면서 시작된다. 수컷은 작고, 금색을 띤 몸에 두 개의 넓은 흑갈색 반점이 있으며, 눈가에도 검은 반점이 있다. 암컷은 훨씬 더 크고 거의 부어오른 듯 보인다. 아마 알을 가득 뱄을 것이다.* 수컷이 접근하면 암컷은 수컷을 붙잡고 여기저기로 홱홱 움직이면서 돌리기 시작한다. 수컷은 달리 아무것도 하지 않은 채 무력하게 연인에게 매달린다. 일단 그 작업이 끝나면† 180단계에 걸쳐 희롱하듯이 번갈아 머리를 맞대곤 한 뒤, 수컷은 다음 단계로 넘어갈지 고민하기 시작한다. 그가 정포를 놓을 가장 좋은 장소가 어디인지 알아보려는 양, 주기적으로 머리를 맞대는 행동을 멈추고 두리번거리기 시작하기 때문에 알 수 있다.

마지막으로 가장 중요한 순간이 온다. 수컷은 뒤돌아서 암컷의 머리를 향해 정포를 불룩 내민다. 막대기에 달린 작은 보석 같은 정자 덩어리다. 그런 뒤 초조하게 결과를 보려는 양 몸을 돌린다. 암컷은 구기로 정포를 검사한다. 중요한 순간이다. 수컷은 더듬이로 정포를 건드려 조금 아래로 밀어내고 자신의 더듬이와 암컷의 구기 사이에 다리를 만든다. 이 끈적거리는 다리로 수컷은 암컷을 알맞은 위치로 안내하는 것일 수도 있다. 암컷이 자신의 생식기 구멍으로 정포를 집을 위치 말이다.‡

둘은 머리를 맞대고 줄다리기를 시작하지만, 이번에는 수컷이 암컷 아래의 딱 맞는 위치에 정포가 놓이도록 암컷의 자세를 바꾸려고 시도한다.

---

* 연구자들은 생식기 대신에 상대적인 크기, 더듬이 길이, 행동을 보고 이 종의 암수를 구별한다.

† 이 동영상에는 두 수컷이 싸우는 막간극이 한 차례 있고, 다른 암컷이 끼어들어서 구애하려고 시도하는 수컷을 붙잡아 달아나는 막간극도 펼쳐진다. 저자들은 이 동영상에 "경쟁하는 암컷의 수컷 탈취Male takeover by a competing female"라는 부제목을 붙였다.

‡ 암컷이 정포를 집기에 딱 맞는 자세를 취하도록 만드는 이 춤은 톡토기만 추는 것이 아니다. 의갈pseudoscorpion은 전갈처럼 보이지만 사실은 전갈이 아니라서 그런 이름이 붙었다. 이들은 다른 측면으로도 좀 속임수를 쓴다. 몇몇 의갈 종의 수컷은 더듬이다리로 암컷과 탱고를 추면서 능숙하게, 암컷이 정포를 받아들이기 좋은 자세를 취하도록 만든다. 정자 주입으로 끝나는 친밀하면서 상호 합의된 행동이다. 그저 음경만 없을 뿐이다(Eberhard 1985).

일단 정포를 전달하는 일이 이루어지고 나면 그들은 수컷이 제공한 정포 중 남아 있는 끈적거리는 찌꺼기를 서로 먹겠다고 좀 다투며, 이번에는 희롱하는 기색 없이 적대감만 보인다. 대개는 몸집이 더 큰 암컷이 이긴다.

수컷이 정포를 떨구었는데 암컷이 정포에 구기를 갖다 댄다면 수컷의 모든 노력은 위태로운 상황에 놓인다. 이때 수컷은 더듬이로 막으려고 시도하지만 그 전술이 먹히지 않을 때도 많다. 그럴 때 수컷의 소중한 정포는 생식구로 들어가는 대신에, 암컷이 그냥 먹어치운다(연구진의 표현을 그대로 쓰자면 "암컷은 모든 정포를 홀짝홀짝 마셨다"). 암컷은 정포를 다 먹을 때까지 멈추지 않는다. 수컷은 자신의 더듬이와 암컷의 입을 잇는 끈끈이 다리로 암컷을 계속 잡아당기려고 하지만 소용없을 때도 많다.

사실 구애 중 거의 3분의 1은 그런 식으로 끝이 난다. 연구진은 이렇게 썼다. "이 짝짓기 게임이 꽤 진행된 단계에서 정자를 어떻게 처리할지를 결정하는 쪽은 아마 암컷인 듯하다."

그러나 막 분비한 정포를 먹어치우는 것이 암컷만은 아니다(Stam et al. 2002). 톡토기 중에서 적어도 오르케셀라 킨크타*Orchesella cincta* 종의 경쟁하는 수컷들은 암컷의 생식관에서 정자 경쟁의 장을 펼치는 대신에, 땅바닥을 경기장으로 삼는다. 그들은 화학적 단서를 추적해 다른 수컷이 분비한 정포를 찾아내어 자신의 정포로 바꿔치기한다.

사실 그들은 암컷이 있었던 곳보다 다른 수컷이 있었던 곳에서 그렇게 할 가능성이 훨씬 높다. 그들은 암컷보다는 경쟁 관계에 있는 수컷의 정포에 더 치중한다. 그들을 한데 몰아넣으면 서로의 정포를 먹어치워서 없앨 것이다(자신의 정포를 먹는 실수는 결코 하지 않는다). 또 그들은 이렇게 수컷끼리의 경쟁이 확연한 상황에서는 정포를 덜 만드는 경향이 있다. 은밀하지 않게 공개적으로 이루어지는 정자 경쟁이다. 따라서 적어도 여기서는 어느 누구도 상황을 암컷 탓으로 돌릴 수가 없다.

뿔 맞대기

윌리엄 에버하드는 진드기가 정포를 딜도*처럼 쓴다고 했다. 수컷은 "마치 먹이를 주는 양"† 30분 넘게 암컷의 질에 자신의 구기를 갖다 댄다(Eberhard 1985). 이 마라톤 단계가 끝나면 수컷은 집게 같은 위턱으로, 암컷이 간직할 수 있어 보이는 부위(질, 저정낭 구멍, 다리 등)에 정포를 끼워 넣는다. 에버하드는 이 전술이 자극과 정자 주입을 분리한다고 말한다.

발톱벌레인 플로렐리켑스 스투트크부리아이*Florelliceps stutchburyae*는 같은 발톱벌레만이 사랑할 수 있을 듯한 외모를 지녔다. 이들의 사랑은 두 단계에 걸쳐서 이루어진다. 자기 속의 유일한 종인 이 발톱벌레는 애스컷 경마장에서 영국인들이 지금까지 경주시킨 그 어떤 동물도 따라오지 못할 머리 구조를 지닌다. 마치 옥수수에 염소 뿔 두 개를 꿰맨 것처럼 보인다. 그러나 발톱벌레 암컷은 개의치 않는다.

연구자들은 몇몇 발톱벌레가 머리에 정포를 이고 다니는 모습을 보았다(Tait and Norman 2001). 머리는 본래 정포가 놓이는 곳이 아니므로 당연히 의문이 생겼다(Walker et al. 2006). 플로렐리켑스 스투트크부리아이는 답을 제공한다.

이 발톱벌레의 번식 습성을 연구하자 적어도 이 종에게서 정포가 어떻게 쓰이는지가 드러났다. 수컷은 꿰매 붙인 것 같은 염소 뿔을 내밀고 암컷의 생식기 입구에 머리를 갖다 댄다. 그러면 암컷은 한 쌍의 갈고리발톱으로 수컷의 머리를 꽉 잡는다. 서로 떨어질 때까지다. 연구진은 암수가 떨어진 뒤 암컷의 생식기 입구에 정포가 붙어 있고 안에 있던 정자가 비워져서 생식관 안으로 들어가 있는 것을 확인했다. 발톱벌레는 머리의 뿔을 써서

---

* 물론 그가 쓴 용어는 아니다.

† 이 표현은 그의 것이다.

정자를 암컷에게 전달하며, 암컷은 수컷이 그렇게 하도록 전폭적으로 협조하는—사실상 고집하는—듯하다.

성별 무시하기

1월의 어느 추운 날 오후, 보스턴의 뉴잉글랜드 아쿠아리움의 사육사들은 늘 하던 대로 동물들에게 먹이를 주고 우리를 청소하는 일을 시작했다. 그러다가 한 명이 뭔가 이상하다는 것을 알아차렸다. 아나콘다 우리에 원래 없던 동물이 몇 마리 더 있었다. 모두 아주 작고 막 태어난 듯했다.

실제로 새끼들이 있었다. 모두 18마리였고 몸길이는 약 60센티미터였다(나중에 2마리만 살아남았다). '아나'라는 이름의(아마 성은 '콘다'가 아닐까?) 이 어미 아나콘다가 낳은 새끼들이었다. 그런데 이 어미는 다른 암컷 뱀 세 마리(이름은 나와 있지 않지만 아마 '코니, 온다, 다'가 아닐까)와 함께 살았다. 사실상 수컷 가까이에 간 적도 없었다. 그렇다. 아나는 도입체가 있든 없든 간에 정자 주입의 혜택을 결코 받지 않고서도 60센티미터 길이의 새끼들을 낳았다.*

아나가 한 일이 뱀목(도마뱀과 뱀)의 기록과 완전히 어긋나는 것은 아니었다. 암컷에게 둘러싸여 있었지만 분명히 번식할 능력이 있었기에, 아나는 자신의 미수정란이 홀로 발생을 시작하도록 촉발했다. 게다가 그 전에도 포획 상태에서 그런 일을 한 아나콘다가 더 있었다(LeMoult 2019).

야생의 뱀목 동물들도 단성생식parthenogenesis('처녀 출산'이라는 뜻)을 한다. 사막초원채찍꼬리도마뱀desert grassland whiptail lizard(*Aspidoscelis uniparens*; 학명은 '한 부모'라는 뜻)은 단성생식을 하는 사례이자 자신의 조상과 같은 시대에 존재하는 특이한 종에 속한다. 부모 종인 작은줄무늬채

---

* 아나콘다 수컷은 뱀이므로 반음경을 지닌다. 그런데 음경이 반드시 필요한 것은 아니다.

찍꼬리도마뱀*A. inornatus*(엄마)과 골짜기반점채찍꼬리도마뱀*A. burti*(아빠)도 존재한다. 이 두 종에서 잡종이 생겼는데, 그 잡종은 작은줄무늬채찍꼬리도마뱀과 짝짓기를 하여 염색체가 두 쌍이 아니라 세 쌍으로 이루어진 사막초원채찍꼬리도마뱀을 낳았다. 이 도마뱀은 몸을 이루는 체세포들이 분열하는 것과 똑같은 방식(체세포분열)으로 자신의 클론인 난자를 만들어 번식함으로써 스스로 종을 유지했다. 난자는 새로운 도마뱀 개체로 발달할 프로그램을 알아서 작동시켰다.

사막초원채찍꼬리도마뱀은 어떤 입력이 있어야만 자발적으로 새 도마뱀을 만드는 듯하다. 이 암컷은 '가교미'라는 과정을 거친다. 한 마리가 다른 도마뱀 위에 올라탄 다음 몸을 옆으로 돌려서 상대의 몸을 감는다. 마치 자신이 도넛이고 상대가 도넛 구멍에 끼워진 것처럼 된다. 이 모든 일은 도입체 없이 일어나며 호르몬인 프로게스테론이 이 행동을 추진하는 듯하다. 그 행동이 있어야 난자가 새로운 개체로 발달하도록 하는 세포분열 자극을 받는다.*

번식 문제를 단성생식을 통해 해결하는 동물들은 많다.† 물론 자연적인 돌연변이를 제외할 때, 단성생식으로 나온 모든 자손은 부모의 클론이다. 그러나 이 행동에 의존하는 동물들은 일부일 뿐이다. 세균에 전멸 당하곤 했기 때문이다.

이 장의 앞부분에서 말한 톡토기가 기억나는지? 이 동물 집단의 일부 종은 단성생식을 하지만, 그 이유가 흥미로운 잡종 형성 사건으로 출현해서도 한쪽 성별만 있어서도 아니다. 이 동물들에게서는 울바키아*Wolbachia*라는 세균 집단에 감염되는 것이 단성생식과 관련 있다(Czarnetzki and Tebbe 2004).

---

* 단성생식을 하는 도마뱀은 수십 종이 더 있으며, 아나콘다인 아나가 보여주듯이 뱀도 상황이 안 좋을 때 분명히 그 해결책을 택할 수 있다. 몇몇 도롱뇽도 유성생식을 하지 않는다.

† 예를 들어 몇몇 통거미가 그렇다(Tsurusaki 1986).

이 세균은 대체로 생식기관, 무엇보다 중요하게는 난자에 산다(Faddeeva-Vakhrusheva et al. 2017). 울바키아가 난자를 선호하는 이유는 두 가지다. 첫째, 울바키아는 난자가 제공하는 세포 환경에서 번성한다. 둘째, 난자는 새로 발달하는 동물의 초기 발생을 추진하는 모든 프로그램을 수행한다.

울바키아의 비법은 보통 체세포처럼 행동하여 분열을 시작하도록 난자를 속이는 것이다(Ma et al. 2017). 그러면 난자는 기존 프로그램을 써서 새 톡토기로 자란다. 그것만으로도 충분히 은밀하지 않다는 양, 이 세균은 곤충 숙주에서 유전적 수컷의 번식 능력을 줄이거나 감염된 암컷이 유전적 수컷을 죽이도록 유도함으로써 암컷만의 번식을 추진할 수 있다. 숙주와 너무나 강하게 연관되어 있어서 항생제로 울바키아를 죽이면 그 뒤에 낳은 어떤 알도 제대로 발달할 수 없다.

음핵은 음핵일 뿐

음핵이 음경의 작은 형태라는 개념은 널리 퍼져 있으며 나도 그 덫에 걸린 적이 있다. 배아가 발생할 때 이 기관들이 생식기결절이라는 동일한 구조에서 기원하므로 그 개념은 혹할 만하다. 그런데 팔과 다리도 팔다리싹이라는 동일한 구조에서 기원하지만, 팔을 다리의 이차적인 형태라거나 '다리형 부속지'라고 말하는 사람은 아무도 없다.

그래도 과학자들은 어쩔 수 없는 모양이다. 으레 여성과 연관짓는 음핵을 묘사한 다음 글을 보자. 이 구조는 "두 입술의 첫머리에 있으며, 남성의 기관을 닮은 살집 있는 작은 버튼으로 이루어진다"(Zacks 1994). 어휴.

이런 유형의 묘사는 하이에나 같은 동물을 설명하는 글에서 나타난다. 하이에나는 음핵이 긴 것으로 유명하며, 그래서 암컷이 출산을 할 때 긴 통로를 거쳐야 한다는 점으로도 유명하다. 정말로 불편해 보이는, 구부러진 좁은 관을 통해 새끼를 낳으며 이 관은 실제로 출산 때 찢어질 수도 있다.

그러나 하이에나가 더 많은 하이에나를 만드는 것을 막을 만큼 부정적인 역할을 하지는 않는 것이 틀림없다.

하이에나 암컷의 이 구조(음핵)를 단순히 "예외적인 음핵"이라고 부르거나 이 암컷을 "긴 음핵을 지닌 놀라운 사바나 거주자"라고 부를 수는 없다. 이 동물을 연구하는 가장 유명한 이들조차도 이 구조를 "커다란 음핵 위음경pseudopenis"으로 불러야 한다고 느꼈다. 맞다, 그들은 남성이다. 상황을 뒤집어서 수백 년 동안 여성이 과학을 이끌어왔다고 하자. 그럼 우리는 음경을 평균보다 작은 "짧은 음경 위음핵" 같은 식으로 부르지 않았을까?

다른 종들도 같은 식으로 묘사된다. 예를 들어 한 두더지 집단은 암컷이 유달리 튀어나온 외부생식기 구조를 지니는데, 연구자들은 그 구조를 "음경형 음핵"이라고 한다(Rubenstein et al. 2003). 수컷과 관련 있는 구조를 만물의 척도로 삼으려는 이 강한 편향이 유지되는 한 가지 이유는 분류학자들이 전통적인 방식을 고수하기 때문이다. 곤충을 분류할 때 대개 분류학자들은 수컷을 종의 '기준type'으로 삼고 수컷의 형질을 토대로 종을 구분하는 경향이 있다(예외가 있긴 하다. 몇몇 딱정벌레와 사회성 곤충을 분류할 때에는 암컷을 '기준'으로 삼는다). 암컷과 그 구조를 부차적인 것이라고 보고 언제나 수컷의 이 '기준' 구조라는 맥락에 놓는다. 이 관행은 생물학의 많은 분야에 깊이 배어 있다. 그리고 사회에도.

생식기 연구자 퍼트리샤 브레넌은 학자들이 암컷을 연구할 때에도 이렇게 수컷을 모든 것의 기준으로 삼다 보니 암컷과 그 생식기 및 번식 행동이 "교미 블랙박스"로 남아 있다고 말한다(Brennan 2016a).

"암컷 음경"

1984년 콜린 R. '버니' 오스틴은 생식기를 개괄한 논문에 이렇게 썼다. "암컷보다 수컷의 기관과 행동에 더 주의가 기울어져왔다. 수컷의 형질이 더 두드러지고 동물 집단 사이에 큰 차이를 보이기 때문이다"(Austin 1984).

수컷에 비해 암컷은 차이를 보이지 않는다는 말일 텐데, 자신이 결코 살펴본 적이 없으면서 어떻게 차이를 찾아내지 못했다는 것인지 기이하다.

오스틴의 논문에 이어서 1년 뒤 윌리엄 에버하드는 성선택과 암컷의 선택을 개괄한 책(Eberhard 1985)을 냈다. 다른 면에서는 과학적으로 깨어 있는 책이었지만(1985년에는 동물 암컷에 관해 시간을 내어 글을 쓴다는 것 자체가 깨어 있는 행동이었으니까), 에버하드는 도입체를 지닌 동물과 지니지 않은 동물 사이에 명확히 선을 그었다. "암컷이 유달리 '공격적'이거나 수컷처럼 보이는 형태를 지닌 집단도 소수 있지만, 암컷의 그런 구조가 기능적으로 중요한지는 아직 불분명하다."

그렇긴 해도 에버하드는 일부 동물 집단—굳이 말하자면 진드기 네 집단—에서 암컷이 "교미관copulatory tube"을 지닌다고 인정했다. 그러면서도 그는 그것을 수정관 같은 "외부 정자관"이라고 부르면서 수컷의 관점에서 바라보았다. 암컷에게 있다는 점만 다를 뿐이라는 것이었다.

에버하드가 그 책을 쓸 당시에는 알려진 사실이 얼마 되지 않았다. 그것이 바로 그가 "생식기의 보유와 삽입이 수컷에게 국한되어 있으"며, 암컷과 수컷의 목표가 다르지 않고 수정을 통해 동일한 최종 결과—새끼 하나 혹은 여러 마리*—를 얻었다면 적어도 일부 암컷도 생식기를 보유하고 삽입했을 것이라고 편하게 말한 이유다. 그는 이렇게 물었다. "암컷은 왜 그렇게 일관되게 도입 기관을 지니지 않는 것일까?" "왜 배우자를 주기보다는 일관되게 받는 것일까?"

그런데 둘 다 일관적이지 않다는 것이 드러났다. 규칙을 증명하는 예외 사례라고 결코 볼 수 없을 만치, 너무나 다양한 동물 집단에 속한 너무나 많은 동물들이 있다.

---

* 알을 품거나 새끼를 임신하는 동물들은 번식에 훨씬 더 많은 투자를 해야 하므로, 그들에게 혜택을 주는 것은 알을 품거나 임신하지 않는 동물에게 혜택을 주는 것과 다를 수도 있다.

해마

에버하드는 해마를 사례로 제시했다. 규칙을 증명하는 예외 사례로서였다. 사실 그의 책 초판 표지에는 사랑스러운 해마 한 쌍이 등장한다. 옆모습으로 얼굴을 맞대고 꼬리를 다정하게 휘감고 있다. 해마는 초등학생들에게도 '규칙의 예외 사례'로 유명하다. 수컷이 알을 품는다고 배울 때 그런 식으로 배우니까. 암컷은 수컷의 주머니에 알을 낳는 데 쓰는 관을 지닌다. 알 수 있겠지만 이 구조는 우리가 말한 음경의 기본 정의의 모든 조건을 충족시키지 않는다. 암컷은 이 관을 어떤 생식기에 삽입하지 않고 수컷의 주머니는 학술적으로 따지자면 체내에 있지 않다. 적어도 잠깐씩이라도 열려서 바닷물을 접하기 때문이다.

해마의 이 관은 알을 낳는 데 쓰이므로 산란관이라고 불린다. 암컷이 알을 낳는 곳인 수컷의 주머니 바로 위쪽에는 관이 하나 있다. 수컷의 배우자는 알이 들어오는 찰나에(6초쯤 걸리는 듯하다) 이 관을 통해서 배출되어 곧바로 주머니로 들어간다. 이 주머니를 육아낭marsupium이라고 한다(캥거루의 육아낭을 떠올리게 한다).

시간을 기록하면서 이를 지켜본 연구자들은 이런 방법이 학술적으로 체내수정이 아니라 "아마도 신체적인 내부 환경에서 일어나는 체외수정"일 거라고 결론지었다(Van Look et al. 2007). 산란과 정자 배출의 시간이 이렇게 아주 딱 들어맞으므로 정자 경쟁—다른 수컷의 정자가 알을 수정시키기 위해 경쟁하는 것—이 일어나지 못 한다. 6초면 일은 다 끝난다.

따라서 해마는 사실 어떤 규칙의 예외 사례가 아니다. 해마는 진정한 체내수정을 하는 것 같지 않으며, 생식기가 상대의 생식기에 삽입되지도 않는다. 이 암컷의 산란이 진정으로 보여주는 것은 다른 누군가가 정자를 뿜어서 번식 올림픽 경기가 벌어지는 상황을 막는 데에 관과 주머니가 도움이 된다는 것이다.

짝짓기 통제

일부 진드기 종은 도입체 기능을 하는 '교미관'과 짝짓기 때 암수가 들러붙어 있도록 하는 '받침 같은padlike' 기관을 지닌다. 절지동물에게는 지극히 정상적인 것처럼 들린다(그들에게 정상이 무엇이든 간에). 그런데 여기에는 어느 정도 반전이 있다. '받침 같은' 기관을 사용하는 이 쌍이 화석이라는 것이다. 호박에 갇힌 화석이다. 이들은 약 3720만~3390만 년 전 에오세에 살다가 지금은 멸종하고 없는 진드기과에 속한다. 이들은 "예외적으로 잘 보존된 교미하는 쌍"(백년해로하고 싶은 우리 역시 잘 보존된 교미하는 쌍이 되는 게 목표가 아닐는지)이라고 묘사되며(Klimov and Sidorchuk 2011), 받침 같은 파악기를 지닌 쪽이 암컷이다. 그리고 도입체 교미관은 현생 진드기들에게 있는 구조다. 암컷에게 있다. 암컷은 그것을 수컷의 생식기 입구에 삽입하여 정자를 받는다. 진정한 체내수정이다. 관이 정자를 내보내는 대신에 받아들인다는 점만 다르다.

이 흡입 도입체는 많은 진드기에게서 볼 수 있다. 호스처럼 잘 구부러지는 것부터 좀 단단하고 뻣뻣하여 "진정한 삽입기(수컷 교미기관)와 더 비슷한" 것까지 다양하다. 수컷 맥락에서 수컷의 도입체를 '진정한' 것으로 보는 시각이 여기서도 드러난다. 이런 구조는 진드기의 17개 목(목은 종에 비하면 아주 큰 범주다) 암컷에게서 나타나며, 게다가 거기에 '아주 짧은' 교미관을 지닌 한 목은 빠져 있다. 여기에 포함되는 종은 아주 많다(속 범주에서 따져도 이런 유형의 진드기는 수천 가지나 된다).

비슷한 맥락에서 에버하드는 1985년 책에서 백두길쭉알꽃벼룩marsh beetle(*Cyphon padi*)이 비슷한 양상을 보인다고 했다. 이 종의 암컷은 집게발prehensor이라는 뻗는 구조를 수컷에게 삽입하여 마치 꽃을 따듯이 정포를 수거한다. 에버하드는 이 구조를 "도입체 집게발"이라고 부르면서 진정한 도입체와는 다르다고 구별했다. 배우자를 주는 것이 아니라 받는다는 이유에서다. 물론 여기서 진정한 도입체가 아니라는 말은 해마의 사례에서 도 들어본 바 있다. 해마는 수컷 쪽이 배우자를 받지만, 암컷의 '산란관'을 다른 이름으로 바꾸자고 한 사람은 아무도 없다.

또 일부 나비 종의 암컷도 삽입하여 수컷의 정자를 수확하는 도입체를 지닌다. 은줄표범나비silver-washed fritillary butterfly(*Argynnis paphia*) 암컷은 "로제트 안의 아코디언"처럼 보인다고 기억에 남을 만한 표현으로 묘사된 "수수께끼의 기관"을 지닌다. 게다가 음핵은 "풍요의 뿔(horn of plenty, cornucopia)"이라고도 묘사되기에 더욱 기억에 남는다. 연구자에게 이런 시적인 상상의 날개를 펼치게 한 것은 암컷이 '발기하여' 수컷에게 삽입해서 수컷의 몸속 정포를 퍼내는 행동이다. 수컷은 일종의 갈고리를 몸속에 지니며 그걸 펼쳐서 암컷을 자신의 정포 창고로 유도한다. "따라서 암컷은 터무니없게 보일 수 있지만 완벽하게 작동하는 체계 속에서 수컷에게 삽입한다"(Jolivet 2005).

암컷 도입체를 지닌 이런 동물들을 살펴본 한 연구자는 간략하게 이렇게 말한다. "이 개념은 전반적으로 더 연구가 필요하다"(Jolivet 2005). 그러나 그 연구자, 몇몇 쉬운 곤충 책을 쓴 피에르 졸리베Pierre Jolivet조차도 이렇게 퍼내는 데에 사용되는 도입체를 전적으로 암컷의 것이라고 받아들이지 않으려는 듯하다. 그는 백과사전적으로 개괄한 논문에 "뒤집힌 교미Inverted Copulation"(실제로 일어나는 일은 전혀 그렇지 않은 듯함에도)라는 제목을 붙였고 좀 강조하듯이 암컷이 "가볍게" 수컷에게 삽입한다고 묘사했다. 나는 독자를 잘 모르지만, 방금 묘사한 나비의 행동이 "가볍게" 들릴 것 같지는 않다. 그는 이렇게 결론짓는다. "암컷이 발기하는 사례도 어딘가에 있겠지만, 아직 발견되지 않았을 수도 있다." 이 장의 끝에서 살펴보겠지만, 그 말은 옳았다.

도마뱀: 모두 함께 흔들어!

우리 가족 중 한 명은 페트라이우스Petraeus라는 이름의 중부턱수염도마뱀 bearded dragon(*Pogona vitticeps*)을 기르고 있다. 나는 아이가 그 뾰족뾰족한 동물에게 붙인 이름이 '바위 많은 곳에 산다'라는 뜻임을 알았을 것이라고 본다. 페트라이우스가 들어 있는 사육장에는 실제로 돌들이 들어 있으니까. 페트라이우스는 햇볕을 쬐고 귀뚜라미를 잡아먹으면서, 대체로 우리에게 별 관심을 못 받으면서 마찬가지로 우리에게 별 관심을 보이지 않은 채 온종일 빈둥거린다. 그러나 우리가 페트라이우스 같은 도마뱀에 별 흥미를 못 느끼는 것은 그들의 생식기가 지닌 비밀을 모르기 때문이다.

한 연구진은 이 종의 모든 암컷에게서 반음경이 발달한다는 것을 알아냈다(Whiteley et al. 2017). 암컷이 부화하기 전 이 반음경은 연구자들이 반음핵hemiclitoris이라고 부르는 더 작은 구조로 변형되며, 이 반음핵은 도마뱀이 알에서 나오기 직전에 완전히 사라진다. 연구진은 이를 "일시적 암수한몸성temporary hermaphroditism"이라고 했다(Whiteley et al. 2018). 새끼를 낳는 멕시코악어도마뱀Mexican alligator lizard(*Barisia imbricata*) 같은 일부 종에서는 이 "일시적" 조건이 태어난 지 1년 이상 지속될 수 있다(Martínez-Torres et al. 2015).

이 도마뱀의 배아 발생 경로는 이들의 진화 역사에서 반음경이 생식기의 발달이 시작될 때 본래 출현하며 '암컷' 발달 신호를 받으면 사라지는 것이었음을 시사한다. 그 점은 흥미롭다. 암컷이 수동적으로 발달하는, 즉 '기본 설정값'인 성이고, 자연의 경이인 수컷을 빚어내려면 유전자, 호르몬, 어깨를 떡 벌어지게 하는 세포 신호 전달이 확실하게 관여해야 한다는 견해가 오랫동안 유지되었기 때문이다. 페트라이우스를 비롯한 그 종의 개체들이 보여주는 이런 상황은 발달했던 반음경이 다시 퇴화하는 것이야말로 진정으로 능동적인 활동임을 시사한다.

그렇게 밀접하게 관련된 구조들 사이에서 어디에 선을 그어야 할지는 불분명하며, 그것을 단순히 그 동물의 성별 문제로 국한시킬 수도 없다. 왜? 많은 뱀과 도마뱀 종은 암수 모두 반음경을 지니며 암컷 쪽이 더 확실하게 반음경을 지닌 사례들도 있기 때문이다. 우리가 아는 것은 거기까지다. 한 연구진의 말처럼 수컷 쪽만 "상당히 더 상세히" 연구가 되어 있기 때문이다. 2018년에 내놓은 논문에서 연구진은 대담하게 제시했다. "앞으로의 연구는 암컷의 발생을 고려해야 한다"(Whiteley et al. 2018). 암, 그렇고 말고.

곰, 두더지, 돼지, 오, 이런!

그리고 아마 우리는 발달의 연속성도 고려해야 할 것이다. 독자가 리얼리티 쇼 〈서바이버Survivor〉의 애청자라면, 2004년에 방영된 시즌 9를 보고 예전의 뉴헤브리디스제도였던 바누아투섬에서 인간의 생존 시나리오가 펼쳐지는 광경에 푹 빠졌을 것이다. 그 시즌의 두 회에 걸쳐서 '부족민'들은 돼지를 뒤쫓았고, 돼지 엄니를 놓고 다양한 경연을 펼치기도 했다. 또 제작자들은 출연자들이 온 것을 환영하기 위해 바누아투 주민들이 돼지를 잡는 행사를 벌이는 장면을 시즌의 도입부에 보여줌으로써 논란을 촉발하기도 했다.

리얼리티 프로그램의 화제성을 위해 돼지를 등장시킨 것이 결코 아니었다. 그 시즌이 방영되는 동안 언급된 적이 없었지만(내가 아는 한) 바누아투에는 독특한 생식기 특성을 지닌 돼지들이 있으며 그 돼지들은 신성시된다. 한 돼지 혈통은 약 3200년 전 아시아에서 사람을 통해 섬에 들어왔을 수 있으며, 다른 한 혈통은 더 뒤에 유럽에서 왔다. 먼저 도착한 나라베Narave 돼지는 "터스커tusker"라고 불린다. 엄니tusk가 감기면서 계속 자라는 경향이 있기 때문이다. 때로 두 번이나 감겨서 턱을 뚫을 수도 있다. 이들은 거의 어떤 기준으로 보아도 멋지다고 하기 어렵다. 털은 듬성듬성 나 있고, 검은 털은 뻣뻣하고, 대개 꼴사납게 자라고, 엄니는 턱을 꿰뚫고 있다. 그러나 이 돼지들은 지역 주민들에게 중요하다. 유전되는 듯한 간성intersex 형질을 지닌 개체들의 비율이 꽤 높다는 점에서 더욱 그렇다.

식민지 개척자들이 바누아투를 뉴헤브리디스라고 부르던 시절에 옥스퍼드 동물학자 존 베이커는 이 돼지들을 살펴보고 기록했다. 그는 농민들이 돼지를 "윌듀"나 "윌길"이라고 부른다고 했다(윌버Wilbur라고는 부르지 않는 것이 분명하므로, 그 이름을 지닌 이들은 안심하시라). 그는 돼지 9마리를 해부학적으로 검사할 기회를 얻었고, 생식기와 생식 구조를 모든 세세한 부분까지 최대한 꼼꼼히 기록했다. 그는 그 주제를 다룬 1925년 출판물에서 "가장 암컷"인 것부터 "가장 수컷"인 것에 이르기까지 9가지 항목을 죽 이어지는 순서대로 배치했다.

돼지들은 난소, 난정소(난소와 정소 양쪽으로 이루어진 조직), 다양하게 조합된 정소들, 안내려간정소undescended testis, 큰 음핵, 질, 전립샘, 포궁, 포궁목을 지니는 양상이 다양했다. 이 기관들은 돼지에 따라 다양하게 흔치 않은 조합을 이루었지만(예를 들어 3번 돼지에게서는 질+전립샘+포궁목+정소), 모든 돼지는 그가 "원뿔 탯줄후 돌기conical postumbilical projection"라고 부른 것을 지녔다. 배꼽 아래에서 뾰족하게 내밀어진 구조를 뜻한다. 이 구조가 어떤 관련이 있는지는 불분명하다.

행동학적으로 이 동물들은 "수컷의 성 본능"을 보여준다. 암컷이 발정했음을 감지하면(즉 개가 '달뜬' 것처럼 교미할 준비가 되면) 광분할 지경까지 흥분한다. 음핵을 지닌 돼지라면 발정한 암컷을 감지할 때 음핵이 발기한다. 베이커는 유전학과 진화를 통합한 "현대적 종합"이 일어나기 전에, 그리고 DNA가 무엇인지 알려지기 훨씬 더 전에 그 논문을 썼지만, 그럼에도 이런 돼지들의 생식기와 생식 구조가 "유전되는 것이 틀림없다"고 결론지었다. 그 돼지 9마리 중 적어도 2마리는 아비가 같았기에 더욱 그랬다.

그는 옳았다. 일부 암돼지가 낳는 새끼들 중에 이런 간성 형질을 보이는 새끼가 일관되게 약 20퍼센트를 차지한다는 연구 결과가 1996년에 나왔다(McIntyre 1996). 논문 저자인 제임스 매킨타이어James McIntyre는 그런 돼지가 보통 돼지보다 더 뚜렷하게 공격성을 보인다는 것도 관찰했다. 이는 수컷이 곧 공격성을 지닌다는 개념이므로 좀 논란을 불러일으킨다.

우리가 흔히 어느 한쪽 성과 연관짓는 구조들을 뒤섞어서 지니는 동물이 돼지만은 아니다. 일부 두더지도 간성이면서 한눈에 딱히 어느 것이라고 분류하기가 어려운 생식기를 지닌다(Rubenstein et al. 2003; A. Sinclair 2014). 1988년 캐나다 야생동물학자 마크 카테는 존 베이커가 60여 년 전에 돼지를 대상으로 했던 연구를 곰을 대상으로 했다(Cattet 1988). 그는 아메리카흑곰black bear(*Ursus americanus*)과 회색곰brown bear(*Ursus horribilis*)을 자세히 조사했는데, 그들이 예상 밖의 생식기와 생식 구조를 지닌다는 것을 발견했다. 카테가 암컷이라고 분류한 곰들 중 일부는 "수컷 발달 형질도 약간" 지니고 있었다. 요도와 음경뼈가 갖추어진 음경을 지닌 개체도 있었다. 그중 두 마리는 자매였는데 둘 다 음경뼈를 지녔다. 곰의 통상적인 음핵뼈(os clitoris, baubellum)와는 확연히 달랐다. 음핵뼈는 길이가 3~4밀리미터에 불과하다. 그런데 이 곰들의 뼈는 53밀리미터에 달했다.

한 회색곰은 길이가 30밀리미터인 음경을 지녔지만, 포궁벽에 남은 흔적을 볼 때 임신하고 새끼를 낳은 듯했다. 한 흑곰은 새끼 두 마리를 젖을 먹이면서 키우고 있었지만, 음경이 있을 "바로 그 해부학적 위치"에 길이 95밀리미터의 음경뼈도 갖춘 길이 120밀리미터의 긴 구조물 형태의 요도도 지니고 있었다(전형적인 흑곰의 음경 길이는 약 165~180밀리미터다). 카테는 이 곰이 그 요도를 통해 출산했을 수도 있다고 결론지었다. 그 요도는 포궁에 연결되어 있었기 때문이다.

카테는 이런 특징들이 나타난 이유가 호르몬이 관여하는 발달 과정을 교란하는 호르몬 유사 살충제 같은 무언가에 곰이 노출됐기 때문일 수 있다는 설명을 내놓았다. 이 가설에는 문제가 하나 있는데, 그런 화합물은 거의 예외 없이 수컷과 관련된 구조의 발달을 막는 쪽이라는 것이다. 그런 화합물은 거의 다 에스트로겐 유사 물질이거나 안드로겐 억제 물질로 분류된다. 무엇이든 간에 해부학적 스펙트럼의 '암컷' 쪽과 더 관련이 있는 구조를 빚어낼 것이라고 예상할 수 있다.

태양 아래—아니 동굴 안에—새로운 것은 없다

'교미할 때 상대의 생식기 안으로 집어넣고 배우자를 전달하는 것.'

3장에서 했던 이 말을 기억하는지? 우리 정의에 배우자가 어느 방향으로 전달되는지는 언급되어 있지 않음을 눈치챘을 것이다. 이는 암컷이 도입체를 수컷의 몸에 삽입하여 배우자를 자신의 난자 보관소로 빨아들이는 진드기를 비롯한 종들도 학술적으로 보자면 우리가 기술한 음경의 특징들을 모두 지닌다는 의미다. 삽입? 그렇다. 짝의 생식기 안으로? 그렇다. 교미 때? 그렇다. 배우자 전달? 그렇다.

2018년 과학자들과 일반 대중은 새로 발견된 한 동굴 곤충cave insect이 생식기와 교미에 관한 기존 대본을 뒤집었다는 연구 결과를 접하고 경악했다. 네오트로글라*Neotrogla*과 아프로트로글라*Afrotrogla*라는 두 속에 속한 이 동물들은 아주 작고 눈이 없으며, 동굴 바닥을 덮고 있는 박쥐 배설물에서 뽑아낼 수 있는 영양소로 근근이 살아간다(Hosken et al. 2018; Yoshizawa et al. 2018).

그리고 이들은 암컷이 수컷의 몸에서 정자를 빨아들이는 데 쓰는 도입체를 지닌다. 두 속의 도입체는 서로 형태가 전혀 다르다. "수컷 정액 선물"—그렇게 빨아들이는 정자(혼인 선물)에 연구자들이 으레 붙이는 표현이다—은 두 가지 목적을 지닐 수 있다. 배우자를 제공하는 한편으로 박쥐 배설물에 없는 영양소도 일부 제공하는 것이다.

이 논문을 쓴 저자들과 이 동물에 관한 글을 쓴 모든 이는 이 상황을 기술할 때 "역전된 생식기" 같은 문구를 쓴다. 그 암컷 구조에 "지노솜gyno-some"이라는 새 용어를 붙인 이들도 있다. 비록 "암컷 음경"이라고 더 자주 불리는 듯하지만. "기존 성선택 방향"의 "역전"이라는 말도 한다. 비록 그 역전된 방향에 거의 주의를 기울이지 않아왔기에, 우리가 수컷의 성선택만 알고 있고 그래서 그것이 그냥 기존이 됐을 뿐이지만 말이다.

독자는 이 곤충이 지녔다고 하는 것이 무엇인지 짐작할 수도 있겠다. 앞서 소개한 진드기와 나비와 팥바구미처럼, 이 암컷들도 도입체를 써서 수컷의 배우자를 자기 몸으로 옮긴다. 그러나 이 동굴 곤충을 둘러싼 소동은 거의 전적으로 이들의 '음경형' '암컷 음경'에 초점이 맞추어졌다. 사실상 같은 일을 한다고 알려진 종이 수백 종에 달한다는 사실은 까맣게 잊은 듯하다.

따라서 중요한 점은 이것이다. 이 동굴 곤충의 진정으로 새로운 점은 암컷의 도입체가 아니라는 것이다. 언론에서는 그 점이 화젯거리였지만. 진정으로 새로운 점은 암컷이 도입체를 지닌다는 사실과 짝을 이루는 양 **수컷이 도입체를 지니지 않는다**는 것이다. 이 곤충 수컷들은 마치 질처럼 움푹 들어간 주머니를 지닐 뿐 아니라, 종마다 다르게 암컷 도입체의 특징에 들어맞은 형질들을 갖추는 쪽으로 진화한 듯하다.

연구진은 "수컷의 은밀한 선택"(상황이 역전되어 있다!)을 통해서 암컷 도입체의 이런 특징들이 진화했을 수도 있다고 말한다. 그것이 바로 "기존 성선택"의 "역전"이다. 정자를 빨아들이는 암컷 도입체보다 훨씬 더 새로운 발견임에도 대다수가 별 관심을 기울이지 않는 내용이긴 하지만 말이다.

이 발견이 발표되자 과학자와 일반 대중 사이에서 이 구조를 어떻게 지칭해야 할지를 놓고서 논란이 일어났다(Newitz 2014). 암컷의 도입체가 수컷의 도입체와 별개의 이름을 지니도록 동물의 성별에 따라서 다른 이름을 붙이는 관행을 그대로 따라야 할까? 아니면 성별과 무관하게 기능—교미 때 상대의 생식기에 삽입하여 배우자를 전달하는 것—에 따라서 이름을 붙여야 할까?

많은 종은 암수한몸—양쪽 성적 구조를 다 지닌 생물을 가리키는 멋진 표현—이고 많은 종은 간성일 수 있으므로, 나는 그 구조를 기능에 따라 부르는 쪽이 더 타당하다고 본다. 우리는 누가 뇌를 쓰는지에 상관없이, 뇌를 그냥 뇌라고 부른다.

음, 여기서 독자는 동굴 곤충의 도입체가 전형적인 수컷 도입체와 달리 배우자를 반대 방향으로 전달하지 않냐고 물을 수도 있다. 그 말은 맞다. 그러니 도입체는 두 종류인 셈이다 동굴 곤충이 지닌 것 같은 흡입 도입체, 우리 사람이 지닌 것 같은 배출 도입체다.

12세의 음경

우리 사람의 뇌가 지닌 가장 인간적인 특징은 융통성이다. 우리는 행동 표현의 범위가 가장 넓고, '정상'의 한계를 밀어붙이면서도 생존하고 번식할 수 있는 가장 뛰어난 능력을 지닌다. 우리는 이 재능을 좋은 쪽으로도 나쁜 쪽으로도 사용할 수 있다. 생식기 발달이 일부에서 '남성' 아니면 '여성'이라는 양자택일이라고 보는 경로를 따르지 않는 아이들을 각 사회가 대하는 방식은 그 양쪽의 사례를 다 보여준다. 우리는 생물학자—주로 내분비학자—의 연구 덕분에 이런 아이들의 생리적 특성을 많이 밝혀냈지만, 그들이 자신이 속한 사회라는 맥락 내에서 잘 살아갈지 그러지 못할지를 이해하려면 인간을 연구하는 학문, 즉 인문학이 필요하다. 과학 연구를 아무리 한들 인문학을 대체하지 못하는 영역이 있다. 사회적 맥락을 분석하려면 인문학이 절실히 필요하다.

1940년대에 도미니카공화국의 소아과의사들인 식스토 잉차우스테구이 카브랄, 닐로 에레라, 루이스 우레냐는 진료를 하다가 몇몇 특이한 환자들이 있음을 알아차리기 시작했다(Stern 2014). 그들은 1946년에 한 의학 학술 대회에서 그런 환자들의 사례를 발표했다. 1951년 그들은 그 환자들을 연구한 첫 논문을 내놓았고, 그 연구는 이윽고 중요한 약물의 발견으로 이어졌다(Gautier and Cabral 1992). 환자인 아이들은 태어날 때에는 외부생식기 해부구조를 토대로 여성으로서 사회화가 이루어졌다. 즉 어릴 때 그들은 여자아이로 살았고 여자아이로 여겨졌다. 비록 그런 제약을 떨쳐내려는 징후도 이따금 나타나긴 했지만.

그러나 사춘기에 접어들 때면 극적인 변화가 일어나는 듯했다. 그들은 생리를 시작하고 유방이 발달하는 대신에 목소리가 굵어지고 가슴이 벌어지고 수염이 나기 시작했다. 근육과 체형도 테스토스테론이 우세한 발달 양상에 들어맞은 형태를 취했고, 넓은 어깨 같은 신체적 특징이 발달하기 시작했다. 이런 변화가 12세 무렵에 일어나므로 지역 주민들은 그들을 구에베도세스guevedoces, 즉 "12세의 음경"이라고 부르기 시작했다.* 여기서 말하는 음경은 통상적으로 음경이 나 있는 부위에서 출현했다. 몇 센티미터쯤 자라며, 성적으로 흥분할 때 발기한다는 측면에서 보자면 통상적인 기능도 한다. 몸통공간에 놓여 있던 정소도 이때쯤 아래로 내려왔다.

친구와 가족의 반응은 이중적이었다. 좀 당혹스러워하는 한편으로 완전히 받아들인 듯도 했다. 이 현상은 그 지역에서는 꽤 흔했다. 아이 90명에 약 1명꼴로 나타났다. 그런 아이는 원래 쓰던 이름을 그대로 쓰기도 하므로, 현재 라스살리나스에 사는 몇몇 남성은 사회문화적으로 대개 여성에게 붙이는 이름을 지니고 있다(Knapton 2015).

에레라 연구진이 1951년 『도미니카의학회지Revista Médica Dominicana』에 환자 몇 명을 사례로 보고하자, 그 논문을 읽은 미국 북동부의 몇몇 연구자들이 이 특이한 집단에서 무슨 일이 일어나고 있는지를 알아내겠다고 나섰다. 코넬 대학교 연구진은 그 뒤로 20년 동안 그 지역의 의사이자 학자인 테오필로 가우티에르와 함께 아이들을 조사할 허가를 얻어서 어떤

* 이 호칭이 완전히 존중하는 표현이 아니라고 보는 이들도 있을 것이다. 그런 견해도 이해할 수 있다.

생리적 과정이 그런 현상을 일으키는지 연구했다.

그 뒤로 나온 일련의 논문들에서 줄리앤 임페라토-매킨리가 이끄는 코넬 연구진과 가우티에르는 원인을 밝혔다(Imperato-McGinley et al. 1974). 그 아이들에게서는 5-알파환원효소5-alpha-reductase라는 효소가 만들어지지 않았다. 이 효소는 호르몬인 테스토스테론의 한 조각을 잘라내어 다른 안드로겐 호르몬인 디하이드로-테스토스테론dihydro-testosterone을 만든다. 두 분자가 매우 비슷한 효과를 일으킬 것처럼 들리겠지만, 그렇지 않다. 사람의 태아 때 음경이 발달하려면 디하이드로-테스토스테론이 표적 조직인 생식기결절에 작용해야 한다.* 이 작용이 없다면 생식기결절은 길어지지 않으며 태어날 때 음핵처럼 보인다.

그러나 이와 별개로 배아/태아는 테스토스테론을 분비하고 정소가 발달한다. 이 정소는 배에 남아 있다. 사춘기가 시작되면 정소는 테스토스테론을 생산하기 시작한다. 이 호르몬은 다양한 형질에 작용하여 아이를 어른으로 변모시킨다. 그 발달기에 다다른 아이들에게서 보이는 변화를 일으킴으로써다. 연구진은 이런 발달 양상을 따르는 아이들을 수십 명 찾아냈다.†

이 이야기에서 이런 연구자들과 의학이 해당 효소를 찾아낸 것이 핵심 내용임에는 분명하지만,‡ 서구 문화가 강요하곤 하는 의학적 개입에 익숙한 이들에게는 놀라울 수도 있는 측면이 하나 더 있다. 이 발달 경로를 따르는 아이들을 지역사회가 받아들인다는 점이다. 처음에 예기치 않은 경로를 빚어낸 것은 생화학이었지만, 사회는 건강하게 대응했고 그 발달 경로로 나아간 이들도 잘 살아가곤 했다. 도미니카공화국이 인습에 얽매이지 않은 관용

* 이 말은 모든 포유동물에 적용되지는 않지만, 인간에게는 적용된다.

† 이 효소를 찾아낸 연구는 피나스테리드finasteride라는 약물의 개발로 이어졌다. 피나스테리드는 이 효소의 작용을 억제하며 전립샘 비대와 탈모 같은 디하이드로-테스토스테론의 작용으로 생기는 증상들을 치료하는 데 쓰인다.

‡ 제약회사에게는 엄청난 수익을 안겨주게 된 발견이었지만, 산토도밍고의 관련 주민들과는 별 상관이 없었다.

과 자유주의의 요새라서가 아니다.* 그 아이들은 여러 가정에서 나왔고 그래서 받아들이라는 압력이 가해진 것일 수도 있다. 남성의 지위가 더 높다고 여기는 관습도 어떤 기여를 했을 수 있다(Bosson et al. 2018). 지역 사회는 사춘기 변화가 시작될 때 그 아이들에게 축하하는 의미에서 일종의 통과의례를 거행하기까지 한다.

그 마을에서 매우 인기 많은 주민인 돈 호세도 그런 경로를 거친 사람이었다. 그는 연애를 잘하는 것으로 유명한 멋쟁이였다. 그는 음경 보철물을 달아(그것도 두 개나) 도르래 장치를 써서 위아래로 움직이면서 도입체 섹스를 하는 영리한 방법을 택했다.

이 편안해 보이는 삶은 파푸아뉴기니 동부 고지대에 사는 심바리앙가 부족(Imperato-McGinley et al. 1991)†‡과 터키에 사는 또다른 집단의 비슷한 사람들(al-Attia 1997)이 처한 사회적 상황과 대조적이다. 임페라토-매킨리 연구진은 파푸아뉴기니 집단도 조사했는데, 그곳이 "세상에서 가장 엄격한 성별 격리 관습을 지닌 곳 중 하나"인 사회였기에 그런 아이들을 잘 받아들이지 않는다는 것을 알아차렸다. 그 사회에서는 성인식을 거친 뒤에 남녀가 어울리는 것을 금했고, 성인식을 여성이 보면 사형에 처해졌다. 성인식에는 혼인 전 연령의 남성에게 구강 동성애 행위를 하는 의례가 포함되어 있다. 연구진은 사춘기 때 예기치 않은 변화를 겪는 아이들이 나타나

* 산토도밍고의 지역 신문인 『디아리오 리브레Diario Libre』에 상세히 실린 기사를 보자. 언론인 마르가리타 코르데로Margarita Cordero는 2016년에 「보건 당국이 무시하는 진지한 인간 드라마Un grave drama humano al que las autoridades de salud dan la espalda」라는 기사에서, 지역 의사들과 보건 담당자들의 의견을 들었는데 그들이 모든 상황을 반드시 낙관적으로 보는 것은 아닌 듯했다고 썼다. 사춘기 신체 변화가 가져올 사회적 파장이나 심지어 법적 문제로 심리적 스트레스를 겪거나 수술을 받고자 하는 이들도 있다는 것이다.

† 이 아이들 중 일부는 다른 효소 결핍증까지 있다.

‡ 터키(al-Attia 1997)와 레바논(Hochberg et al. 1996)에서도 같은 증상을 보이는 집단들이 발견되었다. 자란 환경은 비슷했지만 터키 집단은 사춘기 후에 젠더 정체성이 훨씬 더 다양해지는 듯했다. 도미니카공화국에서처럼 레바논에서도 사춘기에 변화가 일어나면 남성이 된다는 점 때문에 어떤 혜택이 추가되는 듯하다. 그 사회가 남성의 지위를 더 높게 보기 때문이다.

자 이 사회가 "난리법석을 떠는stormy" 반응을 보였다고 말한다. 이 난리법석은 1990년대에는 어느 정도 잦아들고 있었을 것이다. 산파들이 태어나는 아이들을 좀더 잘 식별할 수 있게 되어서 그 뒤로는 간성이라고 여겨지는 아이들이 소년으로 키워졌기 때문이다.

이 효소 결핍증을 지닌 아이들이 도미니카공화국과 파푸아뉴기니에서 서로 다르게 받아들여지게 만든 기관 자체는 그들의 증상과 아무런 관련이 없었다. 그들의 삶을 결정한 요인은 생식기나 그 생식기를 쓰는 방식과는 무관했다. 그 결정은 주변 사람들의 마음, 그리고 그 마음을 빚어낸 문화에 달려 있었다. 그것들이 수용할지 "난리법석"을 떨지를 결정했고, 수용이 빚어낸 삶이 분명히 더 나았다.

9
남근의 흥망성쇠

많은 사람들은 성이 고정되어 있다고, 도입체가 남성의 전유물이라고 생각한다. 자연은 이런저런 종들을 사례로 들어서 그런 가정이 잘못되었다고 반박한다. 우리 인간도 그런 사례에 속한다. 우리는 생식기만을 기준으로 삼아 '남성'과 '여성' 사이에 선을 그어서 경계를 세우려고 하지만, 자연은 이에 맞선다. 이 장에서는 그런 잘못된 가정을 바탕으로 우리가 인간을 그저 생식기—특히 남근, 즉 발기한 음경—으로 환원시켜온 과정을 살펴보기로 하자. 이 밋밋한 모양의 기관이 성적 적대감을 일으킬 만한 특징들을 지니고 있지 않다고 할지라도, 그것은 위협과 공격성의 구현된 실체이자 적대감의 표적으로서 점점 중심에 놓이게 되었다. 결국 우리의 인간성을 배제시키는 수준에까지 이르렀다. 이런 식으로 음경을 중심에 놓으면, 음경을 지니지 않은 사람들의 힘만이 아니라 음경을 지닌 이들의 개성과 인간성까지도 줄어든다. 우리 모두 음경 중심에서 벗어나서 다른 기관을 그 대신 중심에 놓아야 할 때가 되었다. 바로 인간의 뇌 말이다.

음경 박물관

이 책을 쓰기 위해 준비를 하다가, 나는 아이슬란드 음경 박물관을 방문하지 않는다면 내 자신과 독자의 경험이 불완전한 상태로 남게 되리라고 느꼈다. 박물관은 크지 않다. 작은 단층집만 할 것이다. 인도에 '신용협동조합으

건물로 착각할' 법하게 평범한 모습으로 세워져 있다. 안에는 가죽을 벗겨서 보타이 모양으로 묶어놓은 것부터 원통형 병 속의 투명한 보존액에 채워진 것까지 보존 상태가 다양한 음경이 가득하다(주의: 아이폰으로 이 원통 병에 든 표본을 찍으니 사진이 '음료'라는 항목으로 분류되었다. 아니야, 아이폰아. 음료가 아니야).

위쪽에는 벽에 박힌 말린 범고래와 대왕고래의 음경이 아래로 드리워져 있다(좁은 두건처럼 원뿔형이다). 시선을 아래로 향하면, 짧은부리참돌고래 common dolphin(*Delphinus delphis*)의 참으로 돌아버릴 것 같은 음경이 병에 담겨 있다. 세 부분으로 되어 있는데, 커다란 피클에 절반쯤 끼워진, 긴 줄기에 달린 연분홍 바나나고추 같다. 고개를 돌리면 길고 가느다란 멧돼지 음경이 고정액이 담긴 병에 똑바로 선 채로 떠 있다. 끝이 약간 굽어서 마치 작고 살집 있는 좀 비틀어진 지팡이처럼 보인다. 병에 담긴 염소 음경도 보인다. 끝이 소용돌이처럼 구부러져서 부속지처럼 보인다. 전시물 중 상당수는 고래의 것이라서, 아주 크다. 앞서 말했듯이 한쪽 벽에는 말라서 구부러진 코끼리 음경이 아래로 드리워져 있고, 긴털족제비의 작은 음경뼈를 비롯한 음경뼈들도 전시되어 있다.

몇 분쯤 지나고 나면 모든 음경이 하나로 뒤섞여 보이기 시작한다. 본질적으로 모두 긴 줄기에 달린 바나나고추나 옆에서 본 갈매기 머리, 골이 진 두건을 변형한 형태다. 기각류를 비롯한 포유동물들의 음경뼈도 전시되어 있다. 일부는 그 뼈가 들어 있는 음경과 함께 전시되어 있다. 전반적인 인상은 정말로 이렇다—주름지고 핏기 없고 생기 없고, 잠시 둘러보고 나면 다 거의 똑같아 보이는 보존된 신체 부위가 가득한 방.* 전시물 주위에 있는 공예품들은 시답지 않은 것에서 초현실적인 것까지 다양하다. 나무로 되어 있지만 온전한 기능을 갖춘 전등처럼 좀 실용적인 음경 물품도 있다. 그 전등

* 검은얼굴임팔라 음경은 기이하게도 끝에 털이 수북했는데, 나는 임팔라의 다른 어떤 부위가 달라붙은 게 아닐까 추측한다.

은 사실상 이곳에서 작동하는 유일한 음경이다.

곁에 딸린 두 작은 전시실에는 인간의 음경과 관련된 물품들이 가득하다. 그리고 좀 뒤죽박죽이다. 자기 물건을 박물관에 기부하려는 의욕에 찬 몇몇 사람들은 자신의 딕픽이나 음경 관련 공예품을 보내려고 안달하는 듯하다. 가장 끈덕진 이는 콜로라도의 톰 미첼이라는 사람인데, 딜도를 만드는 데 주형으로 썼는지는 모르겠지만 자신의 음경이 소장품으로 전시되어야 한다고 느낀 모양이다(Hafsteinsson 2014). 당분간은 그가 '엘모'라고 이름 붙인 자기 음경을 본뜬 주형이 그 일을 할 것이 분명하다. 그의 원래 계획은 자신이 살아 있을 때 음경을 기증한다는 것이었지만 불가능했다.*

워비곤 호수를 무대로 한 미니시리즈의 식사 장면에 단역으로 출연할 만한 사람처럼 보이는(자신이 평균보다 더 낫다고 믿는 오류를 워비곤 호수 효과 Lake Wobegon effect라고 한다–옮긴이) 미첼은 자신의 음경에 우주비행사, 바이킹 등의 복장을 입힌 사진을 찍어 박물관에 뿌려댔고, 그런 짓을 하다가 트위터 규정을 위배하여 계정(@elmothepenis)이 정지되기도 했다. 우리 모두가 잘 알다시피 백인 남성이라면 정지를 먹는다는 것이 거의 불가능한데 말이다(아, @realDonaldTrump라면 모를까). 또 '엘모'의 주인은 자신의 엘모 음경을 슈퍼히어로 캐릭터로 판매하고자 시도했다. 별 성공을 거두지는 못했다. 그래도 그 노력 덕분인지 『엘모: 슈퍼히어로 음경의 모험Elmo: Adventures of a Superhero Penis』의 표지는 박물관에 전시되어 있다.†

박물관은 합법적으로 관리되는 소장품과 난감할 만치 유치하고 호색적인 소장품 사이의 모호한 경계선상에 있고자 애쓴다. 관람객들이 평을 적는 방명록은 이 분열을 반영한다. 한 익살꾼은 이렇게 적었다. "내 거대한

* 미첼은 애국심에 불타서 궁극적인 기부를 하겠다고 음경에 성조기 문신을 새겼다.

† 〈아이슬란드의 성기 박물관The Final Member〉이라는 다큐멘터리를 보면 미첼과, 그보다 먼저 그 박물관에 처음으로 인간의 음경을 기증하고자 한 남자의 음경 전쟁에 관해서 독자가 알고 싶어할 만한 것보다 훨씬 더 많은 것을 알 수 있다.

펜(이스)으로 썼음." 아마 방명록 옆에 놓인, 나무를 음경 모양으로 깎은 펜으로 썼다는 뜻일 것이다. 텍사스에서 온 더 실망한 관람객은 이렇게 썼다. "아주 재미있는 곳이라고 생각했는데, 아니었음. 즐감." 그런데 이 사람은 놀랍게도 무엇이 빠졌는지를 알아챘다. "이 전시관에는 오류phallacys가 전혀 없었음(슬프게도)."

설명문은 엉성하고 드물지만, 관람객은 다양한 언어의 타자로 친 목록집을 고를 수 있고 여기서 모든 전시물의 이름과 약간의 정보를 확인할 수 있다. 흡족하게 관람한 사람은 나오는 길에 음경 모양의 열쇠고리, 병따개, 타래송곳, 컵, 소금통과 후추통, 기타 노골적인—거시기한?—잡다한 물건들을 구입하여 집으로 가져가서 사랑하는 이에게 선물하거나 기념품으로 간직할 수 있다. 언니와 함께 외출할 때 13센티미터짜리 나무 음경을 달랑거리면서 차 열쇠를 꺼내고 싶은 마음이 들지 않을 사람이 누가 있으랴?

나는 전시된 범고래 음경이나 더 나아가 인간의 음경(적절히 부지런하게 서류를 작성해서 승인을 받고 윤리적 문제들도 고려한 끝에 구했다)*을 볼 때 어떤 긍정적인… 느낌으로 충만해진다고 말할 수 있으면 좋겠다. 아마 내가 음경을 너무 많이 본 모양이다. 그러나 나는 이 박물관에 방문했을 때 별 감흥을 못 받은 이유가 음경 권태 때문이라고 생각하지 않는다(실제로 권태를 느끼진 않는다). 다양한 동물의 동일한 신체 부위를 마치 중요하지 않은 양 떼어내어 해당 생물의 전체 맥락과 무관하게 모아놓는 것을 보니, 좀 섬뜩하면서 으스스하지만 이상하게 지루한 감도 있었다. 또 곤충의 도입체가 아예 없었기에 음경의 종류도 좀 한정적이었다.

동물을 하나의 성 식별 기관으로 환원시키는 짓은 잔인하면서 유독해 보이는 방식으로 살아 숨 쉬는 동물을 지워버리는 것과 같다. 앞서 되풀이하여 살펴보았듯이 음경은 그것을 지닌(또는 그것을 끊어내는) 동물의 개성,

---

* 평생 자선사업에 애썼다는 소문이 있는 박물관 설립자는 이 전시된 사람 음경 표본에 죽음의 분위기가 담겨 있지 않다고 실망했다고 한다.

감각계, 행동 없이는 아무것도 아니며, 그 말은 사람에게도 적용된다. 병에 보존되어 있거나 말린 채 벽에 걸려 있거나, 가장 혐오스럽게는 의류품으로 만들어진 이 부위들은 경외심을 불러일으키지도 않고(고래의 음경) 흥미롭지도 않다(음경 공예품). 아직 어른이 안 된 두 소녀를 포함하여 다른 관람객들을 보니, 강한 감정을 느낀다는 기미가 전혀 없었다. 그냥 쳐다보면서 이동할 뿐이었다.

음경이, 그리고 음경과 우리의 관계가 어쩌다 이렇게 된 것일까?

남근의 융성

『길들여진 음경』*이라는 좀 흥미로운 책을 쓴 로레타 코미어와 샤린 존스는 농경, 토지 소유권, 동물의 가축화가 등장할 때 남근이 다산과 권력의 상징으로 나타났다는 주장을 설득력 있게 펼친다(비록 새롭진 않지만). 그들은(그리고 다른 이들도) 인류 역사의 대부분에 걸쳐서 우리가 수렵채집인이었다고 말한다. 우리는 협력하고, 모여 지내고, 모두가 먹고살 수 있도록 애썼다.

농경이 출현하면서 세계의 일부 지역에 변화가 일어났다. 인류 집단들은 일시적으로 점유한 장소에 어떤 식으로든 단편적인 소유 의식을 지니고 있었겠지만, 농경이 등장하면서 그 소유 의식은 땅—사실상 식량—을 둘러싼 더 큰 규모의 갈등으로 비화되었고, 그러면서 음경은 권력과 권위를 의미하게 되었다. 게다가 기름진 양 보이는 경작지의 수호자 역할도 맡게 되었다. 작물의 다산성을 훼손할지 모를 모든 것에 물러나라고 경고하는 거대한 남근 모양의 허수아비, 즉 음경을 본뜬 표현물들이 세워졌다.† 악마의

* 내가 그들의 모든 주장에 동의하는 것은 아니다. 예를 들어 그들은 인간의 음경이 복잡하다고 주장한다. 흠, 그래도 읽을 만한 책이다.

† 인간의 음경이 대단히 밋밋하다는 점을 생각할 때, 나는 이렇게 세운 것들이 그저 "여기 사람이 있어, 조심하는 게 좋아"라고 상징하는 차원이 아니었을까 생각한다. 이를테면 사람이 있다고 경고하고자 할 때, 음문보다 좀더 위협적이고 만들기 쉽고 확대하기 쉬운 상징물이다.

눈, 포식자, 다른 인간을 막는 용도였다.

그 뒤에 음경은 새로운 임무도 맡았다. 성공적인 작물 재배와 가축 보호에 기여하는 다산성과 힘이라는 상징을 성공적인 번식에 기여하는 다산성 및 힘과 융합하는 일이었다. 전 세계에서 남근을 숭배하는 종교가 생겨났다. 숭배자들은 자기 보호에서 다산에 이르기까지 모든 것을 기대하면서 성소를 방문하곤 했다.

이해할 수 있다. 많은 사회에서 음경과 음경에서 나오는 액체(정액)는 분명히 한 가지 중요한 역할을 했다. 인간과 인간 이외의 동물을 위해 새로운 생명을 창조하는 역할이었다. 비록 당시에는 기껏해야 모호하게 이해한 수준이었겠지만.

좀더 뒤에는 이 과정을, 각 정자 안에 아주 작은 호문쿨루스가 웅크리고 있으며 여성의 몸속에 들어가면 온전한 크기의 사람으로 자란다는 식으로 개념화했다. 그러니 식량이 될 동식물이 번성하기를 원하는 곳에다가 자신들의 땅이라고 말뚝을 박던 일부 집단들이 음경 및 그것과 연관된 다산성이라는 개념을 곧이곧대로 받아들여서 남근에 감시원 역할을 맡긴 것도 놀랍지 않을 것이다. 거대하게 발기한 음경의 신인 프리아포스Priapus조차도 처음에는 작물을 보호하는 허수아비 상으로서 등장했다.

남근숭배는 그렇게 시작되었다. 그러나 어떻게 시작되었든 간에 그것은 전혀 다른 방향으로 나아갔다. 처음에 이 기관이 상징한 것은 힘의 보유였다. 명백하게 다산성 및 육체적 힘과 관련이 있었다(Cormier and Jones 2015). 그러나 인류의 번식 이해 수준이 높아지고 종교 의례가 변함에 따라, 그 숭배를 합리화하는 근거는 상징되던 무언가에서 상징 그 자체로 바뀌었다. 마치 우리가 으레 사랑의 상징으로 삼는 심장이 본래 지닌 신체적 및 기능적 능력을 훨씬 넘어 그 상징 자체로서 힘을 갖고 사랑과 관련된 성질을 지닌 양 대하기 시작한 것과 비슷하다.

그리고 지금 우리는 음경을 지닌 사람들과 음경이 없는 사람들을 향한 메시지가 혼란스럽게 뒤섞여 있는 현대 세계에 살고 있다. 우리가 음경의 크기, 힘, 모습에 집착하는 것은 지금은 더이상 쓰이지 않는 한 상징적인 용도의 문화적 잔재다. 음경이 이런 문화적 짐을 지고 다니는 건 음경의 잘못이 아니다. 우리의 뇌가 그 짐을 지웠으며 따라서 짐을 내려놓는 일을 할 수 있는 것도 우리 뇌다. 우리는 음경이 알아야 할 가치가 있는 기관이라는, 더 현실적이고 더 건강한 견해를 갖도록 뇌를 쓸 수 있다. 그것을 지닌 사람과 더 친밀하게 합의 하에 교감하면서 말이다.

"거시기가 어떻게 누구를 해칠 수 있다는 거예요?"

1985년 9월 인도네시아 게라이족Gerai이 사는 동네에서, 남편을 여읜 한 젊은 여성이 모기장 안에서 막내 아이와 함께 자고 있었다(Helliwell 2000 그리고 저자와의 개인 서신). 집에는 그녀의 모친, 여동생, 다른 아이들도 있었다. 그날 밤 어둠을 틈타서 동네의 한 남자가 창문을 넘어 모기장 안으로 기어 들어왔다. 그의 손이 어깨에 닿는 순간 그녀는 잠이 깨었고, 그는 "조용히 해"라고 말했다. 그러나 그녀는 조용히 하는 대신에 그를 확 밀어냈다. 그는 찻주전자를 깔고 넘어졌고 모기장에 칭칭 감기고 말았다. 그는 달아나려 애썼고 여성은 고래고래 소리를 지르면서 그를 뒤쫓았다. 그가 헝클어지고 낭패한 모습으로 창문 너머로 빠져나갈 무렵에는 그가 누군지 다 까발려졌고, 동네 사람들이 떠들어대는 가운데 그 남자는 어둠 속으로 사라졌다.

다음날 그 이야기가 온 동네에 퍼졌다. 여성들은 걱정스럽게 속삭이는 대신에 모여서 쌀을 고르면서 웃음을 터뜨리며 시끌벅적하게 떠들어댔다. 그들은 허리 가리개가 흘러내리면서 거시기가 드러난 채로 창문을 넘어 꼴사납게 달아나던 남자의 모습을 재현하기까지했다. 서양 인류학자 크리스틴 헬리웰에 따르면, 그 사건을 일부라도 목격한 사람들은 모두 재미있는 일이었다고 생각했다.

헬리웰은 그들과 달리 자신은 재미있게 느끼지 않았다고 썼다. 그녀는 그 남성의 행동이 성폭행 시도라고 보았으며 동네 여성들에게 어떻게 그 일을 재미있다고 여길 수 있는지 물었다. 그들은 왜 안 되냐고 반문했다. 그것은 '나쁜' 짓이 아니라 '그냥 어리석은' 짓이라고 했다. 공격당한 여성(헬리웰은 이름을 적지 않았다)은 그렇게 태연하지 않았고 그날 그 남성이 자신에게 한 짓에 보상을 해야 한다고 소리 높여 공개적으로 요구했다. 헬리웰은 그 여성에게 이것저것 묻기 시작했다. 겁이 났는지(그렇다), 화가 났는지(그렇다), 그렇다면 그가 창밖으로 달아나려고 허우적거릴 때 집안 물건 중 아무거나 집어서 마구 때리지 않은 이유가 무엇인지? 그러자 여성은 의아하다는 표정을 지으면서 대답했다. 자신을 다치게 하지 않았는데 그 남자를 다치게 할 필요가 있냐는 것이었다. 이번에는 헬리웰이 당혹해할 차례였다. 그녀는 스스로에게 확인하듯이 말했다. "당신과 성관계를 가지려고 했잖아요? 당신이 원치 않았는데요. 당신을 해치려 했어요." 그러자 여성은 딱하다는 투로 말했다. "그냥 거시기일 뿐이잖아요. 거시기가 어떻게 누구를 해칠 수 있다는 거예요?"

헬리웰은 이 동네의 사건에 자신이 서양 문화의 맥락을 접목하고 있었다는 것을 알아차렸다. 그녀는 자신이 다른 페미니스트들처럼 성폭행을 "죽음에 맞먹는, 아니 죽음보다 더 불행한 운명"이자 정체성의 파괴라고 보는 문화적 관습을 그 상황에 갖다 붙였다고 썼다. 그녀는 서구 문화에서 성폭행을 신체적 고통을 일으킬 뿐 아니라 더럽히고 모욕하는 것이라고 보는 문화적 관점을 성폭행범이 인식하고 있다는 점이 성폭행범의 연장통에 든 또 하나의 도구라고, 희생자가 같은 문화적 관점을 지닐 때 희생자의 고통이 더욱 커지리라는 걸 알기에 성폭행범이 휘두르는 무기가 된다고 했다.*

* 또한 헬리웰은 이 역학이 서구 사회에 국한되지 않는다고도 했다. 그저 보편적이지 않을 뿐이다. 그녀는 이러한 해석이 희생자를 비난하는 것이 아니라, 사회적으로 형성된 감정적 및 심리적 반응이 신체적 고통만큼이나 진짜이고 타당함을 인정하고 확인하는 것이라고 명확히

또 서양의 문화에는 남성과 여성의 몸이 다르며 한쪽이 다른 한쪽으로 침입할 수 있고 따라서 해를 끼칠 수 있다는 개념이 내재되어 있다. 아마 지금은 좀 변하고 있지 않을까? 이 맥락에서 보면 음경은 범죄에 쓰이는 도구이자 무기이며, 음경을 지닌 쪽이 대개 성폭행 가해자고 음경을 지니지 않은 쪽이 대개 피해자다.* 헬리웰이 올바로 파악했듯이(그녀가 그 글을 쓴 때가 2000년이었는데 아마 최근까지도 상황은 크게 달라지지 않았을 것이다) 사람들은 생식기를 두 가지로 나누어 가정하는 경향이 있다. '남성'을 가리키는 한쪽 생식기와 그것을 지닌 쪽이 사회적으로 남성적인 모습을 띠고, 다른 한쪽은 '여성'으로 인식되며 사회적으로 여성적인 모습을 띠게 된다는 것이다.†

헬리웰은 게라이족 주민들이 생식기를 어떤 식으로 보는지 더 깊이 파헤치기 위해서, 몇몇 주민에게 남녀의 생식기를 그려달라고 부탁했다. 놀랍게도 그들은 남녀의 생식기를 똑같게 그렸다. 즉 그들은 남성과 여성의 생식기를 같다고 보았다. 몸 바깥에 있느냐 안에 있느냐 하는, 그저 위치만 다를 뿐이었다.

사실 그들은 그렇게 해석하는 것이 인간의 보편적인 특징이라고 여겼기에, 그들이 볼 때 헬리웰은 그 양상에 잘 들어맞지 않는 듯했다. 그래서 그들은 그녀의 성별이 어떠한지 확신하지 못했다. 그녀는 자신이 키가 크고 머리를 짧게 자르는 등 관습적으로 남성적이라고 여겨지는 특징을 일부 지니고 있었다고 썼다. 그러나 그녀는 분명히 유방도 있었고, 동네 주민들은

밝혔다. 모든 종 가운데 인간에게서는 생물학적 영향과 사회문화적 영향을 구분하기가 가장 어려우며, 사실 양쪽은 분명히 서로를 변화시킨다. 이 책의 서문에서 내 경험을 이야기할 때 등장한 '에디'가 음경을 보이지 않았다면, 법은 그렇게 신속하게 그의 위협적인 행동에 조치를 취하지 않았을지도 모른다. 그리고 나는 우리가 같은 문화에 속해 있었기에 에디가 음경을 꺼냈을 때 그것이 어떤 효과를 미칠지 알고 있었을 거라고 본다.

* 분명히, 그렇지 않다.

† 물론 생식기와 성이 두 가지라는 것은 사실이 아니며(생식기가 아예 없이 태어나는 이들도 있고, 가시적인 생식기 구조들은 하나의 연속선상에 놓이며, 생식기가 우리의 유일한 생식기관도 아니다) 한쪽 생식기가 남성적인 모든 것이나 여성적인 모든 것과 명명백백하게 연관되지도 않는다.

용변을 보는 용도로 만든 수로에서 그녀가 용변을 볼 때 음문을 지니고 있음을 명백히 볼 수 있었고 확인까지 했다. 그녀가 그들에게 자신이 여자임을 왜 확신하지 못하냐고 묻자, 그들은 그녀가 쌀에 관해 잘 모르는 듯해서라고 대답했다.* 그것이야말로 생식기와 상관없이 누군가가 여성임을 정의하는 전문 지식이었다. 아무튼 그들은 이유는 몰라도 서양 남성들은 유방을 지닌다고 생각했다.

이 이야기의 일부 요소들은 다른 문화들이 지닌 요소들과 접점이 있다. 동네 주민들은 공격성과 폭력성을 촌스럽다고 보았다. 뒤에서 말하겠지만 고대 그리스인들도 큰 음경을 야만적인 행동과 관련지었고 작은 음경을 선호했다. 또 고대 그리스인들은 남성과 여성의 생식기가 동일하며 서로 뒤집혀 있을 뿐이라고 보았다는 점에서도 비슷했다.

이런 믿음들과 대조적으로 정반대 관점에서 도출되는 또다른 망령이 있다. 음경이 남성적인 힘의 자리—기둥 혹은 배턴?—라는 관점인데, 그 관점은 거기에서 더 나아가 이윽고 음경 자체가 남성적인 힘이라고 여기기에 이르렀다. 그러니 그저 그 기관을 떼어내는 것만으로 그 힘을 훔칠 수도 있게 되었다. 이 믿음은 누군가, 때로 여성이 다른 누군가가 되기 위해, 또는 누군가를 다른 누군가로 만들기 위해 음경을 훔치려 한다는 두려움으로 이어져서 수세기 동안 피해를 끼쳐왔다.

로마의 몰락

고대 그리스인들은 서양 문화에서 음경으로 사회적 지위를 나눈 초기 사례를 제공한다.† 그 사회에서는 작고 고상해 보이는 음경이 선호되었다. 극작

---

* 이윽고 쌀에 관한 지식이 늘어남에 따라 그녀는 점점 더 여성으로 알려지게 되었다.

† 독자도 알겠지만 사람들은 음경을 인종차별을 드러낼 때에도 쓴다. 1845년에 나온 한 비교해부학 책(Wagner and Tulk 1845)은 음경뼈를 다루면서 다음과 같이 이중으로 인종차별을

가 아리스토파네스는 『구름The Clouds』(기원전 423년)에서 그리스 남성의 고전적인 풍모를 이렇게 묘사했다. "굴곡 있는 가슴, 빛나는 피부, 넓은 어깨, 작은 혀, 작은 음경을 지닐 것이다." 야만적인 유행에 빠진다는 말은 대조적인 것을 의미했다. "그러나 오늘날의 유행을 받아들인다면 먼저 허약한 어깨, 창백한 피부, 좁은 가슴, 커다란 혀, 작은 엉덩이, 긴 법령decrees*을 구상하는 엄청난 솜씨를 지니게 될 것이다."

아리스토파네스의 인용문이 잘 보여주듯이, 고대 그리스인들은 크고 튼튼한 음경을 야만적이라고, 노예와 미개인의 부속물이라고, 고전적인 풍모의 그리스인에게는 바람직하지 않다고 여겼다. 그들은 커다란 음경이 "기괴하고 우스꽝스럽다"고 여겼다(Hay 2019). 그것이 소년을 호색적으로 보는 시각 때문인지 억압의 상징인지는 불분명하지만 말이다. 묘사가 가장 뚜렷한 대조를 이루는 것은 사티로스다. 그리스인들에게 사티로스는 당나귀의 귀와 꼬리, 기괴한 얼굴, 거대한 남근†을 지니며, 자제력을 잃고 술에 취해 성적으로 흥분한 소년이었다.‡

이런 태도는 게라이족의 문화를 떠올리게 한다. 게라이족은 폭력적이고 공격적인 행동을 바람직하지 않다고 여겼고, 음경이 가할 수 있는 위협을 같잖게 여긴 듯했다. 그러나 그들이 음경을 보는 관점과, 음경이 사회적 지위와 행동 규범으로 에워싸인 개인 자체에 관해 상징하는 것을 보는 관점은

했다. "음경이 아주 크게 발달하는 흑인종에게서는 길이 방향으로 한두 가닥의 작은 연골이 나타나곤 한다. 이 뼈의 흔적이다." 이런 주장은 흑인을 백인에게서 더 멀리 떼어놓고 인간이 아닌 동물과 더 가깝다고 보려는 의도에서 나온 것으로서, 전혀 사실이 아니다. 물론 그럼에도 그런 견해는 지금까지도 존속하고 있다. 또 1987년에 나온 문헌(Jervey 1987)에는 거북하게도 (그러나 놀랄 일은 아니다) 커다란 음경을 지닌 흑인과 그것을 질시하는 백인에 관한 인종차별적 '농담'이 실려 있었다. 음경 상징의 문화적 표현이 어디까지 이어지는지를 보여주는 꽤 유용한 사례다. 우리는 자신의 편협함과 편견을 뒷받침하기 위해서라면 무엇이든 끌어들일 것이다.

* 야만인의 것과 같은 긴 음경을 뜻했다.

† 더 뒤에 로마인들은 이런 모습에다가 동물의 신인 판Pan의 모습까지 뒤섞었다. 판은 염소 발을 지닌 것으로 유명했는데, 그 특징까지 사티로스에게 부여했다.

‡ 그래서 흥겨운 시간을 난장판으로 만든다고 여겼다.

뚜렷이 구분된다.

이 구분을 대변하는 사례는 로마의 프리아포스다. 프리아포스는 음경을 보는 관점이 달라졌음을 보여준다. 음경을 보호·다산·힘의 상징으로 보는 관점에서, 그걸 그 자체로 숭배할 가치가 있다며 신성시하는 쪽으로 넘어갔다. 프리아포스는 원래 침입자에게 침입하면 처벌받을 것이라는 불안한 마음이 들도록 위협을 가함으로써 밭, 과수원, 정원을 지키는 거대한 남근상이었다. 그러니 맞다, 성폭행 위협을 가하는 허수아비였다.* 물론 이윽고 그는 (하급) 신의 지위로 승격되었고,† 그의 주된 무기는 늘 발기되어 있는 거대한 남근과 커다란 낫이었다(비록 그 외에는 별 관심을 못 받은 듯했지만).

로마인이 음경을 써서 위협을 가한 방식이 그것만은 아니었다. 당시 아이들은 악마의 눈, 잠재적 공격자, 위협을 가할 수 있는 모든 것으로부터 자신을 보호해줄 호부를 목에 걸었다. 그 호부는 대개 날개 달린 발기한 음경 모양이었다. 파스키눔fascinum이라고 했다. 영어의 '매혹하다fascinate'(홀리다, 또는 역설적이게도, 마법을 걸다)라는 단어는 여기에서 나왔다.

이런 날개 달린 음경은 숭배하는 대상이 아니라 상징적이고 지키는 용도였지만, 단순히 남근 형태로 존재하면서 숭배를 받던 로마 신도 있다. 이윽고 로마인들은 그 신의 몸 전체를 하나의 신성한 음경으로 압축시켰다. 이 신인 무투누스 투투누스Mutunus Tutunus의 상징물은 그가 프리아포스를 비롯한 육욕, 다산, 흉겨움의 신들과 한 집안이거나 아마도 사촌임을 시사했다. 나중에 기독교 저술가들은 아마 어떻게 하면 로마인을 나쁘게 보이도록 만들 수 있을지 찾다가 이렇게 말했을 듯한데, 로마 여성들이 혼례식 전에 실제 성교에 대비한 일종의 예비 실험으로서 무투누스 투투누스에 "올라타"곤 했

* 로마인과 프리아포스보다 더 앞서, 그리스인들도 비슷하게 위협하는 방법을 썼다. 아테네에서는 사람의 머리를 새긴 사각 기둥을 경계석으로 썼다. 일종의 발기한 남근이었다. 의도도 비슷했을 것이다. 침입하면 성폭행하겠다고 위협하는 의도였다.

† 발기 및 식량 생산과 관련이 있다는 점에서 민Min의 상징적 사촌이다.

다고 주장했다(Plutarch 1924). 딜도로서의 신, 신으로서의 딜도였다.

농경의 등장* 이래로 음경을 대하는 인간의 관점은 벼룩의 도입체보다 훨씬 더 큰 폭으로 문화마다 온갖 파란만장한 변화를 겪어왔다.† 이집트 신 민Min은 '음경의 군주'이자 '거대한 남근을 지닌 황소'라는 별명을 지니며 기원전 4000년 이전부터 숭배되었다. 그는 한 손으로 발기한 음경을 땅과 평행하게 받치고, 다른 손에는 양치기의 도리깨를 쥐고 있다. 다산과 지배라는 이중의 역할을 나타낸다. 세계는 이집트인들로부터 오벨리스크를 물려받았다. 서양인들이 특히 사랑하는 남근 건축물이다. 미국 수도 워싱턴의 내셔널 몰 국립공원 같은 공공장소에서 가장 눈에 띈다.

동쪽으로 좀더 간 곳에서는 동물들의 또다른 군주인 시바 파슈파티Shiva Pashupati를 신으로 승격시키고 있었다. 발기한 큰 음경과 머리에 물소 뿔이 난 모습으로 가부좌를 하고 있는 신이다. 음경은 그 지역에서 시바의 추상적 표현인 독특한 남근상lingam의 형태로 중심 무대를 차지했다. 그로부터 생명이 생겨난다. 비록 당시는 2000여 년 전 서기 연호가 시작되려 할 무렵이었지만, 티베트와 부탄의 몇몇 지역에서는 지금도 문간과 집안 곳곳에 그 보호 상징이 장식되어 있다. 프랑스 민속지학자 프랑수아즈 포마레와 공저자 타시 토브가이는 이렇게 썼다. "부탄에서는… 현관문의 양쪽 바깥벽에 남근을 그리거나 나무 모형을 만들어서 집의 구석에 걸어두고, 밭에 박아놓고, 종교 축제 때 어릿광대(앗사라atsara)의 상징으로 삼는다."

한 유달리 인상적인 남근은 주요 순례지 중 한 곳을 장식했다. 티베트의 수도 라사의 조캉 사원이다. 그 남근은 두 왕비 사이의 토론 때문에 놓이게 되었다. 둘 다 티베트 왕과 혼인했다. 중국에서 온 왕비는 네팔에서 온 다른 왕비에게 티베트가 "누워 있는 여자 악귀 같았다"고 조언한 바 있었다. 이

---

* 이 사건이 특별히 주목을 받았다고 전제하지만, 일부 문화에서는 그렇지 않았다.

† 여기서는 한 방대한 연구 분야를 짧게 개괄한 것에 불과하다.

조언에 따라 네 구석을 눌러서 악귀를 계속 억누르도록 사원을 세워야 한다고 했다. 또 흙점치기Geomancy로 얻은 이 운세에는 특히 한 동굴을 계속 감시할 필요가 있다고 나왔다. 그 동굴이 여자 악귀의 생식기를 너무나 닮았기 때문이다(이런 식의 이야기는 동굴들을 관통하는 공통된 주제 중 하나였다). 그 결과 이런 악귀 생식기를 직접 겨냥한 남근이 세워져야 했다. 악귀가 문제를 일으키는 것을 막기 위해서다. 여자 악귀는 마구 날뛰고 위협적이었기에 남근으로 길들여야 했다.

오늘날 부탄의 일부 가정에서는 5개의 남근이 아마 비슷한 역할을 할 것이다. 그중 4개는 집의 네 구석을 계속 지켜보며 5번째는 실내에 있다. 모두 행운과 아들을 안겨주고 안 좋은 소문을 막아준다. 포마레와 토브가이는 이런 믿음들 중 일부가 성인인 드룩파 쿤리(1455~1529)에게서 나왔음을 밝혀냈다. 전설에 따르면 쿤리는 벼락을 일으키는 남근으로 부탄의 여자 악귀를 물리쳤다고 한다.

좀더 동쪽으로 가면 일본이 나온다. 마찬가지로 현재까지 남근숭배가 (노골적으로) 이어지는 나라다. 고고학 유물로 볼 때 음경숭배는 적어도 기원전 3600~2500년까지 거슬러 올라간다. 아일랜드 출신의 외교관이자 한국과 일본의 언어 및 문화를 연구한 학자이기도 한 윌리엄 애스턴(1841~1911)은 1871년 우쓰노미야에서 닛코까지 여행하면서 "길에 일정한 간격으로 남근상이 무리지어 서 있는" 모습을 보았다. '남성 몸의 산'이라는 뜻의 난타이산男体山으로 여름 순례 여행을 하는 이들을 위해 세운 것이었다. 세계의 다른 여러 문화들에서도 그렇듯이, 적어도 이 숭배 중 일부는 인류가 농경의 출현으로 뿌리를 내린 시점까지 뿌리가 거슬러 올라간다. 남근을 상징하는 돌기둥인 세키보石棒는 일본 전역의 고대 유적지에서 발견된다.

몸이라는 짐을 떼어내고 남근 자체가 서양에서 숭배의 대상이 되는 시점에 다다른 뒤, 기독교가 세력을 넓혀갔다. 그 일신론은 자기 이전의 어떤 신도 없다고 명시적으로 천명했는데, 그 말은 남근과 그것을 대하는 방식이 변해야 한다는 의미였다. 기독교가 성공하려면 참된 신앙은 이교도 의식과 남근숭배 종파를 끝장내야 했다.

그러나 지도자인 남성들은 사회의 억압된 구성원들(여성과 노예들)이 자신들의 지위를 빼앗을까 두려워서 음경과 관련된 우위를 포기하지 않으려 한 듯하다. 그 두려움은 새로운 독물을 문화에 주사했다. 오늘날까지 계속 영향을 미치고 있는 독이다.

바이킹의 세계로

11세기에 바이킹의 한 집안에서 노예가 죽은 말을 도축했다(Phelpstead 2007). "참된 신앙"에 익숙하지 않은 "이교도들"은 말고기를 먹었기 때문이다. 도축할 때 노예는 "거시기를 잘랐다." "자연이 모든 동물에게 교미를 통해서 번식하도록 준 것이자, 고대 시인들이 말에 '난봉꾼swinger'이라는 별명을 붙이게 한 바로 그것이다."*

그 집에는 "쾌활하고 명랑하고 장난치기 좋아하고 말썽 부리는" 아들이 있었는데,† 말의 음경을 슬쩍해서 집 안으로 들여왔다. 집에는 엄마, 누나,‡ 다른 노예(여성)가 앉아 있었다. 장난꾸러기 아들은 여자들의 얼굴 앞에 음경을 흔들어댔고 노예에게 조악한 농담을 던졌다. 노예는 아이가 기대한 대로 "소리를 질러대다가 깔깔거리며 웃어댔다." 딸은 어처구니없다는 반응을 보인 반면, 엄마는 이 우연한 발견이 결코 농담거리가 아니라고 판단한 듯했다. 엄마는 음경을 빼앗아 썩지 않도록 허브 그리고 파 또는 양파와 함께

---

* 고대 시인들이 아니라 다른 이들이 그렇게 부르지 않았을까?

† 현대 서양인의 관점(그리고 아마 이 아들내미 누이의 관점)으로 적은 이 이야기에서 아들은 불쾌함을 일으키는 얼간이로 비치며, 이 묘사는 야만적인 행동을 "사내자식이 다 그렇지 뭐"라는 투로 치부하는 양 읽힌다.

‡ "비록 다른 이들과 함께 자라지 않았지만, 연륜 있고 눈치 빠르고 선천적으로 이해력이 뛰어났다."

천으로 잘 싸서 귀한 상자에 넣어두었다. 그리고 매일 저녁식사를 하기 전, 그녀는 음경을 꺼내어 들고서 마치 기도하듯이 시구를 암송했다. 그런 뒤 식탁에 둘러앉은 이들은 돌아가면서 음경을 들고서 같은 시구를 암송했다. 이 이야기가 실린 문헌에는 엄마가 "거만하다"고 묘사되어 있다.*

그때 크누트 대왕(990~1035)을 피해 달아나던 올라프 2세(995~1030)가 친구인 핀 아르나손(1004~1065), 아이슬란드 시인인 토르모드 콜브루나르스칼드(998~1030)†와 함께 나타났다. 경쟁자인 왕에게서 피신하는 한편으로 올라프는 기독교 전도도 하는 중이었다. 자신이 만나는 모든 이교도를 "참된 신앙"으로 개종시키고 싶어했다.

그와 동료들은 말 음경 신자들이 숭배 의식을 벌이는 농가에 모습을 드러냈다. 그들은 변장하고 있었고 그림Grim이라는 같은 이름을 썼다. 그 이름 자체가 '변장한 사람'이라는 뜻임에도 집안사람들은 수상쩍게 생각하지 않은 모양이다. 그런데 딸은 결코 멍청하지 않았기에 그 영리한 계략을 간파하고 올라프가 왕임을 알아차렸다. 그러자 왕은 모른 척하라고 지시했다.

저녁을 먹으러 모두가 식탁에 둘러앉자 아내는 소중한 말 음경을 꺼냈다. 사람들은 그것을 옆으로 돌렸고 아들은 음경을 놓고 누이에게 매우 역겨운 말을 했다. 이윽고 음경은 올라프에게 왔다. 올라프는 왕임을 좀 자랑하는 나름의 시구를 읊은 뒤 그 "기괴한 것"을 개에게 던졌다.‡ "거만한" 아내는 당연히 몹시 화를 냈지만, 올라프는 자신의 정체를 밝혔고 결국 그 집안

---

* 그러니 분명히 그녀는 자존심이 좀 꺾일 필요가 있었다.

† 그는 '콜브뤼Kolbrún'이라는 연인의 이름을 따서 자기 성을 지었다. 콜브뤼은 '석탄 눈썹'이라는 뜻이다. 연인에게 잘 보이려고 알랑거리려는 양 보이지는 않지만, 어쨌든 그 연인이 '석탄처럼 검은 머리칼'을 지녔음을 시사한다. 둘은 런던 버크벡 대학의 중세영어 및 아이슬란드 문학 교수이자 번역가인 앨리슨 핀레이Alison Finlay가 "아주 낭만적인 이야기"라고 부른 것에 등장한다. 친절하게도 핀레이는 「성 올라프의 모험담Saga of St. Olaf」이라는 더 긴 이야기에서 이 부분만을 따로 떼어 번역해 제공했다.

‡ 지금의 개도 비슷한 간식을 먹는다. '피즐pizzle'이라고 한다(피즐은 황소 음경을 말린 것이다—옮긴이).

전체를 기독교로 개종시켰다. 기독교의 신을 위해 이 일화를 비롯하여 여러 도전 과제들을 견뎌낸 올라프는 이윽고 노르웨이의 수호성인이 되었다.*

기독교 vs 남근숭배. 기독교 1승 추가.

토스카나에서 자라는 나무

로마와 올라프 같은 왕들의 사례를 통해서, 우리는 기독교가 생겨나서 퍼짐에 따라 오늘날까지 지속되는 음경에 관한 혼재된 메시지도 등장했음을 알게 된다. 어떤 규칙을 정립하려는 시도가 없었던 것은 아니다. 아이슬란드 주교 폴라쿠르 포르할손(1133~1193)은 규칙을 제시한 바 있었다. 남성이 "사랑하는 여성을 통해 오염되는" 것이 자신의 음경에 가장 덜 수치스럽다고 했다. 더 큰 오염은 "자기 손"을 쓴 것이고 가장 큰 오염은 다른 남성을 통해 "오염되는" 것이라고 했다. 이유는 잘 모르겠지만 "나무에 난 구멍"을 통한 오염은 자위행위와 동성애의 중간에 놓였다. 남성들이 나무 구멍에 음경을 집어넣는 일이 얼마나 흔했는지는 모르겠지만, 이 등급 체계에 언급될 만큼 잦았던 것은 분명하다. 아마 이렇게 나무에 "씨뿌리기"를 했기에 서양에서 음경 나무penis tree† 라는 기이할 만치 공통된 주제가 만연하게 된 것이 아닐까?

올라프와 말 음경 이야기로부터 200년이 지나기 전인 13세기에 토스카나 남부에 있던 소도시 마사 마리티마로 가보자(Mattelaer 2010). 이곳에는 맑은 물이 흘러나오는 큰 공용 샘이 있었다. 샘은 벽돌 벽과 아치 천장으로 둘러싸여 있어서 오래되고 엄숙하고 공동체적인 분위기를 풍겼다. 아이들

---

* 이 이야기는 올라프의 개종 열정을 언급하면서 끝난다. "이런 이야기들로부터 올라프 왕이 본토의 중심부뿐 아니라 노르웨이의 가장 오지 숲에서까지 모든 사악한 풍습, 이교도 의식, 마법을 제거하고 지우기 위해 엄청난 노력을 했음을 알 수 있다."

† 불필요한 조롱을 끌 수도 있으니까(필요한 조롱만 하시라), 내가 정말로 음경 나무가 이 씨뿌리기에서 나온다고 생각하는 것은 아니라는 말을 해두자.

을 비롯하여 이 중세 소도시의 주민들은 분명히 도심 광장 가까이 있는 이 샘 주위를 거닐었고, 아마 무더운 날에는 샘의 물과 그늘을 반겼을 것이다.

샘의 또 한 가지 특징은 물이 흘러드는 세 벽과 지붕으로 덮인 곳에 그려진 프레스코화다. 그 프레스코화에는 나무가 한 그루 있었고, 그 나무에는 적어도 12개의 발기한 남근이 마치 열매처럼 나뭇가지에 달려 있었으며, 각 남근에는 고환도 한 쌍씩 있었다. 이 특이한 열매는 성기게 흩어져 있는 황금빛 나뭇잎들 사이에서 모든 방향으로 달려 있었기에, 의도했든 아니든 간에 가을이라는 인상을 심어주었다.

그것만으로는 지나가는 사람의 주의를 끌기에 부족하다는 양, 프레스코화를 세 부분으로, 즉 오늘날 남아 있는 부분을 셋으로 나누었을 때 중간에 해당하는 부분에는 우아하지만 기이해 보이는 새 5마리가 그려져 있다. 새는 새까맣게 칠해졌고 제각기 다른 방향으로 날고 있다. 새들의 바로 아래쪽, 바닥과 평행하게, 그리고 음경 나무의 펼쳐진 가지들의 밑으로 (적어도) 8명(아마도 9명)의 여성이 있다. 여성들의 옷은 진홍색이나 하늘색, 금색이다. 대개 얼굴은 자세히 그려져 있지 않지만, 금색 옷을 입은 여성만 예외다. 그녀는 위쪽 나무를 올려다보고 '열매'를 수확하는 것 같은 길고 가느다란 도구를 휘두르고 있다.

이 여성의 왼쪽에는 진홍색 차림의 여성이 서 있다. 그녀는 마치 기도나 회개를 하려는 양 고개를 숙인 모습이다. 이 그림의 차분한 분위기를 상쇄시키는 특징이 두 가지 있다. 하나는 완전히 수직으로 놓인 새 한 마리다. 한 여성의 머리 위에 내려앉는 듯 보이며, 끝 부분이 백합꽃 모양인fleur-de-lis 발기한 꼬리를 머리에 대는 듯도 하다. 또 한 가지 특징은 고환까지 달린 나무 열매 중 하나로 그 여성의 뒤쪽, 아마 하체의 좀 아래쪽에 박혀 있는 듯하다.

이 새와 열매의 오른쪽에도 두 여성이 있는데 한 명은 파란 옷, 다른 한 명은 빨간 옷이다. 두 사람은 바구니 위에 커다란 음경처럼 보이는 것을 함께 들고 있다. 그 '열매'에 각자 한 손을 대고 있고 다른 손으로는 마치 싸우는 양 상대의 머리채를 비틀어 잡고 있다.* 그 옆의 나무줄기 앞쪽에는 붉은 탁자처럼 보이는 것이 있고 거기 놓인 접시 위에는 음경 열매의 일부가 놓여 있다. 그리고 더 오른쪽으로도 여성이 4명 있는데 모두 금발에 좀 가슴이 크고, 팔과 손의 자세는 저마다 다르다.

그들 뒤쪽의 하늘에는 정체 모를 S자 모양의 뱀처럼 생긴 것이 지워진 흔적이 있다.

이 프레스코화가 사과를 따는 여성들을 묘사했다면, 가을에 흔히 하는 활동을 목가적이지만 현실적으로 묘사한 양 보였을 것이다. 아마 가장 좋은 과일을 둘러싸고 약간 다툼이 있고 커다란 새들도 사과를 좀 맛보려 하는 모습을 묘사한 듯했을 것이다. 그러나 이 사과는 음경이며, 새는 흉조이고, 체셔 고양이 같은 커다란 뱀도 있는 것 같다. 그리고 이 모든 것이 1265년 마사 마리티마 공용 샘의 가로 6미터 높이 5미터의 벽에 아름답게 그려졌다. 적어도 그 위에 석회를 바르기 전까지는 모든 사람이 볼 수 있도록 그려져 있었다. 그리고 21세기에 들어서야 석회를 제거하여 다시 볼 수 있게 되었다.

무슨 이유로 이 걸작을 그린 것일까? 한 미술사학자는 "서양 미술의 역사에서 유례없는" 작품이라고 했다(M. Smith 2009). 몇몇 전문가는 이 그림이 로마의 음경숭배 흔적이라고 본다. 이렇게 오랜 세월이 흐른 뒤까지도 음경이 사악한 기운을 막는 보호자 역할을 하고 있다는 것이다. 반면에 성경에 나오는 이브와 지식의 나무, 그리고 배경에 떠 있는 것은 뱀을 시사한다고 보는 이들도 있다. 나무는 무화과나무 종류일지도 모른다(M. Smith 2009). 성, 최음제, 질과 관련이 있는 나무다. 그러면 질 나무에 음경 열매가 달린다는 놀라운 의미를 함축하게 된다.

굼떠 보이는 새들은 나중에 그려 넣은 것일 수 있으며, 새가 없으면 분

* 이들이 서로 젖은 머리를 짜준다는 해석도 있긴 하지만, 좀 무리한 해석 같다. 이것이 음경 나무니까.

위기가 육욕적carnal이기보단 축제carnival 같은 느낌이 났을 것이다. 이 나무는 남근을 수확하는 여성들이 등장하는 중세시대의 많은 작품 중 하나이며, 아마 남근숭배가 희화되고 교회가 무너뜨려야 할 대상으로 여기지 않았던 시대의 잔재일 수 있다.

사실 멋지게 꾸며진 14세기의 한 유명한 책을 보면, 수녀*가 나무에서 남근을 따서 바구니를 가득 채운 작은 그림이 여백에 그려져 있다. 그림 옆 본문에는 이렇게 적혀 있다. "자연의 부름에 저항하는 것은 헛수고다. 성인처럼 살려고 해도 안 된다. 즉 인생을 온전히 즐기는 편이 더 낫다"(Mattelaer 2010). 남근을 모으는 여성들의 사악한 의도와 뒤에서 살펴볼 마법이라는 더 어두운 의미보다는 익살스러운 측면에 좀더 초점을 맞추었다.

마사 마리티마의 아이들이 음경 나무를 공개적으로 볼 수 있는 샘의 시원한 그늘에서 놀던 때부터 200년이 흐른 뒤, 상황은 달라졌다. 이런 식의 이미지, 여성들이 남근을 모으고 궁극적으로 음경을 선택한다는 개념이 가부장제의 화신—가톨릭교회의 지도자들—의 심경을 불편하게 만들기 시작했다. 올라프 성인 같은 열정으로 이런 상황을 바로잡고 여성의 실상을 제대로 알리겠다는 생각이 그들의 머릿속을 채우기 시작했다. 여성이 주체적으로 행동하고 거기에 성적 난잡함이 수반될 수도 있다는 생각은 어느 시점엔가 여성이 어떤 악마 같은 짓을 한다는 개념으로 수렴된 듯하다. 여성은 악마와 한편이라고. 악마는 거대하면서 거부할 수 없는 남근을 지닌 존재였다.†‡

---

* 그리고 수녀나 다른 여성이 음경을 모으는 모습을 담은 그림이 그것만은 아니었다. 사실 14세기에 리샤르Richard와 잔 드 몽바스통Jeanne de Montbaston은 『장미 이야기Roman de la Rose』라는 옛 서사시에 그림을 곁들인 책을 냈는데, 화가인 잔은 그 책에 수녀와 남근이 등장하는 온갖 노골적인 삽화를 채워 넣었다(Wilson 2017).

† 이를 무지한 시대의 옛 역사라고 치부하지 말기를. 도널드 트럼프가 신앙과 기회 사업단 Faith and Opportunity Initiative의 특별 고문으로 지명한 기독교 복음주의자 폴라 화이트 Paula White의 동영상을 보라. 2020년 초에 떠돌던 이 동영상에서 그녀는 "악마가 잉태시킨 모든 태아를 당장 유산시켜야" 한다고 요구했다.

‡ 종교 재판관들은 악마의 음경이 얼마나 큰지 몹시 알고 싶어했다. 그들은 악마의 음경이 엄청나게 크고 계속 발기해 있다고 여겼다(Jervey 1987).

아무튼 종교재판 때 마녀에 관한 지침을 제시하는 이들은 그렇게 보았다. 그때까지 유럽에서는 누구든 마녀로 고발될 수 있었다(지금도 마법이 실재하고 강력하다고 여기는 세계의 많은 지역에서 그렇듯이). 그러나 특히 이 모든 상황을 바꾸고 서양의 마법이 오로지 여성들이 부리는 것이라고 재정립한 책이 있었다. 여성을 마녀로 의심하고 두려워한 주된 이유는 하나였다. 남성의 음경을 훔치고 싶어한다는 것이었다.

망치 휘두르기

그 지침서(1487년에 처음 나왔다)는 종교재판에 쓰려는 의도로 만들어졌다.* 어떤 실수도 없도록 아주 명확하게 지침들을 제시했다. 마사 마리티마의 음경 나무가 비견할 수 없이 장엄하다면, 이 책은 "해로운 유산"이자 "세계 문학에 가장 재앙인 책"이라고 묘사되어왔다. 역설적인 점은 이 책이 여성을 뭉개고—제목에 뚜렷이 나와 있다—음경을 지키는 도구로 쓰려는 의도를 지녔다는 것이다. 그런데 따지고 보면 이 책은 지그문트 프로이트가 등장하기 전까지 다른 어떤 문화적 요소보다 더욱, 음경을 지닌 사람들에게 심한 심리적 피해를 입혔을 수 있다.

이 『마녀를 심판하는 망치Malleus Maleficarum』(이재필 옮김, 우물이있는집, 2016)라는 책은† 1487년에 나온 뒤로 200년 동안 유럽 전역에서 3만 부 이상 나감으로써 당시 성경보다 더 많이 팔린 책이 되었다. 저자는 하인리히 크라머와 야콥 슈프랭거 두 사람이었는데 크라머가 뒤에서 주도한(집필한) 것처럼 보인다. 그는 정말로 기이한 사람이었다. 그는 이 책에서 "여성

---

* 그러나 종교재판을 관장하는 권력층은 그 책이 학술적이지 않고 비윤리적이라고 거부했다. 종교재판소조차 증거가 불충분하고 너무 잔인하다고 생각했으니 얼마나 지독한 수준이었을지 짐작하고도 남는다.

† 보았나? 제목부터 여성을 내리쳐 뭉개겠다는 의도가 명백했다.

의 육욕이 만족을 모른다"는 것을 보여주는 다양한 사례들을 열거하면서,*
여성이 음경을 갖고 달아나는 성향이 있다며 망치질을 해댔다. 여성이 그 일을 수행하는 한 가지 수단은 음경을 사라지게 하는 "매력glamour", 즉 여성이 지닌 마법을 쓰는 것이었다.†

『마녀를 심판하는 망치』에서도 음경을 나무와 관련짓는 관점은 유지되었다. 마녀가 음경을 훔쳐 둥지에 두고 귀리를 주면서 마치 아기 새처럼‡ 기른다고 했다. 이제는 여성이 음경을 모으는 수녀라는 농담거리에서 마법을 쓰는 장기 도둑으로 바뀌었음을 보여준다. 크라머는 "여성들은 음경 도둑이다"라는 너무나도 진지한 경고를 한 뒤에 익살스럽다고 여겼는지 그렇지 않았는지 모르겠지만 아무튼 방향을 돌려서 이야기를 한 편 들려주었다.

사제였던 크라머는 음경을 도둑맞은 한 남성의 사연을 이야기한다. 그 남성은 마녀가 음경들을 모아놓은 둥지에서 자기 것을 되찾으려고 애썼는데, 음경들 중 가장 큰 것을 골랐다. 마녀는 그가 하는 행동을 지켜보다가 그의 눈앞에서 손가락을(아니면 턱이나 다른 무엇이든 간에) 흔들면서 말했다. "아니야, 하하하! 그건 안 돼. 마을 사제 거니까." 뜨악! 이 농담은 오래된 것이다—이런 것들을 연구하는 사람들은 이를 "농담민속jokelore"이라고 부른다. 이야기의 교훈은 사제가 잘 타고났다는 것이다. 독실한 신앙심으로 짐짓 모른 척해야 하는 훌륭한 남성다운 그것을 타고났다는 긍정적인 의미로든, 아니면 고대 그리스인들이 보였던 태도처럼 좀 조악하긴 하지만 위선§을 상징하는 부정적인 의미로든 말이다.

---

* 여성은 불감증이거나 만족하지 못하거나 둘 중 하나였다. 중간은 결코 없는가 보다.

† 오늘날 널리 쓰이는 '글래머glamour'와 '매력적인glamorous'이라는 영어 단어의 의미와 용도를 새로운 시각에서 보게 해준다.

‡ 이렇게 음경과 아기 새를 연관짓는 것도 기이할 만치 흔하다.

§ 필리핀 앤티크주Antique Province의 한 작은 동네에서는 주민들이 지금도 검은 토요일(부활절 일요일 전날)에 크게 만든 유다 인형을 장작불에 올려놓는다. 이 인형 안에는 머리부터 발끝까지 폭죽이 채워져 있다. 폭발물로 채워지지 않은 부위는 음경뿐이며, 음경은 축축한 생나무를 길게 잘라서 만들기에 두드러지게 튀어나와 있다(Cruz-Lucero 2006). 주민들은 유다가

그 책의 독자를 생각할 때, 크라머가 오늘날로 치자면 유권자가 함께 술 한잔 하고 싶은 정치인처럼 소탈해 보이기 위해서 그 이야기를 적었는지, 아니면 그냥 서툴러서 적었는지는 알기 어렵다. 아니면 자신이 사제였으니 짐짓 자랑하려고 한 것이었을까?

책에서 그는 또다른 이야기도 들려주었다. 그는 그 이야기가 사실이라고 주장했는데, 연구자들은 여기서 등장하는 "사제"가 바로 그라는 데 의견이 일치한다. 이 이야기에서 희생자는 젊은 남성이다. 그는 고해성사를 할 때 연인이 자신의 음경을 사라지게 했다고 말한다. 사제는 그의 생식기가 정말로 사라진 것을 "두 눈으로 직접 보았다"고 하며 성직자로서 조언을 했다. 증거를 자기 눈으로 확인했기에, 사제는 젊은이에게 연인에게 달콤한 말로 몇 가지 약속을 해주고(그 약속을 지켰는지 여부는 나와 있지 않다) 음경을 돌려받으라고 했다. 크라머는 그 책략이 먹힌 듯했다고 적었다.

어리석은 이야기들이었지만 크라머가 빈말을 하는 것은 아니었다. 실제로 당시 여성들은 음경을 훔친 죄로 유죄 판결을 받았다. "마법을 쓴 거세"라는 죄목이었다. 비록 종교재판소 당국은 크라머의 책을 마녀를 판별하고 처벌하는 지침서로 받아들이지 않았지만, 『마녀를 심판하는 망치』는 수백 년 동안 명성을 누리면서 잔혹한 박해의 근거가 되었다. 교황*이 승인한 이 여성 차별적 책은 수만 명의 목숨을 앗아가는 토대 역할을 했을 것이다. 종교개혁 이후에 신교도도 마녀사냥의 깃발을 치켜들고 그 전통을 이어갔다. 그에 따라서 음경을 여성이 훔칠 수 있다는 믿음도 지속되었다.†

불탈 때 신나게 "알로하오에Aloha'Oe"를 부른다. 이윽고 다 타고 음경만 남는데 그러면 누구나 다가가서 만질 수 있다. 일부 학자는 이렇게 축제 형식으로 대하는 성경의 유다 배신 이야기와 남는 음경이 부정하고 침략적이고 식민지 정복자로서의 가톨릭교회에 맞서, 특히 어느 몹시 혐오했던 사제에 맞서 주민들이 거둔 승리를 상징하는 것이라고 본다.

* 교황 인노켄티우스 8세.

† 이 두려움의 더 극단적인 형태는 이빨 난 질*vagina dentata*이라는 널리 퍼진 주제다. 질에 이빨이 나 있어서 삽입된 음경을 물어 끊는다는 것이다. 그 질은 여전히 대체로 한 개인과 연관된다. 수다스러운 생식기로서의 질이라는 더 온건한 형태의 신화도 있는데 대개 권력자에

도둑맞은 남근

2019년 9월 선데이*라는 남자가 나이지리아의 한 도시에서 길을 걷다 갑자기 고함을 쳤다. 기사에 따르면 "아냐오"라는 남자와 "악수를 한" 순간 선데이는 갑자기 "자신의 거시기가 쇠약해지는" 것을 느꼈다고 했다. 선데이는 아냐오와 접촉하자 자신의 음경이 완전히 사라졌다고 주장했다. 불안해하면서 지켜보던 사람들은 즉시 아냐오를 공격했고, 경찰에 따르면 아냐오는 "맞아서 죽기 직전"까지 갔다. 뉴스에 따르면 경찰도 키 작은 아냐오를 그 사건의 "용의자"라고 지칭했다. 아냐오는 호된 꼴을 당했지만 살아난 듯하며 선데이도 마찬가지였다. 선데이의 "약해진 거시기"가 돌아왔는지는 기사에 실려 있지 않았다.

나이지리아인들은 트위터에서 그 이야기에 조소를 보냈다. 선데이의 주장과 경찰의 대응 모두 같잖게 여기는 것이 분명했다. 또 그런 주장을 기사로 실은 언론도 비판했다. 군중이 누군가를 마구 때리는 데 몰두하고 있을 때 도둑들이 일부러 시선을 돌리고 슬쩍 하기 위해서 비슷하게 소란을 일으킨다는 기사들도 있다. 이 사건은 그런 쪽은 아니었던 듯하다. 음경을 도둑맞을 것이라는 두려움은 오로지 그 남자의 마음에서 비롯된 것 같다. 마녀나 주술사가 아닐까 여겨지는 누군가와 악수를 하거나 접촉했을 때, 자신의 음경이 진짜로 몸속으로 쑥 들어갔다고 믿었을 수 있다.

생식기가 몸속으로 들어갔다고 믿는 것을 코로koro 또는 생식기후퇴증후군genital retraction syndrome이라고 하며, 비록 전 세계에서 나타나지만 지금은 서아프리카와 동아시아 일부 지역에서 가장 흔하다. 아냐오와 악수했을 때 선데이의 반응과 아냐오에게 닥친 일은 비슷한 코로 일화들에 있

게 진실을 말하는 질이다.

* 그가 원치 않는 주목을 받는 것을 막고자 그의 이름을 다 공개하지는 않으련다.

던 모든 요소를 고스란히 보여준다. 일부 사례들에서는 가해자가 마녀나 주술사였다. 반면에 사산아를 낳은 여성인 사례도 있다. 임신하게 만든 기관에 복수를 한다는 것이다. 또 여자 유령이 여우의 모습으로 위장했다는 사례도 있다. 음경이 없기에 음경을 빼앗으려고 한다는 것이다. 여성도 코로를 겪을 수 있으며 주로 젖꼭지가 몸속으로 들어갔다고 믿는 형태로 나타나지만, 코로는 주로 음경과 관련이 있다.

이 남근 상실의 두려움에다가 남근을 사람들이 먹으려 한다는 두려움이 결합되면, 프로이트주의자가 된다.

맛이 가버린 프로이트

그 정신분석가의 진료실에 온 젊은 남성은 온갖 문제에 시달렸다. "오이디푸스적 경쟁심과 형제간 질투심"에 사로잡혔을 뿐 아니라 꿈에 나타나는 기이한 것 때문에도 심란해하고 있었다. 그의 꿈에는 선체 중앙의 외차 옆에 수직으로 커다란 굴뚝이 서 있는 배가 나타나곤 했다. 그런데 그 주위로 더 큰 배들이 씽씽 지나가고 있었고 그는 꿈속에서 그 큰 배들을 부러워했다.

이 이야기가 어떻게 진행될지 짐작이 간다고? 잠깐 기다리시라. 다른 배들은 그의 부친과 형제들이며 수직 굴뚝이 있는 배는 그 자신이었다. 그리고 수직 굴뚝은 음경이었다(당연히). 방귀를 뀌는 음경일 테지만.

이 이야기는 내가 꾸며낸 것이 아니다. 1959년『계간 정신분석The Psychoanalytic Quarterly』에 실린 「방귀 뀌는 남근Flatulent Phallus」(Saul 1959)이라는 논문에 실린 내용이다. 정신분석가는 이 가여운 환자로부터, 그가 어릴 때 음경을 통해 쉬뿐 아니라 응가를 할 수 있을 만치 음경이 강해지기를 원했다는 말을 끄집어냈다. 분석가는 그럼으로써 그가 "어릴 때 다른 소년들의 것보다 방귀의 소리와 분사력 측면에서 그의 항문이 훨씬 능력을 갖기에 이르렀다"고 썼다. 소년은 방귀 경연대회에 나갔고 여러 해 뒤에 음경 문제에, 굴뚝을 지닌 배의 꿈에 시달리게 되었다. 그리고… 아니 관두자. 그냥 프로이트적 분석이니까.

프로이트 정신분석가들이 내놓은 논문들, 그리고 불행한 환자들에 관해 그들이 내린 결론들은 사실상 음경에 관한 모든 두려움을 확고히 굳히고 현대—적어도 서양에서—정신에 손상을 입혔다. 프로이트학파의 문헌들을 그냥 죽 훑기만 해도 그들이 "마녀가 음경 둥지를 보살핀다"고 『마녀를 심판하는 망치』에서 제시한 크라머에 못지않게 어처구니없을 만치 마법적인 사고방식에 빠져 있고 심지어 '거세 불안'이라는 강력한 주제까지 내세우고 있음을 알 수 있다. 그러나 프로이트 정신분석이 '과학'과 '체계', 더 나아가 더욱 중요하게는 '확증편향'이란 면허증을 확보했기에, 프로이트의 개념은 계속 버텨왔고 지금까지도 몇몇 분야에서는 그것을 계속 붙들고 있다.

이 특별한 유형의 정신적 왜곡을 보여주는 한 초기 사례는 1933년에 보고되었는데, 마찬가지로 『계간 정신분석』(생각하는 사람의 망치)에 「남근으로서의 몸The Body as Phallus」*이라는 제목으로 실렸다. 정신분석가는 정신분석 이론에 맞추어서 자신의 환자들이 스스로를 음경이라고 생각한다고 판단했다. 입은 요도이고 나머지 신체 부위는 음경 자체라는 것이었다(전형적으로 요도는 음경과 같은 방향으로 쭉 뻗어 있으므로, 헛소리지만). 음경 물어뜯기,† 대변, 소변, 유방에 관한 온갖 말을 주절주절 늘어놓은 뒤, 정신분석가는 자기 환자들이(모든 환자가) 남근을 먹고 남근을 먹히고 싶어한다고 결론지었다. 우로보로스, 프로이트를 만나다.

지극히 무해하면서 전형적인 생각과 꿈을 지독히도 해로운 것으로 취급

* 프로이트는 단순히 음경이 아니라 남근에 관해 할 말이 많았다. 그는 아이들이 어릴 때 "남근기phallic stage"를 거친다고 주장했다. 남자아이라면 엄마에게 몹시 집착하고 아빠를 질투하여 거부하고, 여자아이라면 아빠에게 몹시 집착하고 엄마를 질투하여 거부하는 단계다. 원하는 부모를 가질 수 없다는 무력감에 아이는 신경증을 일으킨다. 헛소리다. 하지만 그 헛소리는 서양 사상과 정신분석 치료에서 대단한 영향력을 발휘해왔다.

† 음경을 물어뜯지 말기를. 이 책을 쓰고 있을 때, 한 남자가 배우자에게 음경을 물어뜯겼는데 상처 부위의 감염이 너무 심해서 음경을 잃었다는 뉴스 알림을 받았다.

한다. 누가 자신에게 구강성교를 해주는 꿈을 꾸는 남성은 사실상 음경을 "어머니의 유방"과 동일시한다는 식이다. 음경은 젖꼭지, **상대는 아이**라고 해석한다. 유년기에 열은 몸을 "생식기화하"고 여성이 되는 소녀는 완전히 "생식기화한다." 한 유용한 표에는 모자, 옷, 머리카락, 피부가 음경꺼풀이나 콘돔 역할을 하고* 입이 요도이며 입에서 나오는 모든 것이—무엇이든지 간에—사정액이라고 적혀 있다. 목의 긴장은 발기이고, 긴장을 풀기 위해 목을 주무르거나 목욕을 하는 건 자위행위이고, 긴장 이완은 발기가 사라지는 것이다. 온종일 노트북 앞에 앉은 뒤 뻣뻣해진 목을 풀기 위해 하는 행동에 변태적으로 비비 꼬인 완전히 새로운 관점을 부여하는 셈이다.

어떤 세대가 생식기, 인체, 생물학에 관해 이런 멍청한 생각을 한다면 과연 살아남을 수나 있을까? 특히 이 논문은 아주 길지는 않지만(단어 수로 따지면 그렇지만, 읽을 때의 정신적 고역을 고려하면 한참 더 길다) "음경"이라는 단어를 100번 넘게, 그리고 "남근"이라는 단어를 60번 넘게 쓴다. 인간 마음의 증상 중에서 치료를 할 때 반드시 음경을 여러 번 참조해야 하는 것은 전혀 없다. 물론 세상 만물과 모든 사람을 음경으로 보고 음경을 인간의 모든 상호작용을 설명하는 토대로 삼는 프로이트 정신분석가라면 다르겠지만 말이다.

1963년 영향력지수가 낮은 『미국정신분석학회지Journal of the American Psychoanalytic Association』에 실린 어느 논문(Shevin 1963)은 한 남성의 어머니를 무참히 짓뭉갠다. 치료사에 따르면 그녀가 남편(그 남성의 아빠)이 사망한 뒤 아들을 "자신의 남근으로" 만들었다는 이유에서다. 남성이 자기 인생에서 문제라고 말한 모든 것—직장에서의 소심함, 부부싸움—은 그가 "유혹적이며 소유욕이 강한 엄마"를 위한 남근이 되었던 일에서 비롯되었다는 것이다. 분석가는 그 엄마를 만나본 적도 없었다. 그 남성은 심지

---

* 나는 아무리 애써도, 모자는 결코 그런 식으로 볼 수 없을 것 같다.

어 "크고 완벽한 유방을 지닌 여성들의 자위를 상상"하는 것조차도 싫어했다. 마치 그런 상상이 비정상적이며 자기 일부가 모친의 남근이 되는 것인 양 여겼다.

남편이 사망한 뒤 엄마는 아이와 한 침대에서 잤다. 엄마는 아이가 조그만 아기였을 때 한 손으로 들 수 있었다고 다정하게 회상하곤 했다. 분석가는 그것이 엄마가 소년을 "자신의 남근"*으로 만드는 과정의 한 사례라고 했다. 그 상태를 "남근 소녀 정체성"이라고 했다. 사람의 전형적인 따뜻한 행동에 금기 같은 것은 전혀 없었고, 특히 사랑하는 사람을 잃은 슬픔은 엄마의 행동을 설명하고도 남았다. 분석가는 만난 적도 없는 그 엄마가 "미모를 잃었고, 늙고 **타락한**degraded"(강조는 내가 했다) 것처럼 보인다고 기술했다. 프로이트학파의 분석은 여성에게 친절하지 않았다. 사실 터커 맥스와 제프리 밀러와 매우 흡사하게, 프로이트는 여성이 너무나 복잡하기에 이해할 수 없다는 것을 알아차린 듯하다. "심리학도 여성성의 수수께끼를 풀 수가 없다"고 말했으니까. 프로이트는 실제로는 그저 자신의 경험을 통해 걸러낸 사회문화적 환경을 대변하고 있을 뿐이었음에도 자신이 생물학을 대변하고 있다고 주장했다.

그리고 맥스와 밀러가 자신들이 돕겠다고 나선 남성들에게 해를 끼치게 된 것처럼, 프로이트의 분석은 남성들에게도 혹독했다. 이 분석가는 자기 환자가 이윽고 자신의, 즉 분석가의 남근이 되기를 원하기에 이르렀다고 결론지었다. "분석가는 무의식적으로 환자를 자신의 남근으로 간주하고 있는지도 모른다"라고 짐짓 솔직한 척 적으면서였다. 이 딱한 환자는 "먹고 먹히기를 원한다"는 통상적인 개념을 비롯한 헛소리들을 들으면서 3년을 보냈는데, 아이였을 때 부친의 사망을 접하면서 입은 심리적 상처를 전혀 치료받지도, 어떤 깨달음을 얻지도 못 한 듯했다.

* 프로이트는 아기가 모든 여성이 갖기를 원하는 음경(음경선망) 대신이라고 생각했다.

어릴 때 부친을 여읜 사람을 인간이라기보다는 머리부터 발끝까지 음경으로 보는 프로이트 정신분석의 치료를 받은 사람은 그 말고도 많았다. 이렇게 음경을 인간의 모든 상호작용을 설명하는 구현된 실체로 삼는 태도야말로 아마 트랜스젠더 아이들에게 가장 해악을 끼쳤을 것이다. 1970년 로버트 J. 스톨러는 UCLA의 '젠더 정체성 전문가'였다. 이 '전문가'는 『영국의료심리학회지The British Journal of Medical Psychology』에 「트랜스섹슈얼 소년: 어머니의 여성화한 남근The Transsexual Boy: Mother's Feminized phallus」(Stoller 1970)이라는 논문을 발표했다. 철회되었어야 마땅한 논문이었다. 온갖 이야기가 실렸지만, 아빠를 여읜 한 아이의 사례를 제외하면 아버지에 대해서는 아예 언급조차 없었다.

스톨러는 그 졸렬한 논문에 묘사한 아이들이 모친이 유년기 때부터 남근으로 삼으려고 시도한 탓에 '트랜스섹슈얼'이 되었다고 주장했다. 그가 중점적으로 다룬 세 어머니는 온갖 이유로 '비난'을 정면으로 받아야 했다. 그들은 "여성성에 섞여 짜인 남성성의 강한 줄무늬"를 지니기 때문이었다. 마치 그들 자신이 아이였을 때 '트랜스섹슈얼'이었던 듯하다는 것이다.

그들 중 한 명은 스톨러에게 자신이 살면서 "소년이 되기를 원했던" 적이 있었고—들어가고 싶었던 남성 공간에서 배제된 우리 같은 이들 중에서 그런 소망을 안 가져본 이가 어디 있단 말인가?—사춘기에 소년들의 무리에서 철저히 밀려나서 슬펐다고 말하는 실수를 저질렀다. 또 한 어머니는 자신의 엄마가 남자아이들과 공놀이를 하지 못하게 했는데 공놀이가 "살면서 내가 좋아했던 유일한 것"이라고 했다. 짐작하겠지만 스톨러는 그것이 바로 그녀가 자기 아이를 '트랜스섹슈얼'로 만든 원인이라고 말한다.

물론 프로이트주의자들은 모든 상호작용을 성적인 것으로 만들 것이다. 아기의 몸에 오일을 바르는 엄마는 아이의 몸을 남근으로 삼는 것이다. 아기를 맨살로 안고 다니는 여성도 마찬가지로 병적인 존재로 만든다. 스톨러는 그런 행동을 비판했다. "엄마의 주머니에 든 캥거루 아기 같다"는 표현을 써서 말이다. 이 말은 현재는 그런 행동을 장려하는 데 쓰인다. 맙소사, 한 엄마는 아기를 으레 무릎에 앉히거나 다리를 벌리고 그 사이의 바닥에 앉히곤 했다! 남근경보 발령!

그는 이렇게 결론지었다. "이런 엄마들은 가장 강력한 음경선망을 지닌다. 그들은 살면서 다른 남성들에게 하려고 늘 꿈꾸었던 것을 아들에게 함으로써, 남성들에 대한 분노의 극치로서 이 트랜스섹슈얼을 빚어낸다."

괜히 돕겠다고 나서는 그 사람들이 가하는 이런 해로운 생각, 너무나 만연하게 된 사고방식으로부터 성별이나 젠더를 가릴 것 없이 개인이나 사회가 어떻게 탈출할 수 있겠는가?

누가 범죄를 저지르는가?

10월의 어느 날 저녁 우크라이나 셰브첸코보 마을의 한 식당에서 한 여성이 남편이랑 몇몇 친구들과 식사를 한 뒤, 모두에게 인사를 하고 얼마 떨어지지 않은 집으로 향했다(J. Miller 2019). 집 가까이 왔을 때, 드미트리 이브첸코라는 25세 남성이 그녀의 뒤쪽에서 달려들었다. 그는 그녀를 붙들고 한 손으로 입을 막은 채 덤불로 끌고 들어갔다. 10분 뒤, 27세였던 남편도 식당을 나와 집으로 향했다. 그는 덤불에서 이상한 소리가 나는 것을 듣고 살펴보러 갔다. 그의 눈에 아내가 입이 막힌 채 이브첸코에게 성폭행을 당하는 모습이 보였다.

분개한 남편은 이브첸코를 때려눕힌 뒤 스위스 군용 칼로 그 강간범의 음경을 잘라버렸다.

이 상황에서 남편은 음경이 해를 끼칠 수 없는 무언가라고 여기지 않은 것이 분명했다. 사실 그는 그 순간에 음경을 자기 아내를 해치는 데 쓰이는 무기라고 판단했다. 강간범이 손으로 아내의 목을 조르고 있었고, 그대로 있었다면 그녀를 죽였을 수도 있음에도 그랬다. 분개한 남편은 그 인간 전체와 그의 남성성을 대변하게 된 바로 그 기관에 달려들어서 제거했다. 그런 뒤 멍하니 마을로 걸어가서 마주친 친구에게 경찰서까지 태워달라고 부탁했고 들어가서 자수했다.

여성의 울부짖음과 이브첸코의 비명을 들은 동네 사람들은 구급차를 불렀고, 구급차는 이브첸코를 병원으로 실어갔다—피해자는 태우지 않은 듯했다. 주변 사람들이 아니라 그 여성의 어머니가 경찰에게 이브첸코가 저지른 범행을 알렸다. 신문 기사에 강간범이라고 실린 그는 입원했고, 치료 노력(그리고 신문 기사들)은 주로 그의 잘린 음경을 꿰매는 데 집중되었다. 습격을 받은 여성에 관한 내용은 한 영어 뉴스 기사의 마지막에 실린 한 줄뿐이었다. 그녀의 "심리적 회복에 오랜 기간" 필요할 것이라는 내용이었다. 그 뉴스 기사를 받아 쓴 미국의 다른 몇몇 전국지들은 그 문장을 삭제하고 내보냈다.

이브첸코가 저질렀다고 기소된 두 가지 범죄행위, 살인미수와 성폭행을 다 하고 있었다는 점을 의심하는 이는 아무도 없는 듯하다. 그 무직자는 바로 앞 주에 여자친구에게 차였고 습격한 밤에 보드카를 1리터 마셨다고 경찰에게 말했다. 마을의 한 여성은 그 습격이 일어나기 전에 자신에게 추근거리는 이브첸코를 거부하자 그가 자기를 위협하면서 때리려 했다고 증언했다. 그녀는 이브첸코의 음경이 잘려서 앞으로 더이상 공격하지 못할 것이라고 생각했다. 한편 언론들은 그 사건의 피해자를 그저 체구가 작았고, 파카의 지퍼를 끝까지 올려서 얼굴까지 가리고 있었다고만 묘사했다. 파카는 분홍색이었다.

신문 기사에 따르면, 당국은 이브첸코를 그 습격을 저지른 죄로 기소할 가능성이 높으며 유죄로 판결이 나면 최대 5년형을 받을 것이다. 그런데 남편은 '중대한 신체 상해'를 입힌 죄로 기소될 것이고 가택 연금 상태였다. 유죄 판결을 받는다면 그는 이브첸코보다 더 긴 최대 8년까지 형을 살 수도 있다.

여성을 성폭행하고 목을 조른 남성이, 아내를 지키기 위해 가해자의 음경을 자른 남편보다 교도소에서 보내는 기간이 더 짧을 것이다. 그리고 성폭행을 한 남성은 음경이 잘렸다. 그런 행동을 저지른 손이나 머리가 아니라 말이다. 음경이 그 남자를 대표하고 이 범죄에 쓰인 무기이기 때문이다.

이 모든 뉴스에서 여성은 이름이 나오지 않으며(정당하게도) 작은 부분을 차지할 뿐이다(부당하게도). 구급차는 그녀가 아니라 가해자를 위해서 왔고, 습격을 받은 그녀의 몸 상태가 어떠했는지는 전혀 언급되지 않았으며, 그녀가 심리적으로 회복되는 데 오랜 시간이 걸릴 것이라는 명백한 사실은 거의 나중에 생각난 듯이 기사에 한 줄 덧붙이거나 그 내용조차도 의도적으로 삭제했다. 음경이 아니었다면 이 이야기는 세계의 주목을(또는 내 주목을) 받지 못했으리라는 것이 분명했다.

이 끔찍한 사건에는 오늘날 사람의 음경에 부정적인 윤곽을 부여하는 모든 요소가 다 관여한다. 여성들에게 화가 난 남성이 전혀 낯선 사람에게 해를 끼치고 아마 살해까지 하려고 시도했고, 또 다른 남성은 방어와 복수의 육체적이면서 상징적인 행위로 그의 음경을 잘라냈다. 그러나 명확히 잘못된 행동을 한, 그리고 남의 목숨을 위협한 유일한 사람은 자신이 공격한 여성에게 끼친 신체적 위해보다 그의 음경 상실이 더 중요하다는 이유로 구급차에 실려 갔고 교도소에서 보낼 시간도 더 짧다. 공격을 받은 여성보다 그의 상실 이야기가 더 중요한 셈이다. 성폭행을 시도했다가 유죄 판결을 받은 전 스탠퍼드 대학생 브록 터너의 부모와 마찬가지다. 그들은 아들의 행동으로 자신들이 잃은 것을 슬퍼하고 유감스러워했을 뿐, 아들이 남에게 저지른 짓과 앗아간 것에는 그다지 개의치 않았다.

그러나 이런 잘못된 방향으로 주목이 쏠리는 것이 얼마나 왜곡되었는지를 알아차리는 사람은 아무도 없는 듯하다. 이 전체 이야기에서 피해자 여성과 남편과 가해자 모두 음경을 강조하는 일에 동원되었다. 음경을 무기로 사용했다는 점, 그것을 살의를 지닌 인간 전체를 대변하는 것으로 삼는 태도, 그것을 병원으로 가져가 다시 붙일 필요가 있었다는 사실의 강조, 모두 음경에 초점을 맞췄다. 뉴스 기사에는 가해자가 "오래 치료를 받아야 할" 수도 있다고 적혀 있다(Panashchuk 2019). 그의 정신 건강이 아니라 음경 말이다.

음경의 상태

세계 문화 전체는 음경의 독성이 발휘되기 딱 좋은 상황에 와 있는지도 모른다(행운을 빈다). 충동조절 능력이 떨어진다는 변명이 먹히지 않을 유명 인사들이 아랫사람들에게 음경을 꺼내어 휘두르는 것을 비롯하여 범죄적인 행동을 하는 상황에서, 음경은 **#AllAboutMe**(다 내가 한 거야) 순간을 맞이하고 있다. 나쁜 짓을 하는 이 모든 남성—그리고 그들의 뇌—의 상징이 되고 있다. 우크라이나 사건을 다룬 기사에서처럼, 이 남성들과 그들의 비열한 행위의 피해자가 아니라 음경이 논의의 중심에 놓인다. 문화적으로 우리가 음경을 일부 남성들과 그들의 비열한 행동의 상징으로 삼게 되었고, 그들의 표적이 된 이들을 불신하거나 그런 일이 벌어지게 된 배경을 탓하는 짓을 계속하기 때문이다.

그리고 우리는 음경이 화제에 오를 때와 음경에 무엇을 기대할지를 이야기할 때마다 계속 엉뚱한 것들에 초점을 맞춘다. 세 아들의 엄마로서 나는 아이들에게 가장 큰 선물을 주고 싶다. 그들이 정신적으로도 다른 면으로도 가능한 한 건강하게 살고 행복하면서 역경을 극복할 수 있는 어른으로 자라도록 말이다. 그래서 나는 2019년에 한 주요 남성 잡지(미리 털어놓자면 나는 그 잡지에 이 책과 무관한 글을 몇 편 썼다)가 「미국 음경의 상태!The State of the American Penis!」(Dukoff 2019)라는 제목으로 여러 편의 글을 모은 특집호를 낸 것을 보고 기뻤다. 그러나 읽고 나니 실망스러웠다. 그 글들은 음경을 지닌 이들이 모두 남성이고 XY이며 여성은 모두 음경을 지니지 않는다는 가정에서 시작하여, 거의 오로지 음경의 크기, 기능, 발기 문제에만 초점을 맞추었다.

비록 나는 음경을 지닌 많은 이들에게 이런 요소들이 왜 그렇게 중요하게 여겨지는지 충분히 이해할 수 있지만, 사회가 그것들을 중시해왔다는 점을 생각할 때 그런 정보는 새롭지도 신선하지도 않았다. 게다가 나는 우리가 음경을 어떻게 바라보고, 대하고, 이야기하는지를 분석한 내용도 포함되어 있기를 기대했지만, 없었다. 그 글들의 근본적인 가정과 거기에 담긴 메시지들은 음경을 지닌 사람들이 자신을 보는 방식에 매우 부정적인 영향을 미친다. 이 신체 부위가 자신의 건강과 인간관계에 끼치는 피해에 초점을 맞추도록 만들기 때문이다.

남성들은 오로지 음경의 크기를 바꾸는 일에만 초점을 맞춘 온라인 포럼에 모여든다(Rogers 2019). '젤킹jelqing'* 같은 위험한 방법을 쓰고, 음경확대 기구를 구입하고, 체액을 주사하고, 늘리겠다고 음경에 추를 매다는 등의 논의를 하는 곳이다. 이 책을 쓰기 위해서 나는 '음경'이라는 단어가 포함된 뉴스 기사를 알림으로 받겠다고 구글에서 설정을 했다. 그런데 알림 결과는 언제나—언제나—길이를 늘이겠다는 쪽이었는데, 윤곽을 바꾸겠다고 음경에 어떤 짓을 했다가 상처를 입었다는 기사가 다수를, 대다수를 차지했다. 그런 사건들은 으레 뉴스 기사가 되곤 한다. 그러다가 음경을 완전히 잃는 것까지 포함하여 심각한 부상을 입곤 하기 때문이다.

사람들은 자신이 강화하기를 원하는 바로 그 기관에 심각한 해를 끼칠 위험을 무릅쓰면서까지 왜 이렇게 집착하는 것일까? 사회가 그들에게 메시지를 보내고 있기 때문이다. 그 기관이 당신들에 관한 모든 것을 대표하며, 환상 속의 어떤 인상적인 크기에 다다르지 못한다면 당신들이 매혹하고 싶은 이들에게 (오로지 음경 때문에) 거부당할 것이라고 말이다. 이제 그 메시지

---

* 길이를 늘이기 위해 다양한 방식으로 음경을 손으로 만지는 것이다. OK 사인을 보낼 때처럼 엄지와 검지로 음경을 감싸고서 앞뒤로 문지르는 것도 포함된다. 이 말만 들으면 자위행위를 하는 듯하다. 목적이 다를 뿐이다.

를 수정하고 음경을 탈중심화할 때가 왔다.

이 기관은 생명의 상징적인 보호자이자 기여자였다가, 남성성의 구현물이자 그 자체가 되어왔다. 남성은 결코 흡족하다고 느끼지 못하고 여성은 질시하는 무언가가 되었다. 그것이 바로 미국 음경의 상태이며, 세계 전체로 보자면 더 폭넓게 인간 음경 전반의 상태다. 음경의 상태를 평가한다고 내세운 그 기사들 속에 뇌도 좀 집어넣었다면 좋았을 텐데.

뇌와 음경의 연결고리

이브첸코는 야만적인 습격을 했다. 여자친구에게 차였을 뿐 아니라 적어도 또 다른 한 여성에게도 거절당한 것이 그 행동을 촉발했다고 한다. 성인 여성들의 그런 자율적인 결정 앞에서 그는 더 고차원적인 사고는 제쳐두고 나머지 사고 능력도 술기운으로 마비시킨 뒤, 가장 원초적이고, 가장 분노에 사로잡히고, 가장 복수심에 불타는 본능에 따라서 아무 여성이나 습격하여 성폭행하는 반응을 보였다. 그럼으로써 그는 자신의 인간성을 마비시키고 모욕했다.

사람의 뇌는 곰팡내 나는 지하실 위에 균형을 잡아서 단칸방을 세우고 다시 그 위에 방이 여러 개인 대저택을 올려놓은 것과 비슷하다. 우리 머리에 있는 기관은 층들을 거쳐서 팬티 속에 든 기관으로 혼재된 메시지를 보낸다. 게다가 바깥 세계로부터 다급한 경고들이 쇄도하기에 상황은 아주 복잡하다. 바깥에서 오는 속보 중 상당수는 뇌의 지하실에서 나오는 걸러지지 않은 메시지들을 증폭시킨다.

걸음마를 뗄 무렵에는 걸러지지 않은 뇌가 지배한다. 우리는 깊이 따지지 않은 채 그냥 생각나는 대로 행동한다. 우리는 감정을 공유하지 않고, 화날 때 물건을 던지고, 개의 머리 위에 치즈를 올려놓으면 안 된다고 누군가가(개는 아니다) 말하면 바닥을 마구 치면서 난리법석을 떤다. 그러나 시간이 흐르면서 우리 마음은 성인의 뇌에 최선인 모든 것을 갖추는 쪽으로 성숙할 잠재력을 지닌다. 가장 꼭대기 층인, 방이 여러 개인 대저택에 해당하는 뇌 영역들은 완전히 성숙하는 동안 우리가 지하실에서 오는 메시지 중 일부를 걸러낼 때 쓰는 통신망을 만든다. 우리는 충동질하는 지시들을 일부 걸러낸다. "바닥을 마구 때려! 개 머리 위에 치즈를 올려놓고 싶잖아!" 그런 지시들을 묵살함으로써 우리는 바닥을 때려대지 않고 치즈를 개의 머리 위에 올리지 않는다. 그리고 우리 중에 성숙한 이들은 이렇게 말하는 메시지도 걸러낸다. "네 딕픽을 보내!"* 우리(우리 중 대다수)는 그 생각을 어딘가로 치우고 대신에 자기 얼굴을 찍은 사진을 보낸다.

뇌가 성숙하면서 충동조절 능력이 발달할 때 대개 집행 기능도 함께 발달한다. 우리를 위해 계획을 짜고 실행하는 마음속의 행정 도우미다. 오븐에서 빵을 언제 꺼내야 할지도 알려주고 머리를 물로 적신 뒤에 샴푸를 묻히라고도 말해준다. 어릴 때는 이 기능이 없기 때문에 우리는 걸음마를 떼자마자 바로 운전을 할 수 없다. 또 우리가 구애하고 짝을 얻기 위해 따르는 사회적 의례를 하나하나 거치면서 통과하도록 이끄는 것도 이 능력이다. 우리는 이 규칙들을 따르기 위해서 이드id 대신에 여과기를 쓴다. 또 누군가가 "안 돼"라고 말할 때 그 말에 따라 행동할 때도 여과기를 쓴다.

성숙한 충동조절 능력과 집행 기능이 결핍된 사람은 이중의 결함을 안고 있다. 그들은 나쁜 내부 메시지를 걸러내지 않으며 연애하고 싶은 상대와 어떻게 관계를 쌓을지도 알아차리지 못한다. 이브첸코가 믿은 듯한 것처럼 세상이 당신에게 무언가를 빚졌다는 말을 그들이 듣는다면, 사회적 해악을 끼치는 결과가 나온다. 그들은 딕픽을 보낸다. 자신의 여과기를 완전히 막고 모든 충동조절 능력을 꺼버리는 물질을 사용한다. 그들은 친밀감을 쌓는 단계들을 건너뛰고서, 걸음마를 떼는 아기처럼 원하는 것을 움켜쥔다.

---

* 딕픽 전송은 자기애 성향과 연관이 있다고 여겨져왔으며, 그렇다고 해도 놀랄 사람은 아무도 없다(Oswald et al. 2019).

이번에는 움켜쥐는 대상이 사람이라는 점만 다를 뿐이다. 그리고 사회의 유독한 메시지를 받고서 그렇게 해야 한다고 굳게 믿었는데, 그중 어느 것도 받아들여지지 않으면 혼란스러워하고 화를 낸다. 그리고 때로 정말로 음경을 잃기도 한다.

자연에 호소하기 오류는 이런 유독한 약속을 더 부추긴다. 이 주장을 내세우는 사람은 자연이 남성의 우위와 우월성을 장려하며 때로 음경을 통해서 그렇게 한다고 역설한다. 그들은 그 소망충족적 남근 이야기에 들어맞는 것만 골라 뽑은 다른 동물들의 사례를 내세운다. 그들은 "여성이 원하는 것"과 "딱하게도 설령 여성 자신이 알지 못할지라도 그 여성이 무엇을 원하는지 남성이 알아차릴 수 있는 것"을 연구하여 발표한다. 그들은 남성을 음경으로 환원시키고(그래서 프로이트주의자다!) 여성을 비밀스럽거나 은밀하기도 한 정자받이로 환원시킨다. 그리고 일부 남성들은 세상이 자신에게 무언가 빚을 졌고 분노가 남성적인 것이라고 믿는 나머지, 그들에게 어떤 것도 빚지지 않았기에 아무것도 주지 않는 이들에게 분노를 쏟아낸다.

과학적 증거는 설령 정해진 방법에 따른다고 해도 얻기가 어려울 때가 많으며 '순수한' 형태로 나오는 것도 결코 아니다. 그 과정의 모든 단계에서 우리의 편향에 오염되기 마련이다. 우리가 묻는 질문들은 우리의 편향을 드러낸다. "스트리퍼가 랩 댄스를 출 때 남성에게 배란 신호를 보낼까?" "여성은 남근이 되기를 원할까?" 이런 질문들의 답을 고르는 방식과 그 결과를 인지하는 방식도 마찬가지다. 인류 문화와 권력 구조는 음경을 대하는 방식에 변화를 일으키듯이—높이 떠받들었다가 이어서 음경을 지닌 사람 그 자체는 아무것도 아닌 것으로 축소시켰다—우리가 과학 분야에서 묻는 질문들과 답이라고 내놓는 증거도 바꾸었다. 그러나 우리 인류는 협력하여 그런 윤곽을 바꿀, 그런 현황을 재편할 힘을 지니고 있다.

이 책에서 보여주었듯이, 강한 진화 압력이 가해진다는 것은 생식기가 빠르게 변화할 수도 있다는 뜻이다. 한쪽에서는 복잡한 장식이 딸린 구조가 진화하고, 다른 한쪽에서는 진정한 장벽과 미로가 진화할 수 있다. 우리 자신의 생식기에는 이런 압력이 가해진다는 징후가 없다. 동물 생식기라는 방대한 전체 체계에 비춰볼 때, 우리 생식기는 이 복잡성의 연속체에서 '밋밋하면서, 유연하고, 일반적인' 끝자락에 놓인다. '성적 적대관계sexual antagonism'가 생식기에 있음을 보여주는 증거는 전혀 없다. 이는 어떤 적대관계가 명확히 존재한다면 그를 빚어내는 것은 우리 생식기가 아니라 우리 뇌임을 시사한다.

이 책은 음경을 중심에 놓으면서 시작했지만, 우리 생식기를 성적 행동에 관여하는 다른 기관들의 맥락에 놓겠다는 목적 하에 전개되었다. 동물들이 친밀함과 성적 상호작용을 맺기 위해 쓰는 가장 아름다운 수많은 기관들을 보여줌으로써다. 자기 종 중심적이라고 볼 수도 있겠지만 나는 인간의 마음이 이런 기관들 중 가장 매혹적인 것에 속한다고 본다. 마음은 성의 기관이며 음경과 달리 우리 존재를 대신하도록 제시된 것이 아니다. 마음이 곧 우리 자신이니까. 인간의 마음은 성적 행동의 가장 근본적인 요소로서 다시 중심에 놓여야 마땅하다. 우리는 그 목적을 이루기 위해서 어떻게 하면 마음을 현명하게 잘 쓸 수 있을지에 초점을 맞추어야 한다.

감사의 말

이 책을 쓰는 일은 우연한 발견과 기쁨으로 가득한 여정이기도 했으며, 그 과정에서 많은 사람, 장소, 사물에 이루 말할 수 없는 도움을 받았다. 가장 깊은 감사의 말은 마지막까지 아껴두기로 하고, 장소부터 말하기로 하자. 나는 생식기에 관한 정보를 찾아서 몇몇 나라와 미국 전역을 여행하는 기쁨을 누렸다. 나보다 더 흥미진진하게 시간을 보낸 사람은 없으리라고 자부한다. 그 모든 곳에서 볼 수 있었던 모든 생식기에 감사하는 한편으로, 투숙객에게 펜을 제공하는 모든 호텔에도 고맙다는 말을 전하고 싶다. 열차, 비행기, 자동차, 배로 여행하면서 자료를 모으고 기록을 할 때 반드시 필요한 물품이었으니까. 이런 기록에 썼던 내구성 있는 공책의 제조사인 미드에도 고맙다는 말을 전한다. 여러 색깔의 잉크로 10권이나 채웠다. 우리 집에 있는 물건 두 가지도 언급할 만하다. 첫째는 현명한 올빼미 무리가 자수로 놓인 베개다. 외할머니가 오래전에 만들어주셨는데 한쪽에 할머니 이름도 새겨져 있다. 할머니는 이 책을 쓰는 동안 세상을 떠나셨다. 내가 자료 조사를 위해 해외에 있을 때였다. 그 뒤로 나는 글을 쓸 때면 올빼미들이 평화롭게 지켜볼 수 있도록 베개를 옆에 두어왔다. 또 하나는 직접 만든 물건이다. 내 막내아들 조지가 초등학생 때 만든 나무로 된 작은 투석기다. 몇 차례 재난을 겪으면서 투석 바구니와 막대는 사라졌지만, 내가 글을 쓸 때 공책의 지지대 역할을 충실히 해냈다.

가족을 이야기하자면 내 세 아들과 남편은 생식기에 관한 문헌들을 엄청나게 읽어대고 농담을 수도 없이 쏟아내려 하는 내 어찌할 수 없는 성향을 (대체로) 우아하게 참아준다는 점에서 영웅이다. 또 다방면으로 이 집필 계획을 지원해준 점에도 진심으로 감사한다. 마찬가지로 흔들림 없이 지지해준 내 자매들과 그 배우자들, 중세 문헌에 해박한 학자인 어머니께도 감사드린다. 관대하게도 시간을 내주고 도움을 준 학자분들도 아주 많다. 내게 몇몇 놀라운(인간 이외 동물들의) 생식기를 보여주고 이야기를 나눌 시간도 내준 퍼트리샤 브레넌, 마티 콘, 다이애나 켈리, 매트 딘, 제이슨 던롭과 그 소속 연구원들에게도 감사드린다. 또 원고를 읽고 평을 해주거나 정보를 제공한 학자들과 독자들에게도 감사를 드린다. 에인슬리 시고, 에린 바보, 켈시 루이스, 스티브 펠프스, 한스 린달, 앨리슨 핀레이, 크리스틴 헬리웰, 로스 브렌들, 외르크 분더리히, 젠 폴크스, 마틸다 브린들, 캐서린 스콧이다. 이 책에 잘못된 부분이 있다면 모두 내 잘못이며 이 분들과는 아무 관련이 없다. 또 나와 함께 이 길을 걷고, 원고를 검토하고, 조언을 하고, 이따금 필요할 때 와인 모임 약속도 잡아주며 내 집필을 도운 분들께도 깊은 감사를 드린다. 또 쓰는 내내 묻곤 했던 질문들에 아낌없이 답해준 윌리엄 에버하드와 마리아 페르난다 카르도소께도 감사의 말을 전하고 싶다. 또 동물의 교미 동영상을 제작한 많은 분들, 그리고 좋은 쪽으로든 나쁜 쪽으로든 간에 내가 읽은 논문들을 쓴 수백 명의 학자들에게도 감사 인사를 드리지 않을 수 없겠다. 마지막으로 한없는 능력과 품위를 갖추고서 인내심을 발휘한 뛰어난 저작권 대리인 엠마 파리와 몇 차례 잠수를 탔어도 참고 견뎌준 에이버리의 담당 편집장 캐롤라인 서튼에게도 진심을 담아 고맙다는 말을 전한다.

옮긴이 후기

세상은 우리가 어떤 시각에서 보느냐에 따라 다르게 보일 수 있다. 때로는 아예 뒷면을 못 볼 수도 있고, 무엇이 중요한지 사소한지도 달라질 수 있다.

저자는 생식기를 바라보는 시각이 그런 사례라고 본다. 우리의 시각이 남성 중심이라는 것은 익히 잘 알려진 사실인데, 저자는 생식기를 연구하는 분야에도 그런 시각이 영향을 미친다고 말한다. 수컷의 생식기는 아주 많이 상세히 연구가 되어온 반면, 암컷은 제대로 연구조차 되어 있지 않다는 것을 보여준다. 저자가 굳이 음경을 주제로 한 책을 쓴 이유도 그 때문이다. 암컷의 생식기 쪽은 말할 수 있는 것이 적어서다.

첫머리에 자신이 겪은 일화를 통해 말하듯이, 저자는 남성 위주의 시각이 더 나아가 남근을 인간의 중심에 놓는 데까지 나아간다고 본다. 즉 하나의 신체 기관이 인간의 정체성을 규정하는 지경에 이르렀는데, 그것도 인간다움을 정의할 때 가장 먼저 떠오르는 기관인 뇌가 아니라 남근을 가운데에 두고 있다는 것이다.

저자는 이 문제를 과학의 관점에서 바라본다. 무엇보다도 남성, 더 나아가 수컷을 대변하는 음경이란 것이 과연 무엇인지를 꼼꼼하게 살펴본다. 그렇게 과학자들이 조사한 수많은 동물들의 생식기를 살펴보면 볼수록, 사람들이 이른바 "음경"이라고 말하는 것의 실체가 모호해진다는 사실이 드러난다. 그것은 종류가 너무나 다양하고, '교미할 때 상대의 생식기 안으로 집어넣고 배우자를 전달하는 것'이라는 기준에 들어맞지 않는 도입체를 지닌 동물이 매우 많다(심지어는 이 기준을 전부 만족하고도 음경으로 불리지 않는 사례도 있다).

이 책을 읽다 보면 아예 생식기라는 것의 정의 자체가 모호해지는 것을 알게 된다. 즉 저자는 남근중심적 태도를 둘러싼 논쟁 자체가 신기루 위에서 있음을 드러낸다. 음경, 아니 더 나아가 생식기가 무엇을 가리키는지 모르는 사람이 누가 있냐고 생각했다면, 읽을수록 점점 더 헷갈렸을 것이다. 그러면서 저자가 의도한 바를 서서히 깨달았기를 바란다.

이한음

참고문헌

Abella, Juan Manuel, Alberto Valenciano, Alejandro Pérez- Ramos, Plinio Montoya, and Jorge Morales. 2013. "On the Socio-Sexual Behaviour Extinct Ursid *Indarctos arctoides*: An Approach Based on Its Baculum Size and Morphology." *PLoS ONE* 8 (9): e73711. https://doi.org/10.1371/journal.pone.0073711.

Adams, Lionel E. 1898. "Observations on the Pairing of *Limax maximus*." *Journal of Conchology* 9: 92-95.

Adebayo, A. O., A. K. Akinloye, S. A. Olurode, E. O. Anise, and B. O. Oke. 2011. "The Structure of the Penis with the Associated Baculum in the Male Greater Cane Rat (*Thryonomys swinderianus*)." *Folia Morphologica* 70 (3): 197-203. https://www.semanticscholar.org/paper/The-structure-of-the-penis-with-the-associated-in-Adebayo-Akinloye/bc5062c392cbb01008fc8fdb1ac5c7159d966293?p2df.

Ah-King, Malin, Andrew B. Barron, and Marie E. Herberstein. 2014. "Genital Evolution—Why Are Females Still Understudied?" *PLoS Biology* 12 (5): e1001851. https://doi.org/10.1371/journal.pbio.1001851.

Aisenberg, Anita, Gilbert Barrantes, and William G. Eberhard. 2015. "Hairy Kisses: Tactile Cheliceral Courtship Affects Female Mating Decisions in *Leucauge mariana* (Araneae, Tetragnathidae)." *Behavioral Ecology and Sociobiology* 69: 313-23. https://doi.org/10.1007/s00265-014-1844-2.

al-Attia, H. M. 1997. "Male Pseudohermaphroditism Due to 5 Alphareductase-2 Deficiency in an Arab Kindred." *Postgraduate Medical Journal* 79 (866): 802-07. https://doi.org/10.1136/pgmj.73.866.802.

Aldersley, Andrew, and Lauren J. Cator. 2019. "Female Resistance and Harmonic Convergence Influence Male Mating Success in *Aedes aegypti*." *Scientific Reports* 9: 2145. https://doi.org/10.1038/s41598-019-38599-3.

Aldhous, Peter. 2019. "How Jeffrey Epstein Bought His Way into an Extensive Intellectual Boys Club." BuzzFeed News. September 26, 2019. https://www.buzzfeednews.com/article/peteraldhous/jeffrey-epstein-john-brockman-edge-foundation/.

Amcoff, Mirjam. 2013. "Fishing for Females: Sensory Exploitation in the Swordtail Characin." PhD diss., Uppsala University.

Anderson, Matthew J. 2000. "Penile Morphology and Classification of Bush Babies (Subfamily Galagoninae)." *International Journal of Primatology* 21: 815-36. https://doi.org/10.1023/A:1005542609002.

Anderson, Sarah L., Barbara J. Parker, and Cheryl M. Bourguignon. 2008. "Changes in Genital Injury Patterns over Time in Women After Consensual Intercourse." *Journal of Forensic and Legal Medicine* 15 (5): 306-11. https://doi.org/10.1016/j.jflm.2007.12.007.

Andonov, Kostadin, Nikolay Natchev, Yurii V. Kornilev, and Nikolay Tzankov. 2017. "Does Sexual Selection Influence Ornamentation of Hemipenes in Old World Snakes?" *Anatomical Record* 300 (9): 1680-94. https://doi.org/10.1002/ar.23622.

André, Gonçalo I., Renée C. Firman, and Leigh W. Simmons. 2018. Phenotypic Plasticity in Genitalia: Baculum Shape Responds Sperm to Competition Risk in House Mice." *Proceedings of the Royal Society B: Biological Sciences* 285 (1882): 20181086. https://doi.org/10.1098/rspb.2018.1086.

Andrew, R. J., and D. B. Tembhare. 1993. "Functional Anatomy of the Secondary Copulatory Apparatus of the Male Dragonfly *Tramea virginia* (Odonata: Anisoptera)." *Journal of Morphology* 218 (1): 99-106. https://doi.org/10.1002/jmor.1052180108.

Arikawa, Kentaro, E. Eguchi, A. Yoshida, and K. Aoki. 1980. "Multiple Extraocular Photoreceptive Areas on Genitalia of Butterfly, *Papilio xuthus*." *Nature* 288: 700-02. https://doi.org/10.1038/288700a0

—— and Nobuhiro Takagi. 2001. Genital Photoreceptors Have Crucial Role in Oviposition in Japanese Yellow Swallowtail Butterfly, *Papilio xuthus*." *Zoological Science* 18 (2): 175-79. https://doi.org/10.2108/zsj.18.175.

Armstrong, Elizabeth A., Paula England, and Alison C. K. Fogarty. 2012. "Accounting for women's Orgasm and Sexual Enjoyment in College Hookups and Relationships." *American Sociological Review* 77 (3): 435-62. https://doi.org/10.1177/0003122412445802.

Aschwanden, Christie. 2019. "200 Researchers, 5 Hypotheses, No Consistent Answers." *Wired*, December 6, 2019. https://www.wired.com/story/200-researchers-5-hypotheses-no-consistent-answers.

Ashton, Sarah, Karalyn McDonald, and Maggie Kirkman. 2017. "Women's Experiences of Pornography: A Systematic Review of Research Using Qualitative Methods." *The Journal of Sex Research* 55 (3): 334-47. https://doi.org/10.1080/00224499.2017.1364337.

Austin, Colin R. 1984. "Evolution of the Copulatory Apparatus." *Italian Journal of Zoology* 51 (1-2): 249-69. https://doi.org/10.1080/11250008409439463.

Badri, Talel, and Michael L. Ramsey. 2019. *Papule, Pearly Penile*. Treasure Island, FL: StatPearls Publishing. https://www.ncbi.nlm.nih.gov/books/NBK442028.

Bailey, Nathan W., and Marlene Zuk. 2009. "Same-Sex Sexual Behavior and Evolution." *Trends in Ecology & Evolution* 24 (8): 439-46. https://doi.org/10.1016/j.tree.2009.03.014.

Baird, Julia. 2019. "Opinion: What I Know About Famous Men's Penises." New York Times, August 31, 2019. https://www.nytimes.com/2019/08/31/opinion/sunday/world-leaders-penises.html.

Baker, John R. 1925. "On Sex-Intergrade Pigs: Their Anatomy, Genetics, and Developmental Physiology." *British Journal of Experimental Biology* 2: 247-63. https://jeb.biologists.org/content/jexbio/2/2/247.full.pdf.

Bauer, Raymond T. 1986. "Phylogenetic Trends in Sperm Transfer and Storage Complexity in Decapod Crustaceans." *Journal of Crustacean Biology* 6 (3): 313-25. https://doi.org/10.1163/193724086X00181.

——. 2013. "Adaptive Modification of Appendages for Grooming Cleaning, Antifouling) and Reproduction in the Crustacea." In *The Natural History of the Crustacea*, edited by Les Watling and Martin Thiel. 337-75. Oxford: Oxford University Press. https://doi.org/10.1093/acprof:osobl/9780195398038.003.0013.

Baumeister, Roy F. 2010. *Is There Anything Good About Men? How Cultures Flourish by Exploiting Men*. New York: Oxford University Press.

Beechey, Des. 2018. "Family Amphibolidae: Mangrove Mud Snails." The Seashells of New South Wales. https://seashellsofnsw.org.au/Amphibolidae/Pages/Amphibolidae_intro.htm

Benedict, Mark Q., and Alan S. Robinson. 2003. "The First Releases of Transgenic Mosquitoes: An Argument for the Sterile Insect Technique." *Trends in Parasitology* 19 (8): 349-55 https://doi.org/10.1016/S1471-4922(03)00144-2.

Berger, David, Tao You, Maravillas R. Minano, Karl Grieshop, Martin I. Lind, Göran Arnqvist, and Alexei A. Maklakov. 2016. "Sexually Antagonistic Selection on Genetic Variation Underlying Both

Male and Female Same-Sex Sexual Behavior." *BMC Evolutionary Biology* 16: 1-11. https://doi.org/10.1186/s12862-016-0658-4.

Bertone, Matthew A., Misha Leong, Keith M. Bayless, Tara L. F. Malow, Robert R. Dunn, and Michelle D. Trautwein. 2016. "Arthropods of the Great Indoors: Characterizing Diversity Inside Urban and Suburban Homes." *PeerJ* 4: e1582. https://doi.org/10.7717/peerj.1582.

Bittel, Jason. 2018. "It's Praying Mantis Mating Season: Here's What You Need to Know." *National Geographic*, September 7, 2018. https:// www.nationalgeographic.com/animals/2018/09/praying-mantis-mating-cannibalism-birds-bite-facts-news.html.

Bondeson, Jan. 1999. *A Cabinet of Medical Curiosities: A Compendium of the Odd, the Bizarre, and the Unexpected*. New York: W. W. Norton.

Bosson, Jennifer K., Joseph A. Vandello, and Camille E. Buckner. 2018. *The Psychology of Sex and Gender*. Thousand Oaks, CA: SAGE Publications.

Boyce, Greg R., Emile Gluck- Thaler, Jason C. Slot, Jason E. Stajich, William J. Davis, Tim Y. James, John R. Cooley, Daniel G. Panaccione, Jørgen Eilenberg, Henrik H. de Fine Licht, et al. 2019. "Psychoactive Plant-and Mushroom-Associated Alkaloids from Two Behavior Modifying Cicada Pathogens." *Fungal Ecology* 41: 147-64. https://doi.org/10.1016/j.funeco.2019.06.002.

Brassey, Charlotte A., James D. Gardiner, and Andrew C. Kitchener. 2018. "Testing Hypotheses for the Function of the Carnivoran Baculum Using Finite-Element Analysis." *Proceedings of the Royal Society B: Biological Sciences* 285 (1887): pii: 20181473. https://doi.org/10.1098/rspb.2018.1473.

Brennan, Patricia L. R. 2016a. "Evolution: One Penis After All." *Current Biology* 26 (1): R29-R31. https://doi.org/10.1016/j.cub.2015.11.024.

——. 2016b. "Studying Genital Coevolution to Understand Intromittent Organ Morphology." *Integrative and Comparative Biology* 56 (4): 669-81. https://doi.org/10.1093/icb/icw018.

——, Tim R. Birkhead, Kristof Zyskowski, Jessica van der Waag, and Richard O. Prum. 2008. "Independent Evolutionary Reductions of the Phallus in Basal Birds." *Journal of Avian Biology* 39 (5): 487-92. https://doi.org/10.1111/j.0908-8857.2008.04610.x.

——, Ryan Clark, and Douglas W. Mock. 2014. Time to Step Up: Defending Basic Science and Animal Behaviour." *Animal Behaviour* 94: 101-05. https://doi.org/10.1016/j.anbehav.2014.05.013.

——, Richard O. Prum, Kevin McCracken, Michael D. Sorenson, Robert E. Wilson, and Tim Birkhead. 2007. "Coevolution of Male and Female Genital Morphology Waterfowl." *PLoS ONE* 2 (5): e418. https://doi.org/10.1371/journal.0000418.

Bribiescas, Richard G. 2006. *Men: Evolutionary and Life History*. Cambridge, MA: Harvard University

Press.

Briceño, Daniel, and William G. Eberhard. 2009a. "Experimental Demonstration Possible Cryptic Female Choice on Male Tsetse Fly Genitalia." *Journal of Insect Physiology* 55 (11): 989-96. https://doi.org/10.1016/j.jinsphys.2009.07.001.

——, and William G. Eberhard. 2009b. "Experimental Modifications Imply a Stimulatory Function for Male Tsetse Fly Genitalia, Supporting Cryptic Female Choice Theory." *Journal of Evolutionary Biology* 22 (7): 1516-25. https://doi.org/10.1111/j.1420-9101.2009.01761.x.

——, and William G. Eberhard. 2015. "Species- Specific Behavioral Differences in Tsetse Fly Genital Morphology and Probable Cryptic Female Choice." In *Cryptic Female Choice in Arthropods*, edited by Alfredo V. Peretti and Anita Eisenberg. Cham, Switzerland: Springer.

——, William G. Eberhard, and Alan S. Robinson. 2007. "Copulation Behaviour of *Glossina pallidipes* (Diptera: Muscidae) Outside and Inside the Female, with a Discussion of Genitalic Evolution." *Bulletin of Entomological Research* 97 (5): 471-88. https://doi.org/10.1017/S0007485307005214.

——, D. Węgrzynek, E. Chinea- Cano, William G. Eberhard, and Tomy dos Santos Rolo. 2010. "Movements and Morphology Under Sexual Selection: Tsetse Fly Genitalia." *Ethology, Ecology, & Evolution* 22 (4): 385-91. https://doi.org/10.1080/03949370.2010.505581.

Brindle, Matilda, and Christopher Opie. 2016. "Postcopulatory Sexual Selection Influences Baculum Evolution in Primates and Carnivores." *Proceedings of the Royal Society: Biological Sciences* 283 (1844): 20161736. https://doi.org/10.1098/rspb.2016.1736.

Brownell, Robert L., Jr., and Katherine Ralls. 1986. "Potential for Sperm Competition in Baleen Whales." *Reports of the International Whaling Commission* Special Issue 8: 97-112.

Brownlee, Christen. 2004. "Biography of Juan Carlos Castilla." *Proceedings of the National Academy of Sciences of the United States of America* 101 (23): 8514-16. https://doi.org/10.1073/pnas.0403287101.

Burns, Mercedes, and Nobuo Tsurusaki. 2016. Reproductive Morphology Across Latitudinal Clines and Long-Term Female Sex-Ratio Bias." *Integrative & Comparative* (4): 715-27. https://doi.org/10.1093/icb/icw017.

——, Marshal Hedin, and Jeffrey W. Shultz. 2013. "Comparative Analyses of Reproductive Structures Harvestmen (Opiliones) Reveal Multiple Transitions from Courtship to Precopulatory Antagonism." *PLoS ONE* 8 (6): e66767. https://doi.org/10.1371/journal.pone.0066767.

——, and Jeffrey W. Shultz. 2015. "Biomechanical Diversity of Mating Structures Among Harvestmen Species Is Consistent with a Spectrum of Precopulatory Strategies." *PLoS ONE* 10 (9):

e0137181. https://doi.org/10.1371/journal.pone.0137181.

Cardoso, Maria Fernanda. 2012. "The Aesthetics of Reproductive Morphologies." PhD diss., University of Sydney.

Castilla, Juan Carlos. 2009. "Darwin Taxonomist: Barnacles and Shell Burrowing Barnacles [Darwin taxónomo: cirrípedos y cirrípedos perforadores de conchas]." *Revista Chilena de Historia Natural* 82 (4): 477-83.

Cattet, Marc. 1988. "Abnormal Sexual Differentiation in Black Bears (*Ursus americanus*) and Brown Bears (*Ursus arctos*)." *Journal of Mammalogy* 69 (4): 849-52. https://doi.org/10.2307/1381646.

Chase, Ronald. 2007a. "The Function of Dart Shooting in Helicid Snails." *American Malacological Bulletin* 23 (1): 183-89. https://doi.org/10.4003/0740-2783-23.1.183.

——. 2007b. "Gastropod Reproductive Behavior." *Scholarpedia* 2 (9): 4125. https://doi.org/10.4249/scholarpedia.4125.

Chatel, Amanda. 2019. "The 17 Most Innovative Sex Toys of 2019." Bustle, December 11, 2019. https://www.bustle.com/p/the-17-most-innovative-sex-toys-of-2019-19438655.

Cheetham, Thomas Bigelow. 1987. "A Comparative Study of the Male Gentalia in the Pulicoidea (Siphonaptera)." *Retrospective Theses and Dissertations* 8518. https://lib.dr.iastate.edu/rtd/8518.

Cheng, Kimberly M., and Jeffrey T. Burns. 1988. "Dominance Relationship and Mating Behavior of Domestic Cocks: A Model to Study Mate-Guarding and Sperm Competition in Birds." *The Condor* 90 (3): 697-704. https://doi.org/10.2307/1368360.

Choulant, Ludwig. 1920. *History and Bibliography of Anatomic Illustration in Its Relation to Anatomic Science and the Graphic Arts* [Geschichte und Bibliographie der matomischen Abbildung nach ihrer Beziehung auf anatomische Wissenschaft und bildende Kunst]. Translated and edited with notes and a biography by Mortimer Frank. Chicago: University Chicago Press.

Cockburn, W. 1728. *The Symptoms, Nature, Cause, and Cure of a Gonorrhoea*. 3rd ed. Internet Archive. https://archive.org/details/symptomsnatureca00cock/page/n4/mode/2up.

Cocks, Oliver T. M., and Paul E. Eady. 2018. "Microsurgical Manipulation Reveals Pre-copulatory Function of Key Genital Sclerites." *Journal of Experimental Biology* 221 (8): jeb.173427. https://doi.org/10.1242/jeb.173427.

Cordero, Carlos, and James S. Miller. 2012. "On the Evolution and Function of Caltrop Cornuti in Lepidoptera—Potentially Damaging Male Genital Structures Transferred to Females During Copulation." *Journal of Natural History* 46 (11-12): 701-15. https://doi.org/10.1080/00222933.2011.651638.

Cordero, Margarita. 2016. "A Serious Human Drama That Health Authorities Ignore [Un grave drama humano al que las autoridades de salud dan la espalda]. *Diario Libre*, March 20, 2016. https://www.diariolibre.com/actualidad/salud/un-grave-drama-humano-al-que-las-autoridades-de-salud-dan-la-espalda-EX3055457.

Cordero-Rivera, Adolfo. 2016a. "Demographics and Adult Activity of *Hemiphlebia mirabilis*: A Short-Lived Species with a Huge Population Size (Odonata: Hemiphlebiidae)." *Insect Conservation and Diversity* 9 (2): 108-17. https://doi.org/10.1111/icad.12147.

——. 2016b. "Sperm Removal During Copulation Confirmed in the Oldest Extant Damselfly, *Hemiphlebia mirabilis*." *PeerJ*: 4:e2077. https://doi.org/10.7717/peerj.2077.

——. 2017. "Sexual Conflict and the Evolution of Genitalia: Male Damselflies Remove More Sperm When Mating with a Heterospecific Female." *Scientific Reports* 7: 7844. https://doi.org/10.1038/s41598-017-08390-3.

——, and Alex Córdoba- Aguilar. 2010. "Selective Forces Propelling Genitalic Evolution in Odonata." In *The Evolution of Primary Sexual Characters in Animals*, edited by Janet L. Leonard and Alex Córdoba-Aguilar, 332-52. New York: Oxford University Press.

Cormier, Loretta A., and Sharyn R. Jones. 2015. *The Domesticated Penis: How Womanhood Has Shaped Manhood*. Tuscaloosa: University of Alabama Press.

Costa, Rui Miguel, Geoffrey F. Miller, and Stuart Brody. 2012. "Women Who Prefer Longer Penises Are More Likely to Have Vaginal Orgasms (but Not Clitoral Orgasms): Implications for an Evolutionary Theory of Vaginal Orgasm." *The Journal of Sexual Medicine* 9 (12): 3079-88. https://doi.org/10.1111/j.1743-6109.2012.02917.x.

Cox, Cathleen R., and Burney J. Le Boeuf. 1977. "Female Incitation of Male Competition: A Mechanism in Sexual Selection." *The American Naturalist* 111 (978): 317-35. https://doi.org/10.1086/283163.

Crane, Brent. 2018. "Chasing the World's Most Endangered Turtle." *The New Yorker*, December 24, 2018. https://www.newyorker.com/science/elements/chasing-the-worlds-rarest-turtle.

Cree, Alison. 2014. *Tuatara: Biology and Conservation of a Venerable Survivor*. Christchurch, New Zealand: Canterbury University Press.

Cruz-Lucero, Rosario. 2006. "Judas and His Phallus: The Carnivalesque Narratives of Holy Week in Catholic Philippines." *History and Anthropology* 17 (1): 39-56. https://doi.org/10.1080/02757200500395568.

Cunningham, Andrew. 2010. *The Anatomist Anatomis'd: An Experimental Discipline in Enlightenment*

Europe. Farnham, UK: Ashgate Publishing.

Czarnetzki, Alice B., and Christoph C. Tebbe. 2004. "Detection and Phylogenetic Analysis of *Wolbachia* in Collembola." *Environmental Microbiology* 6 (1): 35-44. https://doi.org/10.1046/j.1462-2920.2003.00537.x.

Darwin, Charles. 1851. *A Monograph on the Sub-class Cirripedia*. Vol. 1: *The Lepadidae; or, Pedunculated Cirripedes*.

——. 1854. *A Monograph on the Fossil Balanidæ and Verrucidæ of Great Britain*. London: Palæontographical Society.

De Waal, Frans. 2007. *Chimpanzee Politics: Power and Sex Among Apes*. Baltimore: Johns Hopkins University Press.

Dendy, Arthur. 1899. "Memoirs: Outlines of the Development of the Tuatara, Sphenodon (Hatteria) punctatus." *Journal of Cell Science* s2-42: 1-87.

Dines, James P., Sarah L. Mesnick, Katherine Ralls, Laura May- Collado, Ingi Agnarsson, and Matthew D. Dean. 2015. "A Trade- off Between Precopulatory and Postcopulatory Trait Investment in Male Cetaceans." *Evolution* 69 (6): 1560-72. https://doi.org/10.1111/evo.12676.

——, Erik Otárola-Castillo, Peter Ralph, Jesse Alas, Timothy Daley, Andrew D. Smith, and Matthew D. Dean. 2014. "Sexual Selection Targets Cetacean Pelvic Bones." *Evolution* 68 (11): 3296-306. https://doi.org/10.1111/evo.12516.

Diogo, Rui, Julia L. Molnar, and Bernard Wood. 2017. "Bonobo Anatomy Reveals Stasis and Mosaicism in Chimpanzee Evolution, and Supports Bonobos as the Most Appropriate Extant Model for the Common Ancestor of Chimpanzees and Humans." *Scientific Reports* 7: 608. https://doi.org/10.1038/s41598-017-00548-3.

Dixson, A. F. 1983. "Observations on the Evolution and Behavioral Significance of 'Sexual Skin' in Female Primates." *Advances in the Study of Behavior* 13: 63-106. https://doi.org/10.1016/S0065-3454(08)60286-7.

——. 1995. "Baculum Length and Copulatory Behaviour in Carnivores and Pinnipeds (Grand Order Ferae)." *Journal of Zoology* 235 (1): 67-76. https://doi.org/10.1111/j.1469-7998.1995.tb05128.x.

——. 2012. *Primate Sexuality: Comparative Studies of the Prosimians, Monkeys, Apes, and Humans*. 2nd ed. New York: Oxford University Press

——. 2013. *Sexual Selection and the Origin of Human Mating Systems*. New York: Oxford University Press.

Dougherty, Liam R., and David M. Shuker. 2016. "Variation in Pre- and Postcopulatory Sexual Selection on Male Genital Size in Two Species of Lygaeid Bug." *Behavioral Ecology and Sociobiology* 70: 625-37. https://doi.org/10.1007/s00265-016-2082-6.

——, Emile van Lieshout, Kathryn B. McNamara, Joe A. Moschilla, Göran Arnqvist, and Leigh W. Simmons. 2017. "Sexual Conflict and Correlated Evolution Between Male Persistence and Female Resistance Traits in the Seed Beetle *Callosobruchus maculatus*." *Proceedings of the Royal Society B: Biological Sciences* 284 (1855): 20170132. https://doi.org/10.1098/rspb.2017.0132.

Dreisbach, Robert Rickert. 1957. "A New Species in the Genus *Arachnoproctonus* (Hymenoptera: Psammocharidae) with Photomicrographs of the Genitalia and Subgenital Plate." *Entomological News* 68 (3): 72-75.

Dukoff, Spencer. 2019. "The State of the American Penis." *Men's Health*, June 7, 2019. https://www.menshealth.com/health/a27703087/the-state-of-the-american-penis.

Dunlop, Jason A., Lyall I. Anderson, Hans Kerp, and Hagen Hass. 2003. "Palaeontology: Preserved Organs of Devonian Harvestmen." *Nature* 425: 916. https://doi.org/10.1038/425916a.

——, Paul A. Selden, and Gonzalo Giribet. 2016. "Penis Morphology in a Burmese Amber Harvestman." *The Science of Nature* 103: 1-5. https://doi.org/10.1007/s00114-016-1337-4.

Dytham, Calvin, John Grahame, and Peter J. Mill. 1996."Synchronous Penis Shedding in the Rough Periwinkle, *Littorina arcana*." *Journal of the Marine Biological Association of the United Kingdom* 76 (2): 539-42. https://doi.org/10.1017/S0025315400030733.

Eady, Paul. 2010. "Postcopulatory Sexual Selection in the Coleoptera: Mechanisms and Consequences." In *The Evolution of Primary Sexual Characters in Animals*, edited by Janet L. Leonard and Alex Córdoba- Aguilar, 353-78. New York: Oxford University Press.

——, Leticia Hamilton, and Ruth E. Lyons. 2006. "Copulation, Genital Damage and Early Death in *Callosobruchus maculatus*." *Proceedings of the Royal Society B: Biological Sciences* 274 (1607): 247-52. https://doi.org/10.1098/rspb.2006.3710.

Eberhard, William G. 1985. *Sexual Selection and Animal Genitalia*. Cambridge, MA: Harvard University Press.

——. 2009. "Evolution of Genitalia: Theories, Evidence, and New Directions." *Genetica* 138: 5-18. https://doi.org/10.1007/s10709-009-9358-y.

——. 2010. "Rapid Divergent Evolution of Genitalia: Theory and Data Updated." In *The Evolution of Primary Sexual Characters in Animals*, edited by Janet L. Leonard and Alex Córdoba- Aguilar, 40-78. New York: Oxford University Press.

——. 2011. "Experiments with Genitalia: Commentary." *Trends in Ecology & Evolution* 26 (1): 17-21.

https://doi.org/10.1016/j.tree.2010.10.009.

——, and Bernhard A. Huber. 2010. "Spider Genitalia: Precise Maneuvers with a Numb Structure in a Complex Lock." In *The Evolution of Primary Sexual Characters in Animals*, edited by Janet L. Leonard and Alex Córdoba-Aguilar, 249–84. New York: Oxford University Press.

——, and Natalia Ramírez. 2004. Functional Morphology of the Male Genitalia of Four Species *Drosophila*: Failure to Confirm Both Lock and Key and Male- Female Conflict Predictions." *Annals of the Entomological Society of America* 97 (5) 1007-17. https://doi.org/10.1603/0013-8746(2004)097[1007:FMOTMG]2.0.CO;2.

——, Rafael Lucas Rodríguez, Bernhard A. Huber, Bretta Speck, Henry Miller, Bruno A. Buzatto, and Glauco Machado. 2018. "Sexual Selection and Static Allometry: The Importance of Function." *The Quarterly Review of Biology* 93 (3): 207-50. https://doi.org/10.1086/699410.

Eisner, T., S. R. Smedley, D. K. Young, M. Eisner, B. Roach, and J. Meinwald. 1996a. "Chemical Basis of Courtship in a Beetle (*Neopyrochroa flabellata*): Cantharidin as 'Nuptial Gift.'" *Proceedings of the National Academy of Sciences of the United States of America* 93 (13): 6499-503. https://doi.org/10.1073/pnas.93.13.6499.

——. 1996b. "Chemical Basis of Courtship in a Beetle (*Neopyrochroa flabellata*): Cantharidin as Precopulatory 'Enticing' Agent." *Proceedings of the National Academy of Sciences of the United States of America* 93 (13): 6494– 98. https://doi.org/10.1073/pnas.93.13.6494.

El Hasbani, Georges, Richard Assaker, Sutasinee Nithisoontorn, William Plath, Rehan Munit, and Talya Toledano. 2019. "Penile Ossification of the Entire Penile Shaft Found Incidentally on Pelvic X- Ray." *Urology Case Reports* 26: 100938. https://doi.org/10.1016/j.eucr.2019.100938.

Ellison, Peter T., ed. 2001. *Reproductive Ecology and Human Evolution*. New York: Aldine de Gruyter.

Emerling, Christopher A., and Stephanie Keep. 2015. "What Can We Learn About Our Limbs from the Limbless?" *Understanding Evolution*, November 2015. https://evolution.berkeley.edu/evolibrary/news/151105_limbless.

Engel, Katharina C., Lisa Männer, Manfred Ayasse, and Sandra Steiger. 2015. "Acceptance Threshold Theory Can Explain Occurrence of Homosexual Behaviour." *Biology Letters* 11 (1): 20140603. https://doi.org/10.1098/rsbl.2014.0603.

Eres, Ittai E., Kaixuan Luo, Chiaowen Joyce Hsiao, Lauren E. Blake, and Yoav Gilad. 2019. "Reorganization of 3D Genome Structure May Contribute to Gene Regulatory Evolution in Primates." *PLoS Genetics* 15 (7): e1008278. https://doi.org/10.1371/journal.pgen.1008278.

Evans, Benjamin R., Panayiota Kotsakiozi, André Luis Costa- da- Silva, Rafaella Sayuri Ioshino, Luiza

Garziera, Michele C. Pedrosa, Aldo Malavasi, Jair F. Virginio, Margareth Lara Capurro, and Jeffrey R. Powell. 2019. "Transgenic *Aedes aegypti* Mosquitoes Transfer Genes into a Natural Population." *Scientific Reports* 9: 13047. https://doi.s41598-019-49660-6.

Faddeeva-Vakhrusheva, Anna, Ken Kraaijeveld, Martijn F. L. Derks, Seyed Yahya Anvar, Valeria Agamennone, Wouter Suring, Andries A. Kampfraath, Jacintha Ellers, et al. 2017. "Coping with Living in the Soil: The Genome of the Parthenogenetic Springtail *Folsomia candida*." *BMC Genomics* 18: 493. https://doi.org/10.1186/s12864-017-3852-x.

Finlay, Alison. 2020. Volsa Pattur" translation. London: Birkbeck College.

Finn, Julian. 2013. Taxonomy and Biology of the Argonauts (Cephalopoda: Argonautidae) with Particular Reference to Australian Material." *Molluscan Research* 33 (3): 143-222. https://doi.org/10.1080/13235818.2013.824854.

——, and Mark D. Norman. 2010. "The Argonaut Shell: Gas-Mediated Buoyancy Control in a Pelagic Octopus." *Proceedings of the Royal Society B: Biological Sciences* 277 (1696): 2967– 71. https://doi.org/10.1098/rspb.2010.0155.

Fitzpatrick, John L., Maria Almbro, Alejandro Gonzalez-Voyer, Niclas Kolm, and Leigh W. Simmons. 2012. "Male Contest Competition and the Coevolution of Weaponry and Testes In Pinnipeds." *Evolution* 66 (11): 3595–604.

Floyd, Kathy. 2019. "New Family of Spiders Found in Chihuahuan Desert." Texomas, July 18, 2019. https://www.texomashomepage.com/news/new-family-of-spiders-found-in-chihuahuan-desert.

Fooden, Jack. 1967. "Complementary Specialization of Male and Female Re-productive Structures in the Bear Macaque, *Macaca arctoides*." *Nature* 214: 939-41. https://doi.org/10.1038/214939b0.

Fowler-Finn, Kasey D., Emilia Triana, and Owen G. Miller. 2014. "Mating in the Harvestman *Leiobunum vittatum* (Arachnida: Opiliones): From Premating Struggles to Solicitous Tactile Engagement." *Behaviour* 151 (12–13): 1663-86. https://doi.org/10.1163/1568539X-00003209.

Frazee, Stephen R., and John P. Masly. 2015. "Multiple Sexual Selection Pressures Drive the Rapid Evolution of Complex Morphology in a Male Secondary Genital Structure." *Ecology and Evolution* 5 (19): 4437-50. https://doi.org/10.1002/ece3.1721.

Frederick, David A., H. Kate St. John, Justin R. Garcia, and Elisabeth Lloyd. 2018. "Differences in Orgasm Frequency Among Gay, Lesbian, Bisexual, and Heterosexual Men and Women in a U.S. National Sample." *Archives of Sexual Behavior* 47: 273-88. https://doi.org/10.1007/s10508-017-0939-z.

Friedman, David M. 2001. *A Mind of Its Own*. New York: Free Press.

Friesen, C. R., E. J. Uhrig, R. T. Mason, and P. L. R. Brennan. 2016. "Female Behaviour and the Interaction of Male and Female Genital Traits Mediate Sperm Transfer During Mating." *Journal of Evolutionary Biology* 29 (5): 952–64. https://doi.org/10.1111/jeb.12836.

——, Emily J. Uhrig, Mattie K. Squire, Robert T. Mason, and Patricia L. R. Brennan. 2014. "Sexual Conflict over Mating in Red- Sided Garter Snakes (*Thamnophis sirtalis*) as Indicated Experimental Manipulation of Genitalia." *Proceedings of the Royal Society B: Biological Sciences* 281 (1774): 20132694. https://doi.org/10.1098/rspb.2013.2694.

Fritzsche, Karoline, and Göran Arnqvist. 2013. "Homage to Bateman: Sex Roles Predict Sex Differences in Sexual Selection." *Evolution* 67 (7): 1926–36. https://doi.org/10.1111/evo.12086.

Gack, C., and K. Peschke. 1994. "Spernathecal Morphology, Sperm Transfer and a Novel Mechanism of Sperm Displacement in the Rove Beetle, *Aleochara curtula* (Coleoptera, Staphylinidae)." *Zoomorphology* 114: 227–37. https://doi.org/10.1007/BF00416861.

Gammon, Katharine. 2019. "The Human Cost of Amber." *The Atlantic*, August 2, 2019. https://www.theatlantic.com/science/archive/2019/08/amber-fossil-supply-chain-has-dark-human-cost/594601.

Gans, Carl, James C. Gillingham, and David L. Clark. 1984. "Courtship, Mating and Male Combat in Tuatara, *Sphenodon punctatus*." *Journal of Herpetology* 18 (2): 194–97. https://doi.org/10.2307/1563749.

Gautier Abreu, Teofilo. 1992. "Obstacles to Medical Research in the Country. Application to Teaching and Practice of the Findings of an Investigation of Cases of Pseudohermaphroditism in Salina, Barahon Province, Dominican Republic [in Spanish]. *Acta Médica Dominicana* January/February: 38–9.

Ghiselin, Michael T. 1969. "The Evolution of Hermaphroditism Among Animals." *The Quarterly Review of Biology* 44 (2): 189–208. https://doi.org/10.1086/406066.

Gibbens, Sarah. 2017. "Watch the Elaborate Courtship of Three Gray Whales." *National Geographic*, February 10, 2017. Video, 1:05. https://www.nationalgeographic.com/news/2017/02/video-footage-gray-whale-mating.

Gibbons, Ann. 2019. "Our Mysterious Cousins—the Denisovans—May Have Mated with Modern Humans as Recently as 15,000 Years Ago." *Science*, March 29, 2019. https://doi.org/10.1126/science.aax5054.

Gifford-Gonzalez, Diane. 1993. "You Can Hide, But You Can't Run: Representations of Women's Work in Illustrations of Palaeolithic Life." *Visual Anthropology Review* 9 (1): 22–41. https://doi.

org/10.1525/var.1993.9.1.22.

Godwin, John, and Marshall Phillips. 2016. "Modes of Reproduction Fishes." *Encyclopedia of Reproduction* 6: 23–31. https://doi.org/10.1016/B978-0-12-809633-8.20532-3.

Goldhill, Olivia. 2019. "Ancient Romans Etched Penis Graffiti as a Symbol of Luck and Domination." Quartz, March 2, 2019. https://qz.com/1564029/penis-graffiti-symbolized-luck-and-domination-to-ancient-romans.

Golding, Rosemary E., Maria Byrne, and Winston F. Ponder. 2008. "Novel Copulatory Structures and Reproductive Functions in Amphiboloidea (Gastropoda, Heterobranchia, Pulmonata)." *Invertebrate Biology* 127 (2): 168-80. https://doi.org/10.1111/1744-7410.2007.00120.x.

Gonzales, Joseph E., and Emilio Ferrer. 2016. "Efficacy of Methods for Ovulation Estimation and Their Effect on the Statistical Detection of Ovulation-Linked Behavioral Fluctuations." *Behavior Research Methods* 48: 1125–44. https://doi.org/10.3758/s13428-015-0638-4.

Gower, David J., and Mark Wilkinson. 2002. "Phallus Morphology in Caecilians Amphibia, Gymnophiona) and Its Systematic Utility." *Bulletin of the Natural History Museum (Zoology)* 68 (2): 143–54. https://doi.org/10.1017/S096804700200016X.

Gredler, Marissa L. 2016. "Developmental and Evolutionary Origins of the Amniote Phallus." *Integrative & Comparative Biology* 56 (4): 694–704. https://doi.org/10.1093/icb/icw102.

——, C. E. Larkins, F. Leal, A. K. Lewis, A. M. Herrera, C. L. Perriton, T. J. Sanger, and M. J. Cohn. 2014. "Evolution of External Genitalia: Insights from Reptilian Development." *Sexual Development* 8 (5): 311–26. https://doi.org/10.1159/000365771.

Green, Kristina Karlsson, and Josefin A. Madjidian. 2011. "Active Males, Reactive Females: Stereotypic Sex Roles in Sexual Conflict Research?" *Animal Behaviour* 81 (5): 901–07. https://doi.org/10.1016/j.anbehav.2011.01.033.

Haase, Martin, and Anna Karlsson. 2004. "Mate Choice in a Hermaphrodite: You Won't Score with a Spermatophore." *Animal Behaviour* 67 (2): 287–91. https://doi.org/10.1016/j.anbehav.2003.06.009.

Hafsteinsson, Sigurjón Baldur. 2014. *Phallological Museum*. Münster: LIT Verlag.

Hatheway, Emily. 2018. "How Androcentric Science Affects Content and Conclusions." *The Journal of the Core Curriculum* 27 (Spring): 25–31. http://www.bu.edu/core/files/2019/01/journal18.pdf.

Hay, Mark. 2019. "Why Tiny Dicks Might Come Back into Fashion." Vice, August 14, 2019. https://www.vice.com/en_us/article/mbmav3/why-tiny-dicks-might-come-back-into-fashion/.

Hazley, Lindsay. 2020. "Tuatara." Southland Museum and Art Gallery. https://www.southlandmuseum.co.nz/tuatara.html.

Helliwell, Christine. 2000. "'It's Only a Penis': Rape, Feminism, and Difference." *Signs* 25 (3): 789–816. https://doi.org/10.1086/495482.

Herbenick, Debby, Michael Reece, Vanessa Schick, Stephanie and A. Sanders. 2014. "Erect Penile Length and Circumference Dimensions of 1,661 Sexually Active Men in the United States." *The Journal of Sexual Medicine* 11 (1): 93–101. https://doi.org/10.1111/jsm.12244.

Hernández, Linda, Anita Aisenberg, and Jorge Molina. 2018. "Mating Plugs and Sexual Cannibalism in the Colombian Orb- Web Spider *Leucauge mariana*." *Ethnology* 124 (1): 1–13. https://doi.org/10.1111/eth.12697.

Hernandez, L. O., Inchaustegui, S., and Arguello, C. N. 1954. *Journal of Dominican Medicine* 6 (2): 114.

Herrera, Ana M., P. L. R. Brennan, and M. J. Cohn. 2015. "Development of Avian External Genitalia: Interspecific Differences and Sexual Differentiation of the Female Phallus." *Sexual Development* 9 (1): 43–52. https://doi.org/10.1159/000364927.

——, Simone G. Shuster, Claire L. Perriton, and Martin J. Cohn. 2013. "Developmental Basis of Phallus Reduction During Bird Evolution." *Current Biology* 23 (12) 1065–74. https://doi.org/10.1016/j.cub.2013.04.062.

Hoch, J. Matthew, Daniel T. Schneck, and Christopher J. Neufeld. 2016. "Ecology and Evolution of Phenotypic Plasticity in the Penis and Cirri of Barnacles." *Integrative and Comparative Biology* 56 (4): 728–40. https://doi.org/10.1093/icb/icw006.

Hochberg, Z., R. Chayen, N. Reiss, Z. Falik, A. Makler, M. Munichor, A. Farkas, H. Goldfarb, N. Ohana, and O. Hiort. 1996. "Clinical, Biochemical, and Genetic Findings in a Large Pedigree of Male and Female Patients with 5 Alpha-reductase 2 Deficiency." *The Journal of Clinical Endocrinology & Metabolism* 81 (8): 2821–27. https://doi.org/10.1210/jcem.81.8.8768837.

Hodgson, Alan N. 2010. "Prosobranchs with Internal Fertilization." In *The Evolution of Primary Sexual Characters in Animals*, edited by Janet L. Leonard and Alex Córdoba- Aguilar, 121–47. New York: Oxford University Press.

Holwell, Gregory I., and Marie E. Herberstein. 2010. "Chirally Dimorphic Male Genitalia in Praying Mantids (Ciulfina: Liturgusidae)." *Journal of Morphology* 271 (10): 1176–84. https://doi.org/10.1002/jmor.10861.

——, Olga Kazakova, Felicity Evans, James C. O'Hanlon, and Katherine L. Barry. 2015. "The Functional Significance of Chiral Genitalia: Patterns of Asymmetry, Functional Morphology and Mating Success in the Praying Mantis *Ciulfina baldersoni*." *PLoS ONE* 10 (6): e0128755. https://doi.

org/10.1371/journal.pone.0128755.

Hopkin, Stephen. 1997. "The Biology of the Collembola (Springtails): The Most Abundant Insects in the World." https://www.nhm.ac.uk/resources-rx/files/35feat_springtails_most_abundent-3056.pdf.

Hosken, David J., C. Ruth Archer, Clarissa M. House, and Nina Wedell. 2018. "Penis Evolution Across Species: Divergence and Diversity." *Nature Reviews Urology* 16: 98–106. https://doi.org/10.1038/s41585-018-0112-z.

———, Kate E. Jones, K. Chipperfield, Alan Dixson. 2001. "Is the Bat Os Penis Sexually Selected?" *Behavioral Ecology and Sociobiology* 50: 450–60. https://doi.org/10.1007/s002650100389.

Hotzy, Cosima, Michal Polak, Johanna Liljestrand Rönn, and Göran Arnqvist. 2012. "Phenotypic Engineering Unveils the Function of Genital Morphology." *Current Biology* 22 (23): 2258-61. https://doi.org/10.1016/j.cub.2012.10.009.

Houck, Lynne D., and Paul A. Verrell. 2010. "Evolution of Primary Sexual Characters in Amphibians." In *The Evolution of Primary Sexual Characters in Animals*, edited by Janet L. Leonard and Alex Córdoba- Aguilar, 409–21. New York: Oxford University Press.

House, Clarissa M. Zenobia Lewis, David J. Hodgson, Nina Wedell, Manmohan D. Sharma, John Hunt, and David J. Hosken. 2013. "Sexual and Natural Selection Both Influence Male Genital Evolution." *PLoS ONE* 8 (5): e63807. https://doi.org/10.1371/journal.pone.0063807.

——, M. D. Sharma, Kensuke Okada, and David J. Hos ken. 2016. "Pre and copulatory Selection Favor Similar Genital Phenotypes in the Male Broad Horned Beetle." *Integrative & Comparative Biology* 56 (4): 682–93. https://doi.org/10.1093/icb/icw079.

Huber, Bernhard A. 2003. "Rapid Evolution and Species- Specificity of Arthropod Genitalia: Fact or Artifact?" *Organisms Diversity & Evolution* 3 (1): 63–71. https://doi.org/10.1078/1439-6092-00059.

——. 2004. "Evolutionary Transformation from Muscular to Hydraulic Movements in Spider (Arachnida, Araneae) Genitalia: A Study Based on Histological Serial Sections." *Journal of Morphology* 261 (3): 364– 76. https://doi.org/10.1002/jmor.10255.

——, and Olga M. Nuñeza. 2015. "Evolution of Genital Asymmetry, Exagger-ated Eye Stalks, and Extreme Palpal Elongation in Panjange Spiders (Araneae: Pholcidae)." *European Journal of Taxonomy* 169: 1–46. https://doi.org/10.5852/ejt.2015.169.

——, and Abel Pérez González. 2001. "Female Genital Dimorphism in a Spider (Araneae: Pholcidae)." *Journal of Zoology* 255 (3): 301–04. https://doi.org/10.1017/S095283690100139X.

——, Bradley J. Sinclair, and Michael Schmitt. 2007. "The Evolution of Asymmetric Genitalia in Spiders and Insects." *Biological Reviews of the Cambridge Philosophical Society* 82 (4): 647–98. https://doi.org/10.1111/-185X.2007.00029.x.

——, and Charles M. Warui. 2012. "East African Pholcid Spiders: An Overview, with Descriptions of Eight New Species (Araneae, Pholcidae)." *European Journal of Taxonomy* 19: 1–44. https://doi.org/10.5852/2012.29.

Humphries, D. A. 1967. "The Action of the Male Genitalia During the Copulation of the Hen Flea, *Ceratophyllus gallinae* (Schrank)." *Proceedings of the Royal Entomological Society of London. Series A, General Entomology* 42 (7–9): 101–06. https://doi.org/10.1111/j.1365-3032.1967.tb01009.x.

Imperato- McGinley, Julianne, Luiz Guerrero, Teófilo Gautier, and Ralph E. Peterson. 1974. "Steroid 5α- reductase Deficiency in Man: An Inherited Form of Male Pseudohermaphroditism." *Science* 186 (4170): 1213–15. https://doi.org/10.1097/00006254-197505000-00017.

——, M. Miller, J. D. Wilson, R. E. Peterson, C. Shackleton, and D. C. Gajdusek. 1991. "A Cluster of Male Pseudohermaphrodites with 5α-reductase Deficiency in Papua New Guinea." *Clinical Endocrinology* 34 (4): 293–98. https://doi.org/10.1111/j.1365-2265.1991.tb03769.x.

Infante, Carlos R., Alexandra G. Mihala, Sungdae Park, Jialiang S. Wang, Kenji K. Johnson, James D. Lauderdale, and Douglas B. Menke. 2015. "Shared Enhancer Activity in the Limbs and Phallus and Functional Divergence of a Limb-Genital cis-Regulatory Element in Snakes." *Developmental Cell* 35 (1): 107–19. https://doi.org/10.1016/j.devcel.2015.09.003.

Inger, Robert F., and Hymen Marx. 1962. "Variation of Hemipenis and Cloaca in the Colubrid Snake *Calamaria lumbricoidea*." *Systemic Biology* 11 (1): 32–38. https://doi.org/10.2307/2411447.

Jarne, Philippe, Patrice David, Jean-Pierre Pointier, and Joris M. Koene. 2010. "Basommatophoran Gastropods." In *The Evolution of Primary Sexual Characters in Animals*, edited by Janet L. Leonard and Alex Córdoba- Aguilar, 173–96. New York: Oxford University Press.

Jervey, Edward D. 1987. "The Phallus and Phallus Worship in History." *The Journal of Popular Culture* 21 (2): 103–15. https://doi.org/10.1111/j.0022-3840.1987.2102_103.x.

Jolivet, Pierre. 2005. "Inverted Copulation." In *Encyclopedia of Entomology*, edited by John L. Capinera, 2041–44. Dordrecht, The Netherlands: Springer. https://doi.org/10.1007/0-306-48380-7_2220.

Jones, Marc E. H., and Alison Cree. 2012. "Tuatara." *Current Biology* 22 (23): R986–.

Jones, Thomas Rymer. 1871. *General Outline of the Organization of the Animal Kingdom and Manual of Comparative Anatomy*. London: John Van Voorst.

Joyce, Walter G., Norbert Micklich, Stephan F. K. Schaal, and Torsten M. Scheyer. 2012. "Caught in the Act: The First Record of Copulating Fossil Vertebrates." *Biology Letters* 8 (5): 846–48.

Juzwiak, Rich. 2014. "This Man Wants His Penis to Be the Most Famous Penis on Earth (NSFW)." Gawker, April 16, 2014. https://gawker.com/this-man-wants-his-penis-to-be-the-most-famous-penis-on-1563806397.

Kahn, Andrew T., Brian Mautz, and Michael D. Jennions. 2009. Females Prefer to Associate with Males with Longer Intromittent Organs in Mosquitofish." *Biology Letters* 6 (1): 55–58. https://doi.org/10.1098/rsbl.2009.0637.

Kahn, Penelope C., Dennis D. Cao, Mercedes Burns, Sarah L. Boyer. 2018. "Nuptial Gift Chemistry Reveals Convergent Evolution Correlated with Antagonism in Mating Systems of Harvestmen (Arachnida, Opiliones)." *Ecology and Evolution* 8 (14): 7103–10. https://doi.org/10.1002/ece3.4232.

Kamimura, Yoshitaka, and Yoh Matsuo. 2001. "A 'Spare' Compensates for the Risk of Destruction of the Elongated Penis of Earwigs (Insecta: Dermaptera)." *Naturwissenschaften* 88 (11) 468–71.

Kawaguchi, So, Robbie Kilpatrick, Lisa L. Roberts, Robert A. King, and Stephen Nicol. 2011. "Ocean-Bottom Krill Sex." *Journal of Plankton Research* 33 (7): 1134–38. https://doi.org/10.1093/plankt/fbr006.

Kelly, Diane A. 2016. Intromittent Organ Morphology and Biomechanics: Defining the Physical Challenges of Copulation." *Integrative & Comparative Biology* 56 (4): 705–14. https://doi.org/10.1093/icb/icw058.

——, and Brandon C. Moore. 2016. "The Morphological Diversity of Intromittent Organs: An Introduction to the Symposium." *Integrative & Comparative Biology* 56 (4): 630–34. https://doi.org/10.1093/icb/icw103.

Keuls, Eva C. 1985. *The Reign of the Phallus: Sexual Politics in Ancient Athens*. Berkeley: University of California Press.

King, Richard B., Robert C. Jadin, Michael Grue, and Harlan D. Walley. 2009. "Behavioural Correlates with Hemipenis Morphology in New World Natricine Snakes." *Biological Journal of the Linnean Society* 98 (1): 110–20. https://doi.org/10.1111/j.1095-8312.2009.01270.x.

Klaczko, J., T. Ingram, and J. Losos. 2015. "Genitals Evolve Faster than Other Traits in *Anolis* Lizards." *Journal of Zoology* 295 (1): 44–48. https://doi.org/10.1111/jzo.12178.

Klimov, Pavel B., and Ekaterina A. Sidorchuk. 2011. "An Enigmatic Lineage of Mites from Baltic Amber Shows a Unique, Possibly Female-Controlled, Mating." *Biological Journal of the Linnean Society* 102 (3): 661–68. https://doi.org/10.1111/j.1095-8312.2010.01595.x.

Knapton, Sarah. 2015. "The Astonishing Village Where Little Girls Turn into Boys Aged 12." *The Telegraph*, September 20, 2015. https://www.telegraph.co.uk/science/2016/03/12/the-astonishing-village-where-little-girls-turn-into-boys-aged-1.

Knoflach, Barbara, and Antonius van Harten. 2000. "Palpal Loss, Single Palp Copulation and Obligatory Mate Consumption in *Tidarren cuneolatum* (Tullgren, 1910) (Araneae, Theridiidae)." *Journal of Natural History* 34 (8): 1639–59. https://doi.org/10.1080/00222930050117530.

Kolm, Niclas, Mirjam Amcoff, Richard P. Mann, and Göran Arnqvist 2012. "Diversification of a Food- Mimicking Male Ornament via Sensory Drive." *Current Biology* 22 (15): 1440– 43. https://doi.org/10.1016/j.cub.2012.05.050.

Kozlowski, Marek Wojciech, and Shi Aoxiang. 2006. "Ritual Behaviors Associated with Spermatophore Transfer in *Deuterosminthurus bicinctus* (Collembola: Bourletiellidae)." *Journal of Ethology* 24: 103–09. https://doi.org/10.1007/s10164-005-0162-6.

Krivatsky, Peter. 1968. "Le Blon's Anatomical Color Engravings." *Journal of the History of Medicine and Allied Sciences* 23 (2): 153–58. https://doi.org/10.1093/jhmas/XXIII.2.153.

Kunze, Ludwig. 1959. "Die funktionsanatomischen Grundlagen der Kopulation der Zwergzikaden, untersucht an Euscelis plebejus (Fall.) und einigen Typhlocybinen." *Deutsche Entomologische Zeitschrift* 6 (4): 322–87. https://doi.org/10.1002/mmnd.19590060402.

Lamuseau, Maarten H. D., Pieter van den Berg, Sofie Claerhout, Francesc Calafell, et al. 2019. "A Historical- Genetic Reconstruction of Human Extra- Pair Paternity." *Current Biology* 29 (23): 4102–07. e7. https://doi.org/10.1016/j.cub.2019.09.075.

Lange, Rolanda, Klaus Reinhardt, Nico K. Michiels, and Nils Anthes. 2013. "Functions, Diversity, and Evolution of Traumatic Mating." *Biological Reviews of the Cambridge Philosophical Society* 88 (3): 585–601. https://doi.org/10.1111/brv.12018.

——, Johanna Werminghausen, and Nils Anthes. 2014. "Cephalo- traumatic Secretion Transfer in a Hermaphrodite Sea Slug." *Proceedings of the Royal Society B: Biological Sciences* 281 (1774): 20132424. https://doi.org/10.1098/rspb.2013.2424.

Langerhans, R. Brian, Christopher M. Anderson, and Justa L. Heinen-Kay. 2016. "Causes and Consequences of Genital Evolution." *Integrative & Comparative Biology* 56 (4): 741–51. https://doi.org/10.1093/icb/icw101.

——, Craig A. Layman, and Thomas J. DeWitt. 2005. "Male Genital Size Reflects a Tradeoff Between Attracting Mates and Avoiding Predators in Two Live-Bearing Fish Species." *Proceedings of the National Academy of Sciences of the United States of America* 102 (21): 7618–23. https://doi.

org/10.1073/pnas.0500935102.

Lankester, E. Ray. 1915. *Diversions of a Naturalist*. London: Methuen. https://doi.org/10.5962/bhl.title.17665.

Larivière, S., and S. H. Ferguson. 2002. "On the Evolution of the Mammalian Baculum: Vaginal Friction, Prolonged Intromission or Induced Ovulation?" *Mammal Review* 32 (4): 283–94. https://doi.org/10.1046/j.1365-2907.2002.00112.x.

Larkins, C. E., and M. J. Cohn. 2015. "Phallus Development in the Turtle *Trachemys scripta*." *Sexual Development* 9: 34–42. https://doi.org/10.1159/000363631.

Leboeuf, Burney J. 1972. "Sexual Behavior in Northern the Elephant Seal *Mirounga angustirostris*." *Behaviour* 41 (1–2): 1–26. https://doi.org/10.1163/156853972X00167.

Lee, T. H., and F. Yamazaki. 1990. "Structure and Function of a Special Tissue in the Female Genital Ducts of the Chinese Freshwater Crab *Eriocheir sinensis*." *The Biological Bulletin* 178 (2): 94-100. https://doi.org/10.2307/1541967.

Lehman, Peter. 1998. "In an Imperfect World, Men with Small Penises Are Unforgiven: The Representation of the Penis/ Phallus in American Films of the 1990s." *Men and Masculinities* 1 (2): 123–37. https://doi.org/10.1177/1097184X98001002001.

Lehmann, Gerlind U. C., and Arne W. Lehmann. 2016. "Material Benefit of Mating: The Bushcricket Spermatophylax as a Fast Uptake Nuptial Gift." *Animal Behaviour* 112: 267–71. https://doi.org/10.1016/j.anbehav.2015.12.022.

——, James D. Gilbert, Karim Vahed, and Arne W. Lehmann. 2017. "Male Genital Titillators and the Intensity of Post- copulatory Sexual Selection Across Bushcrickets." *Behavioral Ecology* 28 (5): 1198–205. https://doi.org/10.1093/beheco/arx094.

LeMoult, Craig. 2019. "Baby Anacondas Born at New England Aquarium—Without Any Male Snakes Involved." WGBH News, May 23, 2019. https://www.wgbh.org/news/local-news/2019/05/23/baby-anacondas-born-at-new-england-aquarium-without-any-male-snakes-involved.

Lever, Janet, David A. Frederick, and Letitia Anne Peplau. 2006. "Does Size Matter? Men's and Women's Views on Penis Size Across the Lifespan." *Psychology of Men & Masculinity* 7 (3): 129–43. https://doi.org/10.1037/1524-9220.7.3.129.

Lewin, Bertram D. 1933. "The Body as Phallus." *The Psychoanalytic Quarterly* 2 (2): 24–47. https://doi.org/10.1080/21674086.1933.11925164.

Lonfat, Nicolas, Thomas Montavon, Fabrice Darbellay, Sandra Gitto, and Denis Duboule. 2014. "Convergent Evolution of Complex Regulatory Landscapes and Pleiotropy at *Hox* Loci." *Science*

346 (6212): 1004–06. https://doi.org/10.1126/science.1257493.

Long, John A. 2012. The Dawn of the Deed: *The Prehistoric Origins of Sex*. Chicago: University of Chicago Press.

——, Elga Mark- Kurik, Zerina Johanson, Michael S. Y. Lee, Gavin C. Young, Zhu Min, Per E. Ahlberg, et al. 2015. "Copulation in Antiarch Placoderms and the Origin of Gnathostome Internal Fertilization." *Nature* 517: 196–99. https://doi.org/10.1038/nature13825.

Lough-Stevens, Michael, Nicholas G. Schultz, and Matthew D. Dean. 2018. "The Baubellum Is More Developmentally and Evolutionarily than the Baculum." *Ecology and Evolution* 8 (2): 1073–83. https://doi.org/10.1002/ece3.3634.

Love, Alan C. 2002. "Darwin and *Cirripedia* Prior to 1846: Exploring the Origins of the Barnacle Research." *Journal of the History of Biology* 35: 251–89. https://doi.org/10.1023/A:1016020816265.

Lowengard, Sarah. 2006. "Industry and Ideas: Jacob Christoph Le Blon's Systems of Three-Color Printing and Weaving." In *The Creation of Color in Eighteenth-Century Europe*, 613-40. New York: Columbia University Press.

Lüpold, S., A. G. McElligott, and D. J. Hosken. 2004. "Bat Genitalia: Allometry, Variation and Good Genes." *Biological Journal of the Linnean Society* 83 (4): 497–507. https://doi.org/10.1111/j.1095-8312.2004.00407.x.

Ma, Yao, Wan-jun Chen, Zhao-Hui Li, Feng Zhang, Yan Gao, and Yun-Xia Luan. 2017. Revisiting the Phylogeny of Wolbachia in Collembola." *Ecology and Evolution* 7 (7): 2009–17. https://doi.org/10.1002/ece3.2738.

Macías-Ordóñez, Rogelio, Glauco Machado, Abel Pérez- González, and Jeffrey W. Shiltz. 2010. "Genitalic Evolution in Opiliones." In *The Evolution of Primary Sexual Characters in Animals*, edited by Janet L. Leonard and Alex Córdoba-Aguilar, 285–306. New York: Oxford University Press.

Marks, Kathy. 2009. "Henry the Tuatara Is a Dad at 111." *The Independent*, January 26, 2009. https://www.independent.co.uk/news/world/australasia/henry-the-tuatara-is-a-dad-at-111-1516628.html.

Marshall, Donald S., and Robert C. Suggs, eds. 1971. *Human Sexual Behavior: Variations in the Ethnographic Spectrum*. New York: Basic Books.

Marshall, Francis Hugh Adam. 1960. *Physiology of Reproduction*, vol. 1, part 2. London: Longmans Green.

Martínez-Torres, Martín, Beatriz Rubio- Morales, José Juan Piña-Amado, and Juana Luis. 2015. "Hemipenes in Females of the Mexican Viviparous Lizard *Barisia imbricata* (Squamata: Anguidae):

An Example of Heterochrony in Sexual Development." *Evolution & Development* 17 (5): 270–77. https://doi.org/10.1111/ede.12134.

Mattelaer, Johan J. 2010. "The Phallus Tree: A Medieval and Renaissance Phenomenon." *The Journal of Sexual Medicine* 7 (2, part 1): 846–51. https://doi.org/10.1111/j.1743-6109.2009.01668.x.

Mattinson, Chris, ed. 2008. *Firefly Encyclopedia of Reptiles and Amphibians.* 2nd ed. Buffalo: Brown Reference Group.

Matzke-Karasz, Renate, John V. Neil, Robin J. Smith, Radka Symonová, Libor Mořkovský, Michael Archer, Suzanne J. Hand, Peter Cloetens, and Paul Tafforeau. 2014. "Subcellular Preservation in Giant Ostracod Sperm from an Early Miocene Cave Deposit in Australia." *Proceedings of the Royal Society B: Biological Sciences* 281 (1786): 20140394. https://doi.org/10.1098/rspb.2014.0394.

Mautz, Brian, Bob B. M. Wong, Richard A. Peters, and Michael D. Jennions. 2013. "Penis Size Interacts with Body Shape and Height to Influence Male Attractiveness." *Proceedings of the National Academy of Sciences of the United States of America* 110 (17): 6925–30. https://doi.org/10.1073/pnas.1219361110.

McIntyre, J. K. 1996. "Investigations into the Relative Abundance and Anatomy of Intersexual Pigs (*Sus* sp.) in the Republic of Vanuatu." *Science in New Guinea* 22 (3): 137–51.

McLean, Cory Y., Philip L. Reno, Alex A. Pollen, Abraham I. Bassan, Terence D. Capellini, Catherine Guenther, Vahan B. Indjeian, et al. 2011. "Human-Specific Loss of Regulatory DNA and the Evolution of Human-Specific Traits." *Nature* 471: 216-19. https://doi.org/10.1038/nature09774.

Menand, Louis. 2002. "What Comes Naturally." *The New Yorker*, November 18, 2002. https://www.newyorker.com/magazine/2002/11/25/what-comes-naturally-2.

Miller, Edward H., and Lauren E. Burton. 2001. "It's All Relative: Allometry and Variation in the Baculum (Os Penis) of the Harp Seal, *Pagophilus groenlandicus* (Carnivora: Phocidae)." *Biological Journal of the Linnean Society* 72 (3): 345–55. https://doi.org/10.1006/bijl.2000.0509.

——, Ian L. Jones, and Garry B. Stenson. 1999. "Baculum and Testes of the Hooded Seal (Cystophora cristata): Growth and Size- scaling and Their Relationships to Sexual Selection." *Canadian Journal of Zoology* 77 (3): 470–79. https://doi.org/10.1139/z98-233.

——, Kenneth W. Pitcher, and Thomas R. Loughlin. 2000. "Bacular Size, Growth, and Allometry in the Largest Extant Otariid, the Steller Sea Lion (*Eumetopias jubatus*)." *Journal of Mammalogy* 81 (1): 134–44. https://doi.org/10.1644/1545-1542(2000)081<0134:BSGAAI>2.0.CO;2.

Miller, Geoffrey P., Joshua M. Tybur, and Brent D. Jordan. 2007. "Ovulatory Cycle Effects on Tip Earnings by Lap Dancers: Economic Evidence for Human Estrus?" *Evolution and Human Behavior*

28 (6): 375–81. https://doi.org/10.1016/j.evolhumbehav.2007.06.002.

Miller, Joshua Rhett. 2019. "Husband Hacks Off Alleged Rapist's Penis After Seeing Him Assault Wife." *New York Post*, October 17, 2019. https://nypost.com/2019/10/17/husband-hacks-off-alleged-rapists-penis-after-seeing-him-assault-wife.

Monk, Julia D., Erin Giglio, Ambika Kamath, Max R. Lambert, and Caitlin E. McDonough. 2019. "An Alternative Hypothesis for the Evolution of Same- Sex Sexual Behaviour in Animals." *Nature Ecology & Evolution* 3: 1622–31. https://doi.org/10.1038/s41559-019-1019-7.

Moreno Soldevila, Rosario, Alberto Marina Castillo, and Juan Fernández Valverde. 2019. *A Prosopography to Martial's Epigrams*. Boston: De Gruyter.

Museum für Naturkunde, Berlin. "A Penis in Amber." 2019. https://www.museumfuernaturkunde.berlin/en/pressemitteilungen/penis-amber.

Myers, Charles W. 1974. "The Systematics of Rhadinaea Colubridae), a Genus of New World Snakes." Bulletin of the American Museum of Natural History 153 (1). http://digitallibrary.amnh.org/handle/2246/605.

Nadler, Ronald D. 2008. "Primate Menstrual Cycle." Primate Info Net, National Primate Center, University Wisconsin, September 11, 2008. http://pin.primate.wisc.edu/aboutp/anat/menstrual.html.

Naylor, R., S. J. Richardson, and B. M. McAllan. 2007. "Boom and Bust: A Review of the Physiology of the Marsupial Genus *Antechinus*." *Journal of Comparative Physiology B* 178: 545-62. https://doi.org/10.1007/s00360-007-0250-8.

Newitz, Annalee. 2014. "Your Penis Is Getting in the Way of My Science." Gizmodo, April 17, 2014. https://io9.gizmodo.com/your-penis-is-getting-in-the-way-of-my-science-1564473352.

Norman, Jeremy. n.d. "Jacob Christoph Le Blon Invents the Three- Color Process Color Printing." HistoryofInformation.com. Accessed January 31, 2020. http://www.historyofinformation.com/detail.php?id=405/.

Oswald, Flora, Alex Lopes, Kaylee Skoda, Cassandra L. Hesse, and Cory L. Pedersen. 2019. "I'll Show You Mine So You'll Show Me Yours: Motivations and Personality Variables in Photographic Exhibitionism." *The Journal of Sex Research* July 18, 2019. https://doi.org/10.1080/00224499.2019.1639036.

Orbach, Dara N., Brandon Hedrick, Bernd Würsig, Sarah L. Mesnick, and Patricia L. R. Brennan. 2018. "The Evolution of Genital Shape Variation in Female Cetaceans." *Evolution* 72 (2): 261–73. https://doi.org/10.1111/evo.13395.

——, Diane A. Kelly, Mauricio Solano, and Patricia L. R. Brennan. 2017. "Genital Interactions During Simulated Copulation Among Marine Mammals." *Proceedings of the Royal Society B: Biological Sciences* 284 (1864): 20171265. https://doi.org/10.1098/rspb.2017.1265.

——, Shilpa Rattan, Mél Hogan, Alfred J. Crosby, and Patricia L. R. Brennan. 2019. "Biomechanical Properties of Female Dolphin Reproductive Tissue." *Acta Biomaterialia* 86: 117– 24. https://doi.org/10.1016/j.actbio.2019.01.012.

Panashchuk, Roksana. 2019. "Husband Cuts Off Rapist's Penis After Seeing His Own Wife Being Sexually Assaulted Near Their Home in Ukraine—and Now Faces a Longer Sentence than Her Attacker." *Daily Mail Online*. October 17, 2019. https://www.dailymail.co.uk/news/article-7583121/Husband-cuts-rapists-penis-seeing-wife-assaulted-near-home-Ukraine.html.

Patlar, Bahar, Michael Weber, Tim Temizyürek, and Steven A. Ramm. 2019. "Seminal Fluid– Mediated Manipulation of Post-mating Behavior in a Simultaneous Hermaphrodite." *Current Biology* 30 (1): 143–49.e4. https://doi.org/10.1016/j.cub.2019.11.018.

Pearce, Fred. 2000. "Inventing Africa." *New Scientist*, August 12, 2000. https://www.newscientist.com/article/mg16722514-300-inventing-africa.

Pedreira, D. A. L., A. Yamasaki, and C. E. Czeresnia. 2001. "Fetal Phallus 'Erection' Interfering with the Sonographic Determination of Fetal Gender in the First Trimester." *Ultrasound in Obstetrics & Gynecology* 18 (4): 402–04. https://doi.org/10.1046/j.0960-7692.2001.00532.x.

Peterson, Jordan B. 2018. *12 Rules for Life: An Antidote to Chaos*. Toronto: Random House Canada. [『12가지 인생의 법칙: 혼돈의 해독제』, 강주헌 옮김, 메이븐, 2018]

Phelpstead, Carl. 2007. "Size Matters: Penile Problems in Sagas of Icelanders." *Exemplaria* 19 (3): 420–37. https://doi.org/10.1179/175330707x237230.

Plutarch. 1924. "The Roman Questions of Plutarch: A New Translation with Introductory Essays and a Running Commentary." Translated by H. J. Rose. Oxford: Clarendon Press.

Pommaret, Françoise, and Tashi Tobgay. 2011. "Bhutan's Pervasive Phallus: Is Drukpa Kunley Really Responsible?" In *Buddhist Himalaya: Studies in Religion, History and Culture: Proceedings of the Golden Jubilee Conference of the Namgyal Institute of Tibetology Gangtok, 2008*, edited by Alex McKay and Anna Balikci-Denjongpa. Vol. 1: *Tibet and the Himalaya*. Gangtok: Namgyal Institute of Tibetology.

Pornhub. n. d. "2018 Year in Review." Accessed January 31, 2019. https://www.pornhub.com/insights/2018-year-in-review.

Prause, Nicole, Jaymie Park, Shannon Leung, and Geoffrey Miller. 2015. "Women's Preferences for

Penis Size: A New Research Method Using Selection Among 3D Models." *PLoS ONE* 10 (9): e0133079. https://doi.org/10.1371/journal.pone.0133079.

Pycraft, William Plane. 1914. *The Courtship of Animals*. London: Hutchinson.

Ramm, S. A. 2007. "Sexual Selection and Genital Evolution: A Phylogenetic Analysis of Baculum Length in Mammals." *American Naturalist* 169: 360–9. https://doi.org/10.1086/510688.

——, Lin Khoo, and Paula Stockley. 2010. "Sexual Selection and the Rodent Baculum: An Intraspecific Study in the House Mouse (*Mus musculus domesticus*)." *Genetica* 138: 129–37. https:// doi.org/ 10.1007/ s10709- 009- 9385-8.

——, Aline Schlatter, Maude Poirier, and Lukas Schärer. 2015. "Hypodermic Self-insemination as a Reproductive Assurance Strategy." *Proceedings of the Royal Society B: Biological Sciences* 282 (1811).

Reise, Heike, and John M. C. Hutchinson. 2002. "Penis-Biting Slugs: Wild Claims and Confusions." *Trends in Ecology & Evolution* 17 (4): 163. https://doi.org/10.1016/S0169-5347(02)02453-9.

Reno, Philip L., Cory Y. McLean, Jasmine E. Hines, Terence D. Capellini, Gill Bejerano, and David M. Kingsley. 2013. "A Penile Spine/ Vibrissa Enhancer Sequence Is Missing in Modern and Extinct Humans But Is Retained in Multiple Primates with Penile Spines and Sensory Vibrissae." *PLoS ONE* 8 (12): e84258. https://doi.org/10.1371/journal.pone.0084258.

Retief, Tarryn A., Nigel C. Bennett, Anouska A. Kinahan, and Philip W. Bateman. 2013. "Sexual Selection and Genital Allometry in the Hottentot Golden Mole (*Amblysomus hottentotus*)." *Mammalian Biology* 78 (5): 356–60. https://doi.org/10.1016/j.mambio.2012.12.002.

Rogers, Jason. 2019. "Inside the Online Communities for Guys Who Want Bigger Penises." *Men's Health*, November 15, 2019. https://www.menshealth.com/sex-women/a29810671/penisenlargement-online-communities.

Ross, Andrew J. 2018. "Burmese Amber." National Museums Scotland. http://www.nms.ac.uk/explore/stories/natural-world/burmese-amber.

Roughgarden, Joan. 2013. *Evolution's Rainbow*. Berkeley: University of California Press. [『진화의 무지개:자연과 인간의 다양성, 젠더와 섹슈얼리티』, 노태복 옮김, 뿌리와이파리, 2010.]

Rowe, Locke, and Göran Arnqvist. 2012. "Sexual Selection and the Evolution of Genital Shape and Complexity in Water Striders." *Evolution; International Journal of Organic Evolution* 66 (1): 40-54. https://doi.org/10.1111/j.15585646.2011.01411.x.

Rowe, Melissah, Murray R. Bakst, and Stephen Pruett- Jones. 2008. "Good Vibrations? Structure and Function of the Cloacal Tip of Male Australian Maluridae." *Journal of Avian Biology* 39 (3): 348–54. https://doi.org/10.1111/j.0908-8857.2008.04305.x.

Rubenstein, N. M., G. R. Cunha, Y. Z. Wang, K. L. Campbell, A. J. Conley, K. C. Catania, S. E. Glickman, and N. J. Place. 2003. "Variation in Ovarian Morphology in Four Species of New World Moles with a Peniform Clitoris." *Reproduction* 126 (6): 713–19. https://doi.org/10.1530/rep.0.1260713.

Saint-Andrè, Nathaniel, and John Howard. 1727. *A Short Narrative of an Extraordinary Delivery of Rabbets*. Internet Archive. https://archive.org/details/shortnarrativeof00sain/page/n2/mode/2up.

Sanger, Thomas J., Marissa L. Gredler, and Martin J. Cohn. 2015. "Resurrecting Embryos of the Tuatara, *Sphenodon punctatus*, to Resolve Vertebrate Phallus Evolution." *Biology Letters* 11 (10): 20150694. https://doi.org/10.1098/rsbl.2015.0694.

Saul, Leon J. 1959. "Flatulent Phallus." *The Psychoanalytic Quarterly* 28 (3): 382. https://doi.org/10.1080/21674086.1959.11926144.

Schärer, L., G. Joss, and P. Sandner. 2004. "Mating Behaviour of the Marine Turbellarian Macrostomum sp.: These Worms *Suck*." *Marine Biology* 145: 373–80. https://doi.org/10.1007/s00227-004-1314-x.

Schilthuizen, Menno. 2014. *Nature's Nether Regions: What the Sex Lives of Bugs, Birds, and Beasts Tell Us About Evolution, Biodiversity, and Ourselves*. New York: Penguin.

——. 2015. "Burying Beetles Play for Both Teams." Studio Schilthuizen, January 1, 2015. https://schilthuizen.com/2015/01/28/burying-beetles-play-for-both-teams.

Schulte-Hostedde, Albrecht I., Jeff Bowman, and Kevin R. Middel. 2011. "Allometry of the Baculum and Sexual Size Dimorphism American Martens and Fishers (Mammalia: Mustelidae)." *Biological Journal of the Linnean Society* 104 (4): 955–63. https://doi.org/10.1111/j.1095-8312.2011.01775.x.

Schultz, Nicholas G., Jesse Ingels, Andrew Hillhouse, Keegan Wardwell, Peter L. Chang, James M. Cheverud, Cathleen Lutz, Lu Lu, Robert W. Williams, and Matthew D. Dean. 2016. "The Genetic Basis of Baculum Size and Shape Variation in Mice." *G3* 6 (5): 1141–51. https://doi.org/10.1534/g3.116.027888.

——, Michael Lough-Stevens, Eric Abreu, Teri Orr, and Matthew D. Dean. 2016. "The Baculum Was Gained and Lost Multiple Times During Mammalian Evolution." *Integrative & Comparative Biology* 56 (4): 644–56. https://doi.org/10.1093/icb/icw034.

Schwartz, Steven K., William E. Wagner, and Eileen A. Hebets. 2013. "Spontaneous Male Death and Monogyny in the Dark Fishing Spider." *Biology Letters* 9 (4). https://doi.org/10.1098/rsbl.2013.0113.

Sekizawa, Ayami, Satoko Seki, Masakazu Tokuzato, Sakiko Shiga, and Yasuhiro Nakashima. 2013. "Disposable Penis and Its Replenishment in a Simultaneous Hermaphrodite." *Biology Letters* 9 (2). https://doi.org/10.1098/rsbl.2012.1150.

Shaeer, Osama, Kamal Shaeer, and Eman Shaeer. 2012. "The Global Online Sexuality Survey (GOSS): Female Sexual Dysfunction Among Internet Users in the Reproductive Age Group in the Middle East." *The Journal of Sexual Medicine* 9 (2): 411–24. https://doi.org/10.1111/j.1743-6109.2011.02552.x.

Shah, J., and N. Christopher. 2002. "Can Shoe Size Predict Penile Length?" *BJU International* 90 (6): 586–87. https://doi.org/10.1046/j.1464-410X.2002.02974.x.

Shevin, Frederick F. 1963. "Countertransference and Identity Phenomena Manifested in the Analysis of a Case of 'Phallus Girl' Identity." *Journal of the American Psychoanalytic Association* 11: 331–44. https://doi.org/10.1177/000306516301100206.

Simmons, Leigh W., and Renée C. Firman. 2014. "Experimental Evidence for the Evolution of the Mammalian Baculum by Sexual Selection." *Evolution* 68 (1): 276–83. https://doi.org/10.1111/evo.12229.

Sinclair, Adriane Watkins. 2014. "Variation in Penile and Clitoral Morphology in Four Species of Moles." PhD diss., University of California, San Francisco.

——, Stephen E. Glickman, Laurence Baskin, and Gerald R. Cunha. 2016. "Anatomy of Mole External Genitalia: Setting the Record Straight." *The Anatomical Record* 299 (3): 385–99. https://doi.org/10.1002/ar.23309.

Sinclair, Bradley J., Jeffrey M. Cumming, and Scott E. Brooks. 2013. "Male Terminalia of Diptera (Insecta): A Review of Evolutionary Trends, Homology and Phylogenetic Implications." *Insect Systematics & Evolution* 44 (3–4): 373–415. https://doi.org/10.1163/1876312X-04401001.

Siveter, David J., Mark D. Sutton, Derek E. G. Briggs, and Derek J. Siveter. 2003. "An Ostracode Crustacean with Soft Parts from the Lower Silurian." *Science* 302 (5651): 1749–51. https://doi.org/10.1126/science.1091376.

Smith, Brian J. 1981. "Dendy, Arthur (1865-1925)." *Australian Dictionary of Biography* 8, National Centre Biography, Australian National University. http://adb.anu.edu.au/biography/dendy-arthur-5951/text10151.

Smith, Matthew Ryan. 2009. "Reconsidering the 'Obscene': The Massa Marittima Mural." *Shift* 2. https://ir.lib.uwo.ca/visartspub/7.

Smith, Moira. 2002. "The Flying Phallus and the Laughing Inquisitor: Penis Theft in the *Malleus*

Maleficarum." *Journal of Folklore Research* 39 (1): 85–117.

Smuts, Barbara 2009. *Sex and Friendship in Baboons*. New York: Aldine.

Song, 2006. Systematics of Cyrtacanthacridinae (Orthoptera— Acrididae) with a Focus on the Genus Schistocerca Stål 1873— Evolution of Locust Phase Polyphenism and Study of Insect Genitalia." PhD diss., Texas A&M University.

Stam, Ed M., Anneke Isaaks, and Ger Ernsting. 2002. "Distant Lovers: Spermatophore Deposition and Destruction Behavior by Male Springtails." *Journal of Insect Behavior* 15: 253–68. https://doi.org/10.1023/A:1015441101998.

Stern, Herbert. 2014. "Doctor Sixto Incháustegui Cabral [Spanish]." *El Caribe*, October 18, 2014. https://www.elcaribe.com.do/2014/10/18/doctor-sixto-inchaustegui-cabral.

Stockley, Paula. 2012. "The Baculum." *Current Biology* 22 (24): R1032–R1033. https://doi.org/10.1016/j.cub.2012.11.001.

Stoller, Robert J. 1970. "The Transsexual Boy: Mother's Feminized Phallus." *The British Journal of Medical Psychology* 43 (2): 117–28. https://doi.org/10.1111/j.2044-8341.1970.tb02110.x.

Suga, Nobuo. 1963. "Change of the Toughness of the Chorion of Fish Eggs." *Embryologia* 8 (1): 63–74. https://doi.org/10.1111/j.1440-169X.1963.tb00186.x.

Tait, Noel N., and Jennifer M. Norman. 2001. "Novel Mating Behaviour in Florelliceps stutchburyae gen. nov., sp. nov. (Onychophora: Peripatopsidae) from Australia." *Journal of Zoology* 253 (3): 301–08. https://doi.org/10.1017/S0952836901000280.

Tanabe, Tsutomu, and Teiji Sota. 2008. "Complex Copulatory Behavior and the Proximate Effect of Genital and Body Size Differences on Mechanical Reproductive Isolation in the Millipede Genus *Parafontaria*." *The American Naturalist* 171 (5): 692–99. https://doi.org/10.1086/587075.

Tasikas, Diane E., Evan R. Fairn, Sophie Laurence, and Albrechte I. Schulte- Hostedde. 2009. "Baculum Variation and Allometry in the Muskrat (*Ondatra zibethicus*): A Case for Sexual Selection." *Evolutionary Ecology* 23: 223–32. https://doi.org/10.1007/s10682-007-9216-2.

Tinklepaugh, O. L. 1933. "Sex Cycles and Other Cyclic Phenomena in a Chimpanzee During Adolescence, Maturity, and Pregnancy." *Journal of Morphology* 54 (3): 521–47. https://doi.org/10.1002/jmor.1050540307.

Todd, Dennis. n.d. "St André, Nathanael." *Oxford Dictionary of National Biography*. https://doi.org/10.1093/ref:odnb/24478.

Topol, Sarah A. 2017. "Sons and Daughters: The Village Where Girls Turn into Boys." *Harper's Magazine*, August 2017. https://harpers.org/archive/2017/08/sons-and-daughters.

Tsurusaki, Nobuo. 1986. "Parthenogenesis and Geographic Variation of Sex Ratio in Two Species of *Leiobunum* (Arachnida, Opiliones)." *Zoological Science* 3: 517-32.

Uhl, Gabriele, and Jean-Pierre Maelfait. 2008. "Male Head Secretion Triggers Copulation in the Dwarf Spider *Diplocephalus permixtus*." *Ethology* 114 (8): 760-67. https://doi.org/10.1111/j.1439-0310.2008.01523.x.

Valdés, Ángel, Terrence M. Gosliner, and Michael T. Ghiselin. 2010. "Opisthobranchs." In *The Evolution of Primary Sexual Characters in Animals*, edited by Janet L. Leonard and Alex Córdoba- Aguilar. 148–72. New York: Oxford University Press.

Van Haren, Merel. 2016. "A Micro Surgery on a Beetle Penis." https://science.naturalis.nl/en/about-us/news/onderzoek/micro-surgery-beetle-penis/. Accessed June 21, 2019.

——, Johanna Liljestrand Rönn, Menno Schilthuizen, and Göran Arnqvist. 2017. "Postmating Sexual Selection and the Enigmatic Jawed Genitalia of *Callosobruchus subinnotatus*." *Biology Open* 6 (7): 1008–112. https://doi.org/10.1101/116731.

Van Look, Katrien J. W., Borys Dzyuba, Alex Cliffe, Heather J. Koldewey, and William V. Holt. 2007. "Dimorphic Sperm and the Unlikely Route to Fertilisation in the Yellow Seahorse." *The Journal of Experimental Biology* 210 (3): 432–37. https://doi.org/10.1242/jeb.02673.

Varki, A., and P. Gagneux. 2017. "How Different Are Humans and 'Great Apes'?: A Matrix of Comparative Anthropogeny." In *On Human Nature*, edited by Michel Tibayrenc and Francisco J. Ayala 151–60. London: Academic Press. https://doi.org/10.1016/B978-0-12-420190-3.00009-0.

Waage, Jonathan K. 1979. "Dual Function of the Damselfly Penis: Sperm Removal and Transfer." *Science* 203 (4383): 916–18. https://doi.org/10.1126/science.203.4383.916.

Wagner, Rudolf, and Alfred Tulk. 1845. *Elements of the Comparative Anatomy of the Vertebrate Animals*. London: Longman.

Waiho, Khor, Muhamad Mustaqim, Hanafiah Fazhan Wan Ibrahim Wan Norfaizza, Fadhlul Hazmi Megat, and Mhd Ikhwanuddin. 2015. "Mating Behaviour of the Orange Mud Crab, *Scylla olivacea*: The Effect of Sex Ratio and Stocking Density on Mating Success." *Aquaculture Reports* 2: 50–57. https://doi.org/10.1016/j.aqrep.2015.08.004.

Walker, M. H., E. M. Roberts, T. Roberts, G. Spitteri, M. J. Streubig, J. L. Hartland, and N. N. Tait. 2006. "Observations on the Structure and Function of the Seminal Receptacles and Associated Accessory Pouches in Ovoviviparous Onychophorans from Australia (Peripatopsidae; Onychophora)." *Journal of Zoology* 270 (3): 531–42. https://doi.org/10.1111/j.1469-7998.2006.00121.x.

Whiteley, Sarah L., Clare E. Holleley, Wendy A. Ruscoe, Meghan Castelli, Darryl L. Whitehead, Juan

Lei, Arthur Georges, and Vera Weisbecker. 2017. "Sex Determination Mode Does Not Affect Body or Genital Development of the Central Bearded Dragon (*Pogona vitticeps*)." *EvoDevo* 8: 25. https://doi.org/10.1186/s13227-017-0087-5.

——, Vera Weisbecker, Arthur Georges, Arnault Roger Gaston Gauthier, Darryl L. Whitehead, and Clare E. Holleley. 2018. "Developmental Asynchrony and Antagonism of Sex Determination Pathways in a Lizard with Temperature- Induced Sex Reversal." *Scientific Reports* 8: 14892. https://doi.org/10.1038/s41598-018-33170-y.

Wiber, Melanie G. 1997. *Erect Men, Undulating Women: The Visual Imagery of Gender, "Race," and Progress in Reconstructive Illustrations of Human Evolution*. Waterloo, ON: Wilfrid Laurier University Press.

Wilson, Elizabeth. 2017. "Can't See the Wood for the Trees: The Mysterious Meaning of Medieval Penis Trees." Culturised, April 9, 2017. https://culturised.co.uk/2017/04/cant-see-the-wood-for-the-trees-the-mysterious-meaning-of-medieval-penis-trees.

Winterbottom, M., T. Burke, and T. R. Birkhead. 1999. "A Stimulatory Phalloid Organ in a Weaver Bird." *Nature* 399: 28. https://doi.org/10.1038/19884.

Woolley, P., and S. J. Webb. 1977. "The Penis of Dasyurid Marsupials." *The Biology of Marsupials*, 307–23. https://doi.org/10.1007/978-1-349-02721-7_18.

——, Carey Krajewski, and Michael Westerman. 2015. "Phylogenetic Relationships within Dasyurus (Dasyuromorphia: Dasyuridae): Quoll Systematics Based on Molecular Evidence and Male Characteristics." *Journal of Mammalogy* 96 (1): 37–46. https://doi.org/10.1093/jmammal/gyu028.

Wunderlich, Jörg. n.d. Personal website. Accessed January 31, 2020. http://www.joergwunderlich.de.

Xu, Jin, and Qiao Wang. 2010. "Form and Nature of Precopulatory Sexual Selection in Both Sexes of a Moth." *Naturwissenschaften* 97: 617-25. https://doi.org/10.1007/s00114-010-0676-9.

Yoshizawa, Kazunori, Rodrigo L. Ferreira, Izumi Yao, Charles Lienhard, and Yoshitaka Kamimura. 2018. "Independent Origins of Female Penis and Its Coevolution with Male Vagina in Cave Insects (Psocodea: Prionoglarididae)." *Biology Letters* 14 (11): 20180533. https://doi.org/10.1098/rsbl.2018.0533.

Zacks, Richard. 1994. History Laid Bare: *Love, Sex, and Perversity from the Ancient Etruscans to Warren G. Harding*. New York: HarperCollins.

찾아보기

【 가 】

【 라 】

【 마 】

【 바 】

【 사 】

【 아 】

【자】

【 차 】

【 카 】

【 타 】

【 파 】

【 하 】

지은이 에밀리 윌링엄Emily Willingham
텍사스대학교 오스틴 캠퍼스에서 영문학 학사 및 생물학 박사 학위를 받고, 캘리포니아대학교 샌프란시스코 캠퍼스에서 비뇨기학 분야 박사후연구원 과정을 마친 생물학자이자 과학 저술가다. 『유식한 부모: 아이의 첫 4년을 위한 과학 기반 자원The Informed Parent: A Science-Based Resource for Your Child's First Four Years』을 공동 저술했으며, 『워싱턴 포스트』, 『월스트리트 저널』, 『이언』, 『언다크』, 『샌프란시스코 크로니클』 등 많은 지면에 글을 써왔다. 『사이언티픽 아메리칸』의 정기 기고가이기도 하다.

http://www.emilywillinghamphd.com
트위터: @ejwillingham
페이스북: @ejwillinghamphd

옮긴이 이한음
서울대학교에서 생물학을 공부했고, 글을 쓰고 번역하는 일을 하고 있다. 지은 책으로 『바스커빌 가의 개와 추리 좀 하는 친구들』, 『생명의 마법사 유전자』 등이 있고, 옮긴 책으로 『삼엽충』, 『고양이로부터 내 시체를 지키는 방법』, 『생명이란 무엇인가』, 『창의성의 기원』, 『수술의 탄생』, 『매머드 사이언스』, 『노화의 종말』, 『바디: 우리 몸 안내서』, 『우리는 왜 잠을 자야 할까』, 『스케일』 등이 있다.

〈뿌리와이파리 오파비니아〉를 내며

지금부터 5억 년 전, 생물의 온갖 가능성이 활짝 열린 시대가 있었다. 우리는 그것을 캄브리아기 대폭발이라 부른다. 우리가 아는 대부분의 생물은 그때 열린 문들을 통해 진화의 길을 걸어 오늘에 이르렀다.
그러나 그보다 많은 문들이 곧 닫혀버렸고, 많은 생물들이 그렇게 진화의 뒤안길로 사라졌다. 흙을 잔뜩 묻힌 화석으로 발견된 그 생물들은 우리의 세상을 기고 걷고 날고 헤엄치는 생물들과 겹치지 않는 전혀 다른 무리였다. 학자들은 자신의 '구둣주걱'으로 그 생물들을 기존의 '신발'에 밀어넣으려고 안간힘을 썼지만, 그 구둣주걱은 부러지고 말았다.
오파비니아. 눈 다섯에 머리 앞쪽으로 소화기처럼 기다란 노즐이 달린, 마치 공상과학영화의 외계생명체처럼 보이는 이 생물이 구둣주걱을 부러뜨린 주역이었다.
뿌리와이파리는 '우주와 지구와 인간의 진화사'에서 굵직굵직한 계기들을 짚어보면서 그것이 현재를 살아가는 우리에게 어떤 뜻을 지니고 어떻게 영향을 미치고 있는지를 살피는 시리즈를 연다. 하지만 우리는 익숙한 세계와 안이한 사고의 틀에 갇혀 그런 계기들에 섣불리 구둣주걱을 들이밀려고 하지는 않을 것이다. 기나긴 진화사의 한 장을 차지했던, 그러나 지금은 멸종한 생물인 오파비니아를 불러내는 까닭이 여기에 있다.
진화의 역사에서 중요한 매듭이 지어진 그 '활짝 열린 가능성의 시대'란 곧 익숙한 세계와 낯선 세계가 갈라지기 전에 존재했던, 상상력과 역동성이 폭발하는 순간이 아니었을까? 〈뿌리와이파리 오파비니아〉는 두 개의 눈과 단정한 입술이 아니라 오파비니아의 다섯 개의 눈과 기상천외한 입을 빌려, 우리의 오늘에 대한 균형 잡힌 이해에 더해 열린 사고와 상상력까지를 담아내고자 한다.

페니스, 그 진화와 신화

뒤집어지고 자지러지는 동물계 음경 이야기

2021년 5월 3일 초판 1쇄 찍음
2021년 5월 21일 초판 1쇄 펴냄

지은이 에밀리 윌링엄
옮긴이 이한음

펴낸이 정종주
편집주간 박윤선
편집 강민우 박소진
마케팅 김창덕

펴낸곳 도서출판 뿌리와이파리
등록번호 제10-2201호 (2001년 8월 21일)
주소 서울시 마포구 월드컵로 128-4 (월드빌딩 2층)
전화 02)324-2142~3
전송 02)324-2150
전자우편 puripari@hanmail.net

디자인 페이지

종이 화인페이퍼
인쇄 및 제본 영신사
라미네이팅 금성산업

값 22,000원
ISBN 978-89-6462-154-7 (03490)